やるぞ！

化学熱力学
Chemical Thermodynamics

Kaoru Tsujii
辻井 薫 [著]

せっかくなので
単位を取るだけでなく
研究で使うための
勉強をしよう！

講談社

まえがき

　ハンバーガー・ショップなどで氷の入ったドリンクを飲み，氷だけが残ってしまって捨てるとき，筆者は「ああ，エントロピーを無駄にしてしまった」と感じてしまう。氷や，（氷を作るための）電力がもったいないと思うのではなく，エントロピーを無駄にした，と感じるのである。

　熱力学がこの程度身に付くと，いろいろな場面で使えるので楽しい。さらに役にも立つ。日常的な自然現象，例えば「水はなぜ 0℃ で凍るのか？」「食塩は水に溶けるのに油は溶けないのはなぜか？」といった疑問にもすぐ答えが出せる。研究現場で観察される現象の解釈に役立つことは言うまでもないが，社会現象や生活空間で出くわす事柄に対しても熱力学からの類推で理解できることが多い。例えば，電車の各車両の乗客がだいたい同じくらいの数であるのは，それがエントロピーが大きい状態であるためである。SNS などで同じ意見の人たちが集まるのは，エネルギー的にそれが最も安定な状態であるからだろう。このように，世の中の出来事を熱力学の視点から観るのもなかなか面白いものである。

　しかし一方で，熱力学はわかりにくい学問である。筆者自身も，大学で初めて熱力学を学んだときは，なかなか "よしっ！　わかった" と思えるような理解に至らなかった。熱力学は，慣れと経験が必要な学問であると筆者は考えている。学生さんや一般の方であれば日常生活において，研究者であれば自分の研究課題において，さまざまな現象に出会ってそれを熱力学的に解釈することを通して，熱力学を次第に深く理解できるようになるはずである。教科書で勉強しているだけでは，なかなか腑に落ちるような理解ができない。しかし，そう言ってしまうと，教科書による勉強が無駄に思えてしまうことだろう。そこで，本書では，できるだけ多くの疑似体験をしてもらい，熱力学を早く身に付けてもらえるように工夫した。その工夫とは，次の通りである。

　（1）自分で体験したかのようにイメージできる，身近な現象の具体例で説明することを徹底した。
　（2）同じ理由により，可能な限り，熱力学の発展の歴史的な側面についての考察を取り入れた。
　（3）物理化学が専門ではない本書の編集者（五味研二氏）との二人三脚で原稿や図版を調整した。

項目（3）の意味は，編集者に原稿を読んでもらって，彼が理解できるようになるまで内容をブラッシュアップすることで，読者にもわかりやすいように努めたということである。これらの工夫により，本書で勉強すれば，単に教科書を読むよりは格段に理解が早くなるものと自負している。

　話は変わるが，筆者は，"自然科学とは人類が創り上げた自然像あるいは世界像の一つである" と考えており，"自然科学とは宇宙の真理を解き明かすものである" とは考えていない。もちろん，人間が創り上げた自然像（世界像）は自然科学だけではない。中世における西欧では，世界はすべて神が創り賜うたとされていた。現代人であれば，キリスト教のファンダメンタリスト（原理主義者）でもない限り，科学が創った世界像に異を唱える人はいないであろう。しかし，深く考えてみれば，この世界像も確かな根拠をもったものではないことに気づく。もし，五感のうちの何か一つが欠けていたとしたら，まったく違った自然科学ができていたであろうことは容易に想像できる。例えば，もし視覚が無かったとしたら，星々の存在する広大な空間（宇宙）を構想できたであろうか？　星々の観測が無かったら，ケプラーの法則は見いだされなかったし，したがってニュートンの法則も誕生しなかった。

　また，人間の五感が，すべての物理・化学刺激に対応した完全無欠の感覚であるという保証は無い。もし，第六感を有する生命体がいたら，人類の作った自然科学とはまったく違う体系を作っているかもしれない。こうした理由から，筆者には，自然科学が宇宙の真理であるとは考えられないのである。

　量子力学は素粒子・原子・分子のような極微小物質に関する世界像，ニュートン力学は巨視的物質の運動に関する世界像，熱力学は巨視的物質の物質群（集合体）に関する世界像である。いわば，分子の内部，分子1個ずつの運動，そして多数の分子集合体に対する世界像が，量子力学，ニュートン力学，熱力学なのである。化学と生物学は，物質と生き物の多様性，変換，複雑さに関する世界像であろう。

　人間の描く世界像あるいは自然像（自然科学）の中で，熱力学的世界像は，身の回りの生活空間から宇宙に至るまでの，世界全体に対する洞察を与えてくれる普遍性をもっていると筆者は考えている。その理由は，次の通りである。

　（1）熱力学には哲学がある。すなわち，「温度に上限や下限はあるか？」「エネルギーには質の違いがある」「宇宙の熱的死とは？」などといった問題を扱える。

　（2）熱力学は，人間の経験した事実を整理し，体系化し，法則化して創り上げた帰納的科学であるがゆえに，森羅万象すべての現象に適用できる。

　（3）それゆえに，身近な現象に対する理解も与えてくれる。

こうした特徴が，熱力学が普遍的世界像を描くのにふさわしい資格を有する理由であろう。筆者には，熱力学が描く世界像は美しく，面白い。

　熱力学は，帰納的な学問であるがゆえに，森羅万象すべての現象に適用できる。したがって，皆さんが将来どのような職業に就くとしても，必ず役に立つと断言できる。特に自然科学の研究者や工学者・技術者にとっては必須の学問であると筆者は確信している。本書を大いに活用し，熱力学を身に付けて欲しい。

2023 年 4 月

辻井　薫

目　次

［以下は講談社サイエンティフィク・ホームページで公開しています］

第 11 章　熱力学からみた地球環境・エネルギー問題の本質

　11.1　熱力学からみた地球

　11.2　地球上におけるエネルギーの流れと物質循環

　11.3　化石燃料/資源の大量消費による物質循環の破綻

　11.4　地球環境・エネルギー問題を解決する具体的方策

　　11.4.1　資源の供給パイプの増強策

　　11.4.2　炭酸ガス回帰パイプの増強策

　　11.4.3　バイパスパイプも利用する

　コラム 11.1　光と温度は平衡になる

　コラム 11.2　世界の人口推移

　コラム 11.3　人類には先見性が無いのか？

　コラム 11.4　太陽光のエネルギーに依存しない特殊な生態系

付　録　部分モル量とギブズ・デュエムの式およびフガシティーについて

第 **1** 章

熱力学とは どんな学問か

熱力学に興味をもって勉強していただくために，本章ではまず，熱力学の全体像を示す。熱力学の全体像を把握したうえで第 2 章以降を読むことにより，各章の内容を学ぶ意義と意味を理解できるであろう。熱力学の全体像を把握するうえでは，特にエントロピーの概念を直感的に理解することがきわめて重要である。そのために，本章では，いろいろな現象をあげて，エントロピーの直感的理解を助けるようにした。

熱力学の特徴

いきなりではあるが，読者の皆さんにクイズを出したいと思う。

①寒いときに，手をこすり合わせたら温かくなるのはなぜ？
②水とエタノールは混ざるのに，油が混ざらないのはなぜ？
③水に，食塩は溶けるのに，鉄が溶けないのはなぜ？
④常温で氷が融ける理由は？　0℃より低温で水が氷る理由は？
⑤温度に上限はあるか？　また，下限はあるか？
⑥エネルギー保存則があるのに，なぜエネルギー問題が存在するのか？
⑦海水中には膨大な量のレアメタル（有用な希少金属）が溶けているのに，利用できないのはなぜ？

皆さんは，いくつ答えられたであろうか？　すぐに答えるのは難しくても，よく考えれば答えられそうな問題はいくつあるだろうか？　実は，熱力学（thermodynamics）はこのような問題に答える学問である。

上のクイズには，日常のありふれた疑問から，地球規模の人類の課題，哲学的な内容まで，多様なものが含まれている。それこそが，熱力学の特徴であり，熱力学は宇宙の森羅万象のすべてに適用できる学問なのである。

熱力学の特徴は，この学問が典型的な帰納的科学[*1]であることに由来する。人間が経験で知り得た事実をたくさん集め，それらを整理し，事実間の関係と法則性を見いだし，理論体系として組み上げたものが熱力学である。つまり，人間が経験したありとあらゆる現象が熱力学の対象である。この特徴は，熱力学があらゆる分野の研究に有用であることも意味する[*2]。

*1　帰納的科学：実験や観察を通じて収集した結果や事実から，共通する普遍的な法則を求める方法に基づく科学のこと。

*2　実は，自然科学の問題だけではなく，社会科学の問題にも熱力学が有用ではないかと言われている現象が多々ある。例えば，政治体制における革命と，物質の相転移はよく似ている。固体（結晶）は，その融点に達すると突然融けて液体になるが，政治体制も，国民の不満（変革を求める気持ち）がある値に達すると，突然革命によって体制が変わる。もっと身近なところでは，仲良しの人達は集まって集団（派閥）を作るが，仲の悪い人達の集まりは分裂してバラバラになる。日本の政党にもそのような例がいくつもある。これらの現象は，引力相互作用の大きな物質は固体や液体として集合しているが，弱い物質は熱運動に負けて，分子がバラバラになって気体になるのと類似している。熱力学を深く理解すればするほど，社会現象との類似性が見えてくる。

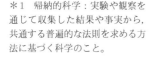　**熱力学の全体像をまず把握しよう**

熱力学はわかりにくい学問である。深く理解するまでに長い時間がかかる。実は筆者も，初めて熱力学を学んだときは，イマイチしっくり来なかった。わかったような，わからないような，「のれんに腕押し」のような気分を味わったことを覚えている。今考えると，その原因の一つは，習い始めたときに全体像が見えていなかったことにあるのではないかと思われる。

例えば，第2章で説明する熱力学の系や示量変数と示強変数について学んでいたとき，その時点では，なぜこのような事柄を定義しなければならないのかわからなかった。したがって，ちっとも面白くない。熱

column

コラム 1.1　熱力学と速度論

　熱力学は自然現象の進む方向を示してくれるが，そのゴールの状態にどれくらい速く到達するかについては一切何も語ってくれない。例えば，窓ガラスは熱力学的には不安定系である。安定系は石英の結晶であるからいつかは石英になるはずであるが，我々の生涯程度の時間では何の変化も見られない。中世に建設された教会のステンドグラスは，今も当時のままのきれいな模様を見せてくれている。ダイヤモンドは準安定な結晶で，炭素の安定な結晶は黒鉛である。しかし，ある朝見たらダイヤモンドが黒鉛に変わっていて，ショックを受けるということはない。ガラスにしてもダイヤモンドにしても，安定な状態に移るためには，いったん共有結合が切れて新たな結合が形成される必要がある。しかし室温付近の温度では，共有結合が切れることはない。つまり，安定な状態に移るための活性化エネルギーが非常に高いので，事実上は安定な状態で維持されているのである。安定な状態に移る速度を対象にする学問が，（反応）速度論であることは言うまでもない。

力学の全容が見えて，その意義が理解できるようになるのは，実際は授業の最終段階である。そのとき，初めの頃に興味が持てずにきちんと勉強してこなかったツケが回ってくるというわけである。

　そこで本書では，初めに熱力学の全体像を示したいと思う。読者の皆さんに，これから進む道をまず知ってもらい，学習の各段階で今は全体の道程のどこを歩んでいるのかを自覚していただきたい。そうすることによって，その段階で学んでいることがなぜ必要なのかが理解できるだろう。

1.2.1　自然現象はポテンシャルエネルギーの低い方向に進む

　図 1.1 に身近な現象を 6 つ示した。

（a）水は高いところから低いところに向かって流れる。

（b）引き伸ばされたバネは縮もうとする。

（c）水中で負に帯電した粒子は正の電極に向かって移動する（電気泳動現象）。

（d）棒磁石の極に鉄粉が付着する。

（e）冷たいガラス窓で水蒸気は凝縮して水滴になる。

（f）コロイド粒子は凝集して沈殿する。

これらの現象は，読者の皆さんもよくご存知であろう。では，これらの現象すべてに共通する原理は何であろうか？　それは，**自然現象はポテンシャルエネルギーの低い方向に進む**というものである。

　読者の皆さんは，「ポテンシャルエネルギー（potential energy）とは力に距離をかけた量である」と，高校で習ったであろう。例えば，ある人が地面にある 10 kg のバーベルを 1 m の高さまで持ち上げたとすると，その人は $10\,kg \times 9.8\,m\,s^{-2} \times 1\,m = 98\,J$（ジュール）の仕事をバーベルに対してしたことになる。これはつまり，バーベルが 98 J のポテンシャルエネルギーを獲得したことを意味する。いまの例は重力ポテンシャル

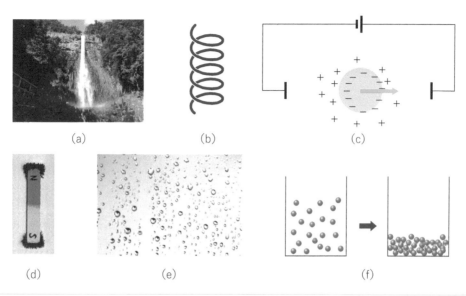

図1.1　自然現象はポテンシャルエネルギーの低い方向に進む

(a)水は低いほうに流れる，(b)引き伸ばされたバネは縮もうとする，(c)負の電荷をもつ粒子は正の電極に向かって動く，(d)鉄粉は磁石の極に付着する，(e)冷たいガラス窓で水蒸気は凝縮して水滴になる，(f)コロイド粒子は凝集して沈殿する。

に関するものであるが，ある物体に引力が働くすべての場合において，同様の関係が成り立つ(図1.2)。ただし，力が距離に依存する(例えば図1.1b〜f)場合には，ある距離 x における力 $f(x)$ に微小な距離 dx をかけて，それを積分する必要がある点に注意してほしい。なお，図1.1についてポテンシャルエネルギーの源になっている力を記しておくと，(a)重力，(b)(バネの)弾性力，(c)静電引力，(d)磁力(磁気力)，(e)分子間力(ファンデルワールス力，双極子引力，水素結合力など)，(f)(コロイド粒子間の)表面力である。

さて，ポテンシャルエネルギーについて復習したところで，再び図1.1a の現象について考えてみよう。滝から流れ落ちる水は，滝口において，m の質量あたり mgh(g は重力加速度，h は滝つぼからの高さ)のポテンシャルエネルギーを有している。そして，そのポテンシャルエネルギーがより低い滝つぼに向かって落ちていくというわけである。他の例についても，もちろん同様の考察ができる。ここでは，物理や化学の研究で頻繁に出くわす，分子間力による物質の凝縮を取り上げてみよう。図1.3a は，分子が互いに離れて存在している状態を表している。分子間には引力(青色の矢印)が働いている。この引力は，もちろん，すべての分子間で働いている。この引力のために，分子は互いに近づいて接触したほうが，ポテンシャルエネルギーの低い安定な状態になる(図1.3b)。つまり分子の凝縮は，ポテンシャルエネルギーの低い方向への変化である。分子間力にはいろいろな種類がある。そして，それぞれの分子間力によるポテンシャルエネルギーは距離依存性が異なる。表1.1 に，種々の力によるポテンシャルエネルギー関数(距離依存性)をまとめた。

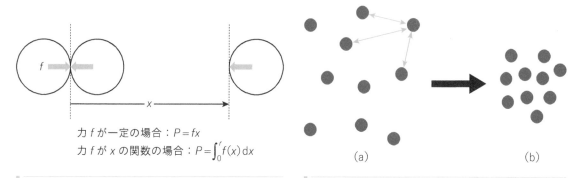

力 f が一定の場合：$P = fx$

力 f が x の関数の場合：$P = \int_0^r f(x)\,\mathrm{d}x$

図 1.2 ポテンシャルエネルギー P は力に距離をかけた量である

図 1.3 物質の凝縮
分子間力のポテンシャルエネルギーが低い方向へ変化する。

表 1.1 各種のポテンシャルエネルギー関数（真空中）

働く力の種類	ポテンシャル エネルギー関数	記号の意味
重力	mgh	m：質量，g：重力加速度，h：高さ（距離）
（バネの）弾性力	$\dfrac{1}{2}kx^2$	k：バネ定数，x：引き伸ばした長さ（距離）
静電引力 （クーロン力）	$\dfrac{q_1 q_2}{4\pi\varepsilon_0 r}$	q_1：物質1の電荷，q_2：物質2の電荷，ε_0：真空の誘電率，r：電荷間の距離
磁気力	$\dfrac{q_1 q_2}{4\pi\mu_0 r}$	q_1：N極の磁荷，q_2：S極の磁荷，μ_0：真空の透磁率，r：磁荷間の距離
ファンデルワールス力	$-\dfrac{C}{r^6}$	C：ロンドン・ファンデルワールス定数，r：分子間の距離
（自由回転） 双極子間の引力	$-\dfrac{\mu_1^{\,2}\mu_2^{\,2}}{3(4\pi\varepsilon_0 r)^2 k_B T r^6}$	μ_1：双極子1の双極子モーメント，μ_2：双極子2の双極子モーメント，μ_0：真空の誘電率，k_B：ボルツマン定数，T：絶対温度，r：双極子間の距離
水素結合力	$\propto -\dfrac{1}{r^2}$	r：水素結合の距離
表面力 （引力：ファンデルワールス力）	$-\dfrac{A}{12\pi h^2}$（平板）　$-\dfrac{Aa}{12h}$（球）	A：ハマカー（Hamaker）定数，a：球の半径，h：表面間距離

重力と弾性力の場合は，距離0が基準（距離0のときのポテンシャルエネルギーが0）。他の場合は，距離無限大が基準（距離が無限大のときのポテンシャルエネルギーが0）。

1.2.2 自然現象はエントロピーが大きくなる方向に進む

　前項で，自然現象はポテンシャルエネルギーの低い方向に進むことを解説した。しかし，それとはまったく異なる原理で進行する現象もある。図 1.4 に示す気体の拡散や 2 種類の気体の混合である。気体（厳密には理想気体[3]）が拡散するとき，ポテンシャルエネルギーに変化は無い。2 種類の気体が混合する場合も同様である。ではこの現象は，どんな原理で起こっているのだろうか？

　容器中央の隔壁で左半分に閉じ込められていた気体（図 1.4a の上）が，隔壁が取り除かれて全体に拡がる（図 1.4a の下）場合について考えよう。

＊3 理想気体には，分子間引力はないと仮定されている。第2章 2.1.3項参照。

5

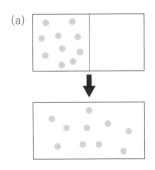

(a)

(b)

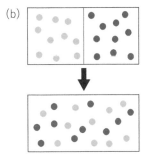

図 1.4　気体の拡散（a）や混合（b）にはポテンシャルエネルギーの変化は無いが，エントロピーの大きくなる方向に進む。

＊4　エントロピーをこのような方法で表すのは，正確に言えば，統計力学的な取り扱いである。熱力学的には異なる表現が使われるが，それについては第4章4.1節で説明する。

＊5　「場合の数」と「状態数」は同じ内容を表しているが，「場合の数」のほうがどちらかと言うと一般的な言葉で，「状態数」は物理学の専門用語といったニュアンスがある。本書では，それを考慮して使い分けている。

＊6　状態数 Ω そのものを自然現象が進む指標として採用してもかまわないはずであるが，その対数をエントロピーと定義するのは，エントロピーに加成性を与えたいためである。他の熱力学量である質量，エネルギー，エンタルピー（後述）などと同じように，測定している対象物質が2倍になれば，その物質の有するエントロピーも2倍になるように定義したいのである。状態数そのものでは，対象物質が増えるとかけ算で増えてしまい，加成性が成立しないのである。

この 2 つの状態を比べると，容器全体に気体分子が拡がったほうが，ずっと「確率の高い」状態であることがわかる。それを説明しよう。容器の中のある分子が左半分にいる確率は 1/2 である。次の分子も同じく左半分にいる確率は $(1/2) \times (1/2) = (1/2)^2$ となる。容器内に n 個の分子が存在するとして，そのすべてが左半分にいる確率は $(1/2)^n$ となる。図 **1.4a** のように，分子数 n が 10 個の場合には，1/1024 の確率になる。分子数 n が増えれば増えるほど，この確率が低くなることは容易に理解できるであろう。

　もし分子の数が 1 モル（$\approx 6 \times 10^{23}$ 個；アボガドロ数）あれば，そのすべての分子が左半分にいる確率は 0 だと言えるであろう。逆に言えば，分子が容器全体に拡がる確率は 100% である。つまり，「ポテンシャルエネルギーの低い方向へ進む」とは異なる原理とは，「自然現象は確率の高いほうへ進む」という，きわめて自然な（当たり前の）内容である。これはまた，**自然現象はエントロピーが大きくなる方向に進む**という表現と等価である（次項参照）。

A.　エントロピーの定量的表現

　上述の自然現象が起こる確率を，現象が進む方向を示す一つの指標として熱力学に取り込んだ物理量が**エントロピー**（entropy）である[4]。エントロピーを定量的に表す場合には，実は，上記の確率の逆数を利用する。図 **1.5** には，n 個の分子を容器の左右半分の部屋に入れる場合が何通りあるかの数（「場合の数」または「状態数」と呼ぶ）を示してある。1 個目の分子 1 を左右の部屋に入れる方法は 2 通りである。次の分子 2 を入れる方法も 2 通りであるから，2 つの分子 1 と 2 を入れる方法は $2 \times 2 = 4$ 通りある。このように考えると，n 個の分子を入れる方法は 2^n 通りになる。この値は，分子がどちらか片方の部屋に偏って存在する場合の確率の逆数になっていることがわかる。上記の状態数[5] を Ω としたとき，エントロピー S は，次式で表される[6]。

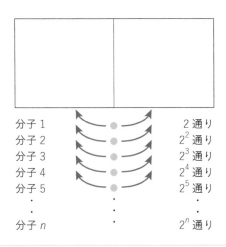

分子 1　　2 通り
分子 2　　2^2 通り
分子 3　　2^3 通り
分子 4　　2^4 通り
分子 5　　2^5 通り
　⋮
分子 n　　2^n 通り

図 1.5　n 個の分子を容器の左右半分の部屋に入れる場合の数（状態数）

$$S = k_B \ln \Omega \qquad (1.1)$$

ここで，k_B はボルツマン定数である。図 1.5 の場合についてエントロピーを計算すると，$S = k_B \ln 2^n = n k_B \ln 2$ になる。もし n を 1 モル（$= 6.022 \times 10^{23}$）にとると，$S = R \ln 2$ となる（R は気体定数[*7]）。全分子が左側の部屋に偏在している場合の数は 1 であるから，エントロピーは 0 になる。つまり，気体が左側の部屋から容器全体に拡散する場合のエントロピー変化 ΔS は $R \ln 2$[*8] ということになる。

2 種類の気体が混合する，図 1.4b の場合のエントロピーも計算してみよう。左側の部屋にいた分子が容器全体に拡がる場合の状態数は，先述のように $\Omega = 2^n$ である。その事情は，右側の部屋に偏在していた分子についても同様である。したがって，両方の部屋の分子が混ざる（両方の部屋の分子がともに容器全体に拡散する）場合の数は，$\Omega = 2^n \times 2^n = 2^{2n}$ で，エントロピー変化は $\Delta S = 2 n k_B \ln 2$ となる。この値は，左側だけの分子が拡散する図 1.4a の場合の 2 倍になっている。分子の数が 2 倍になったとき，エントロピーも 2 倍になる[*6]。

エントロピーは，よく「乱れの尺度」とか「無秩序さの尺度」と言われる。場合の数（状態数）が多いほど大きいことを考えれば，エントロピーをそのようにとらえることは妥当である。この状況を容器内の分子から見ると，容器のより広いスペースを動き回ることができるようになるので，「分子が勝手にふるまえる自由さの尺度」ととらえることもできる。エントロピーの大きさを直感的に判断するときには，この観点も役に立つ。

B. エントロピーを直感的に理解しよう

エントロピーという概念を，研究の現場や日常生活で活かそうとすると，直感的にこれを理解できることが必須である。例えば，下記の A と B の 2 種類の状態のうちどちらのエントロピーが大きいか，即座に理解できるようになれば，この概念を使いこなすことができるであろう。そこで本項では，これらの問題について少し解説を加えてみよう。

状態A	状態B
体積 V の中の1モルの気体	体積 $2V$ の中の1モルの気体
皿の上に別々に置かれている紅茶と角砂糖	角砂糖を溶かした紅茶
0℃の1モルの水	0℃の1モルの氷
100℃の1モルの水	100℃の1モルの水蒸気
温度の異なる2つの金属塊	接触して同じ温度になった2つの金属塊
緩めた状態の輪ゴム	引っ張った状態の輪ゴム
囲碁のルールに則って打たれた碁石	碁盤上にデタラメに置かれた碁石

最初の体積 V と $2V$ 中の気体については，図 1.4a の場合と同じ状態の比較であるから，もう皆さんはおわかりであろう。広い容器中の気体のほうがとりうる状態数が多い（気体分子はより自由に動ける）ので，

[*7] $k_B N_A = R$（N_A はアボガドロ数）。つまり，ボルツマン定数とは 1 分子あたりの気体定数のことである。

[*8] $R \ln 2$ を数値で表してみよう。気体定数は $8.31\,\mathrm{J\,K^{-1}\,mol^{-1}}$ で $\ln 2 = 0.693$ であるから，$R \ln 2 = 5.76\,\mathrm{J\,K^{-1}\,mol^{-1}}$ となり，エントロピーは $\mathrm{J\,K^{-1}}$ という単位を有することがわかる。つまり，エントロピーに絶対温度をかければエネルギーになる。

$2V$ 中の気体の状態のほうが大きなエントロピーを有している。図 **1.4b** に示した気体の混合の場合については，気体に限らない現象である。溶液に関しても，同じ原理が成り立つ。例えば，水とエタノールが別々の容器に入っている状態と，両者が混ざって溶液になった状態では，溶液のほうがエントロピーは大きい。固体の角砂糖と紅茶の場合も同様で，角砂糖が紅茶に溶けた溶液状態のほうが大きなエントロピーを有している。

　氷と水の比較は，より一般的に固体（結晶）と液体の比較と考えていただきたい。図 **1.6** に，結晶と液体の 2 つの状態にある分子のとりうる配置の状態数を模式的に示す。結晶中の分子は結晶格子上に留まっているので，配置の場合の数は 1 である。一方，液体状態では，分子は容器内を自由に動けるので，最初の分子 1 は 9 つの場所のどこかに入ることができる。次の分子 2 は最初の分子と同じ場所には入れないので，残りの 8 つの場所のどこかに入る。同様にして，9 つの分子が配置される場合の数は $9!(= 9 \times 8 \times 7 \times 6 \times 5 \times 4 \times 3 \times 2 \times 1) = 362{,}880$ 通りある。したがって，液体のほうが断然エントロピーは大きいことがわかる。分子の数が 1 モルになれば，状態数の差はとてつもなく大きくなることは容易に想像できるであろう。水と水蒸気（液体と気体）の場合は，分子が動き回れるという意味では両状態ともに同じであるが，動き回れるスペース（体積）は断然気体のほうが大きい。例えば，水 1 モルは 18 g であるから約 18 mL であるが，水蒸気になると約 22.4 L になる。1,000 倍以上に膨張するのである。分子が自由に動き回れるという意味では，気体のほうが断然有利である。また液体では，隣の分子と接しているので，動くときに互いに邪魔になって動きにくい。その意味でも，気体状態のほうが有利でエントロピーは大きいことになる。

　温度の異なる 2 つの金属塊（物体）と，それらを接触させて同じ温度になった後の 2 つの金属塊の場合，直感的に，均一な状態（同じ温度）

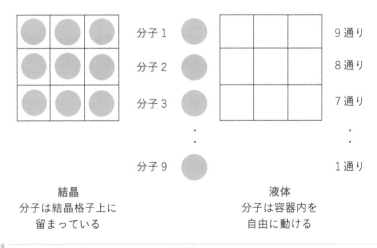

│ 図1.6　結晶と液体の分子配置の状態数

結晶では 1 通りしかないが，液体では 362,880 通りの配置が可能である。

column

コラム 1.2　情報理論におけるエントロピー

　情報理論では，情報量を次のように定義する。等確率で起こりうる M_0 個の場合があったが，その一部を知った結果，起こりうる場合が M_1 個になったとする。そのとき知り得た情報量を $K \ln (M_0/M_1)$ と定義する。抽象的でわかりにくい表現なので，例をあげて説明しよう。

　いま，閉じられた箱の中に 10 枚のコインが入っているとする。その箱を振った後，中のコインが表か裏かを示す場合の数は 2^{10} である。このうちの 1 枚のコインが表（または裏）であることを知ったとき，残った起こりうる場合の数は 2^9 になる。このとき観察者が得た情報量は $I = K \ln (2^{10}/2^9) = K \ln 2$ となる。もし 10 枚のコインすべての表裏を知ったとすると，残った場合の数は $2^0 = 1$ で，こ

のときに得られた情報量は $I = K \ln 2^{10} = 10 K \ln 2$ である。この情報量の表現は，図 1.5 を使って説明した，気体の拡散におけるエントロピーとまったく同じであることに気づかれたであろう。情報理論でも，情報エントロピーあるいは単にエントロピーと呼ぶ。熱力学におけるエントロピーでは，比例定数 K は k_B（ボルツマン定数）であるが，情報理論では $K = \log_2 e$ ととる。そうすると，$I = \log_2 e \ln (M_0/M_1) = \log_2 (M_0/M_1)$ となり，2 を底とする対数になる。この情報量の単位をビット（bit）と呼ぶことは，読者の皆さんもご存知であろう。つまり，1 ビットとは二者択一の場合の情報量なのである。

よりも偏った状態（異なる温度）のほうがエントロピーは小さいと思えるだろうか？　そう思えたら，あなたはかなりエントロピーを理解できてきていると考えていい。きちんと定量的に説明するには，熱力学第二法則が必要である。第 4 章でもう一度考えることにしよう。

　輪ゴムの緩めた状態と引っ張った状態の比較は，これまでの例ほど明らかではない。ゴムは架橋された高分子でできており，その鎖は熱運動によってさまざまな立体配座と配置をとっている。緩んだ状態では，最も安定な状態にあるが，その構造は最もエントロピーの大きな配座と配置をとっているときである（図 1.7a）。鎖は架橋されているので，完全にランダムな状態はとれないが，部分的にはそれに近い状態にある。一方，引っ張られた状態では，多かれ少なかれ引き伸ばされた方向に分子は並び（図 1.7b），緩んだ状態より自由度の少ない（エントロピーのより低い）状態になる。そのため，よりエントロピーの高い緩んだ状態に戻ろうとする。これがゴム弾性である。ゴム弾性がエントロピー弾性と呼ばれる所以はここにある。

　碁盤の目の数は 361 ある。したがって，この目の上に碁石を並べる場合の数は，1 子目が 361 通り，2 子目が 360 通り，…となり，すべての目に石を置く場合の数は 361! である。この数は天文学的な大きさなので，古今東西の対局で決して同じ棋譜は出ない。しかしながら，囲碁のルールに則って打たれた場合は，上記の場合の数よりは少なくなる。なぜなら，ルール上打ってはいけない場所があるし，勝つために対局している人が打つはずのない場所（例えば，自分の地を減らすような場所）があるからである。よって，碁盤上にデタラメに置かれた碁石のほうがエントロピーは大きい。

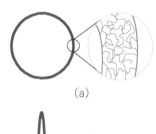

(a)

(b)

図 1.7　緩んだ輪ゴム（a）と引っ張られた輪ゴム（b）の高分子鎖の模式図

緩んだ鎖のほうがエントロピーは大きい。

　以上，いろいろな例をあげて，エントロピーを直感的に理解していただくことを試みた。もちろん，この程度の例で，十分に理解していただけたとは思っていない。読者の皆さんが，今後，日常生活や研究の場面で種々の現象に出くわし，そのときのエントロピーを考察することによって，徐々にこの概念が身に付いていくものと思う。エントロピーの概念を身に付ければ，熱力学は半分以上マスターしたと言っても過言ではない。ご精進していただきたい。

1.2.3　自然現象は自由エネルギーの低くなる方向に進む

　ここまで，自然現象の進む方向に関して，二つの異なる原理があることを述べた。一つは「自然現象はポテンシャルエネルギーの低い方向に進む」という原理であり，もう一つは「自然現象はエントロピーが大きくなる方向に進む」というものであった。ポテンシャルエネルギーの低くなる変化が，同時にエントロピーを増加させる場合は問題なくそちらの方向に現象は進む。しかし，二つの原理が矛盾する場合はどうなるのであろうか？　実際に，そのような場合はしばしば現れる。身近な例では，食塩を水に溶かした場合である。結晶の食塩の状態に比べて，水溶液中の食塩（Na^+ と Cl^-）のエントロピーは明らかに大きい。しかしながら，ポテンシャルエネルギーは高くなっている。なぜなら，正と負のイオン同士が引き合って凝集している（安定化している）結晶を，それぞれのイオンに引き離すからである（図 1.3 参照）。実際に，食塩を水に溶かすと冷える（温度が下がる）が，これは食塩の水への溶解が吸熱現象（ポテンシャルエネルギーの高い状態への変化）であることを示している。このような場合には，何が自然現象を進める原理になるのだろうか？本項ではそれを考えてみよう。

　上記の問題に対する答えを得るには，ポテンシャルエネルギーとエントロピーの両方の項を含んだ物理量，**自由エネルギー**（free energy）で考える必要がある。自由エネルギーには 2 種類ある。一定体積の下で起こる現象に適用されるヘルムホルツ（Helmholtz）の自由エネルギー（A）と，一定圧力の下で起こる現象に対するギブズ（Gibbs）の自由エネルギー（G）であり，次のように定義される。

$$A = U - TS \tag{1.2}$$
$$G = H - TS \tag{1.3}$$

*9　内部エネルギー，エンタルピーについては，第2章2.2節で詳しく述べる。

ここで，U は内部エネルギー[*9]，H はエンタルピー[*9]（enthalpy），T は絶対温度，S はエントロピーである。内部エネルギーとは，いま観測対象としている物質中の，すべての分子が有する運動エネルギーとポテンシャルエネルギーの合計である。内部エネルギーにはポテンシャルエネルギーだけではなく，運動エネルギーも含まれているが，自然現象の進む方向を決めているのはポテンシャルエネルギーなので，これまでの議論との整合性はある。また，エンタルピーとは，内部エネルギーに観測対象物質と外界との仕事のやりとりを加えた量である。一定圧力の下

での現象を取り扱うので，対象物質が膨張したり収縮したりすると，仕事が発生するからである。しかし，ここではとりあえず，エネルギーと類似の内容であると理解しておいていただきたい。それで大きな間違いはない。

自然現象は自由エネルギーの低くなる方向に進むというのが，エネルギーとエントロピーの両方の項を考慮した場合の答えである。ここでいくつかの例をあげて，この原理を納得していただくことにしよう。例に取り上げるのが一定圧力下での現象なので，ギブズの自由エネルギーを使って説明する。

A.　融解現象

図 1.8 に，氷（結晶）と水（液体）のエンタルピー，エントロピーの比較と，それらを使った自由エネルギーの定式化について示した。読者の皆さんは，エンタルピーおよびエントロピーともに水のほうが大きいことはすぐに理解されるであろう。氷が熱量（潜熱）を吸収して，融けて水になるのであるから，当然水のほうが大きなエネルギーを有している。また図 1.6 の説明から，エントロピーも水のほうが大きいことも理解できる。そこで，水の量から氷の量を引いた差（ΔH と ΔS）を使ってギブズの自由エネルギー差を表すと，次式となる。

$$\Delta G \equiv G_水 - G_氷 = H_水 - H_氷 - T(S_水 - S_氷)$$
$$\equiv \Delta H - T\Delta S \tag{1.4}$$

ここで，ΔH と ΔS はともに正である。ΔG と ΔH，$T\Delta S$ が温度とともにどのように変化するかを示したのが図 1.9 である。融点近傍の狭い温度領域では ΔH，ΔS ともに一定とみなせるため，$T\Delta S$ は温度に対して直線的に増加する。そして，ある温度（融点）で $T\Delta S$ が ΔH より大きくなり，ΔG が正から負に転じる。この温度より低温では，水の自由エネルギー

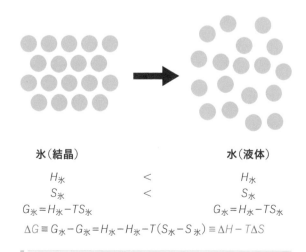

氷（結晶）　　　　　　　　　　水（液体）

| $H_氷$ | < | $H_水$ |
| $S_氷$ | < | $S_水$ |

$G_氷 = H_氷 - TS_氷$ 　　　　$G_水 = H_水 - TS_水$

$\Delta G \equiv G_水 - G_氷 = H_水 - H_氷 - T(S_水 - S_氷) \equiv \Delta H - T\Delta S$

図 1.8　氷（結晶）と水（液体）のエンタルピー，エントロピーの比較と自由エネルギーの定式化

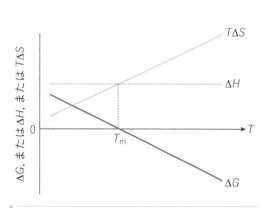

図 1.9　氷の融解を説明する自由エネルギー曲線

のほうが大きいので氷の状態が安定であり，高温側では水の自由エネルギーのほうが小さくなって水に変化することがわかる。自由エネルギーが自然現象の変化する方向を決めていることを示す一例である。ちなみに，$\Delta G(=\Delta H - T\Delta S)=0$ のとき，氷と水の自由エネルギーが等しいので，両相が共存する。言うまでもなくそのときの温度が融点 T_m なので，次式が成り立つ。

$$\Delta H = T_\mathrm{m}\Delta S \quad \text{または} \quad \Delta S = \Delta H/T_\mathrm{m} \tag{1.5}$$

この式から，融解（より一般的には相転移）にともなうエントロピー変化は，融解エンタルピー（融解熱）を融点（絶対温度）で割れば求まることが理解できる[*10]。

*10　水の融解に対してこの計算をしてみると，$\Delta H=6.01\,\mathrm{kJ\,mol^{-1}}$, $T_\mathrm{m}=273.15\,\mathrm{K}$ であるから，$\Delta S=22.0\,\mathrm{J\,K^{-1}\,mol^{-1}}$ となる。

B.　溶解現象

次に，2 種類の溶解現象に関する例をあげよう。一つは，エタノールの水への溶解（図 1.10a）で，もう一つは食塩の水への溶解（図 1.10b）である。ともに，溶液状態のエントロピーのほうが大きいことは，図 1.4b の説明などから理解できるであろう。しかしエンタルピーのほうは，別々に存在する場合と溶液になった場合のどちらが大きいかは即座には判断できない。これまでにデータはなく，初めて出くわす溶液の場合には，実験で測定して決める以外に方法はない。しかし幸いにも，ここで取り上げた溶液の場合には，すでに測定データは存在する。エタノール/水の場合は発熱（$\Delta H<0$）で，食塩/水の場合は吸熱（$\Delta H>0$）である。したがって，エタノール/水の場合（図 1.10a）の ΔG は次式のようになる。

$$\begin{aligned} \Delta G &\equiv G_\mathrm{solution} - G_\mathrm{ethanol+water} \\ &= H_\mathrm{solution} - H_\mathrm{ethanol+water} - T(S_\mathrm{solution} - S_\mathrm{ethanol+water}) \\ &\equiv \Delta H - T\Delta S \end{aligned}$$

ここで，$\Delta H<0$ で $\Delta S>0$ であるから，ΔG は常に負になる。つまり，溶液のほうが自由エネルギーは低く，エタノールは水に溶ける。一方，

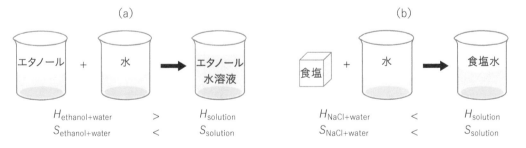

(a)　$\Delta G \equiv G_\mathrm{solution} - G_\mathrm{ethanol+water} = H_\mathrm{solution} - H_\mathrm{ethanol+water} - T(S_\mathrm{solution} - S_\mathrm{ethanol+water}) \equiv \Delta H - T\Delta S$

(b)　$\Delta G \equiv G_\mathrm{solution} - G_\mathrm{NaCl+water} = H_\mathrm{solution} - H_\mathrm{NaCl+water} - T(S_\mathrm{solution} - S_\mathrm{NaCl+water}) \equiv \Delta H - T\Delta S$

図 1.10　エタノール（a）および食塩（b）が水に溶ける場合のエンタルピー，エントロピーの比較と自由エネルギーの定式化

(a)の場合は $\Delta H<0$, $\Delta S>0$，(b)の場合は $\Delta H>0$, $\Delta S>0$。

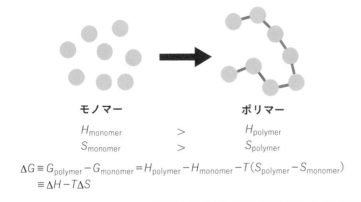

モノマー　　　　　　　　　　　　ポリマー

$H_{monomer}$　　　　$>$　　　　$H_{polymer}$

$S_{monomer}$　　　　$>$　　　　$S_{polymer}$

$\Delta G \equiv G_{polymer} - G_{monomer} = H_{polymer} - H_{monomer} - T(S_{polymer} - S_{monomer})$
$\equiv \Delta H - T\Delta S$

図1.11　モノマーとそれが重合したポリマーのエンタルピー，エントロピーの比較と自由エネルギーの定式化

食塩/水の場合（**図 1.10b**）は，$\Delta H > 0$ で $\Delta S > 0$ であるから，ΔG は温度によって正にも負にもなりうる。ΔG は，温度が低い場合は正なので溶けず，温度が高くなると負になって溶けるようになる。一般に，温度が高いほど物質はよく溶けるが，それはこうした理由による。

C.　重合反応（図1.11）

　モノマーが重合してポリマーになると，エントロピーは小さくなる。モノマー分子は互いに独立して自由に動き回れるが，重合して共有結合が形成されると運動が大きく制限されるからである。一方，重合は必ず発熱反応で，エンタルピーはポリマー状態のほうが小さい。したがって，ΔH, ΔS ともに負である。

$$\Delta G \equiv G_{polymer} - G_{monomer}$$
$$= H_{polymer} - H_{monomer} - T(S_{polymer} - S_{monomer}) \equiv \Delta H - T\Delta S$$

この式の ΔG は，温度が低ければ ΔH の項が勝って負になるが，温度が高くなると正に逆転する。自由エネルギーが正になれば，重合反応は進まなくなる。その境界となる温度 $T(= \Delta H/\Delta S)$ は天井温度と呼ばれる。

　「自然現象が自由エネルギーの低くなる方向に進む」という原理を，融解と溶解現象，重合反応を例として説明してきた。言うまでもなく，世の中の森羅万象はすべて自由エネルギーの低くなる方向に進む。皆さんが研究の過程や日常生活でこの原理を使おうとするとき，どちらの状態のエントロピーが大きいかを直感的に理解できることが重要である。今後，いろいろな場面で出くわす現象を通して，この感覚を身に付けていただきたいと思う。

コラム 1.3　マクスウェルの悪魔(Maxwell's demon)

　断熱壁で囲まれた容器に，気体が満たされている。その中央に隔壁を設け，そこに小さな窓を取り付ける。窓はたいへん小さいので，質量は無視できる。その窓を悪魔が見張っており，右の部屋から平均速度より速い分子が近づいてきたときに窓を開けて通す。左の部屋から平均速度より遅い分子が来たときにも窓を開ける。窓に質量はないので，この開閉にエネルギーを使う必要はない。さて，悪魔がこの操作を繰り返すと，左の部屋の温度はどんどん高くなり，右の部屋の温度は低くなる。つまり，エネルギーを使うことなく，エントロピーを下げることができる‼　下図にこの概念を示す。

　この思考実験は，150 年以上前に，マクスウェル(James Clerk Maxwell)が提唱したものである。熱力学の根幹に関わるこの問題は，その後，長い間にわたって科学者たちを悩ませてきた。気体分子を上記のように分けるためには，悪魔は，まず分子の速度を測定する必要がある。次いで，ある分子の速度が平均より速い(○の記号で表そう)か遅い(×の記号としよう)かを記憶し，その分子を通すか遮るかを決める。次の分子が来たときにも，同じ操作を行って，これを繰り返す。つまり，悪魔は次々に近づいてくる分子の速度の情報を，○○×○××○…のように，すべて記憶している必要がある。アボガドロ数(6×10^{23} 個)程度の数の情報を記憶しておくことは，いくら悪魔でも無理であろう。ちなみに，コンピュータの記憶装置や人間の頭脳では，絶

対に不可能である。そこで，悪魔はこの記憶をどこかで消去しなければならない。ある段階で，n 個の分子に関する記憶を消去すれば，このとき，n ビットの情報エントロピーが増加することは明白である。なぜなら，それまで○○×○××○…と場合の数が 1 であった状態が，記憶を消去したとたんに場合の数が 2^n に増加するからである(コラム 1.2 参照)。気体分子の速度を分類して下げたエントロピーは，悪魔が記憶を消去した瞬間に情報エントロピーの増加として打ち消されてしまうのである。つまり，悪魔も含めた体系を考えれば，エントロピーが減少したことにはならないというわけである。これが，現時点における，マクスウェルの悪魔の思考実験に対する解答だとされている。

　上記の説明では，情報エントロピーと物理(熱力学)的エントロピーを，同等に扱っていることに気付かれたであろう。これを納得するためには，記録材料に情報を書き込んだり消去したりする操作を思い出せばよい。コンピュータのハードディスクに磁気記録する場合には，微細な部分に外部から磁場をかけて磁化する必要がある。このとき，1 ビット(磁化の向きが上か下か)あたり最低 $k_B T \ln 2$($\sim 0.7\,k_B T$)のエネルギーが必要である。実際には，これよりはるかに大きなエネルギーを使って，大きな磁化を得る必要がある。なぜなら，書き込んだ情報が，熱エネルギー($k_B T$)に負けて消えてしまっては困るからである。この情報の書き込みや消去に使ったエネルギーは，エントロピーの増加につながる。脳の記憶のメカニズムはまだ明らかではないが，生物といえども物理/化学の原理から逃れられるはずはなく，やはり記録(記憶)とその消去にエントロピー増加をともなうことは同じであろう。このようにして，情報エントロピーと物理(熱力学)的エントロピーは同等に扱えるのである。

　ところで，情報エントロピーの増加に目をつぶれば，マクスウェルの悪魔のメカニズムを使って，つまり熱エネルギーを使って仕事を取り出せると考えられる。実際に，ごく最近，そのような論文が日本人の研究者によって発表されている(S. Toyabe *et al.*, *Nature Physics*, **6**, 988–994 (2010)；K. Chida *et al.*, *Nature Communications*, **8**, 15301 (2017))。たいへん興味深い研究である。

▌図　マクスウェルの悪魔

悪魔は，右の部屋から速度の速い気体分子(赤丸)が，左の部屋から遅い分子(緑丸)が来たときだけ窓を開き，それ以外の場合は閉じる。結果として，左の部屋の温度が上がり，右の部屋の温度は下がる。

演習問題

1.1 次の A と B の 2 つの状態のうち，どちらの状態のエントロピーが大きいか答えなさい。

問題No.	状態A	状態B
1	固体表面に吸着した1モルの気体	固体表面から脱着して自由になった1モルの気体
2	モノマーの溶液	同じ重量濃度のポリマーの溶液
3	分子がバラバラで溶けている溶液	同数の分子が二量体に会合して溶けている溶液
4	濃度の異なる2つの食塩水	2つを混ぜて同じ濃度になった食塩水
5	図書館の棚に分類して並べられている本	机上に雑然と置かれている本
6	同じ方向を向いて電線に止まっている10羽のスズメ	デタラメな向きで電線に止まっている10羽のスズメ

1.2 下図 a に示したように，容器の左から 1/3 の場所に隔壁があり，その左側の部屋に n 個の気体分子が存在するとする。この隔壁を取り除き，気体分子を容器全体に拡散させたときのエントロピーの増加量を計算しなさい。また下図 b のように，隔壁が左から 2/3 の場所にある場合について，同様に計算しなさい。

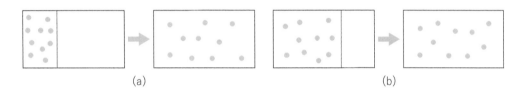

(a)   (b)

1.3 固体を水中に入れると，一般的にその表面に電荷が生じる。当然のことながら，同数の反対符号の電荷をもつイオン（対イオン）が水中に存在する。表面電荷と対イオンの間に働く静電引力を考えれば，下図 a のように，対イオンはすべて表面に吸着するほうが安定なように思える。しかし実際は，下図 b のように，対イオンは水相側にある程度拡散する。これを拡散電気二重層と呼ぶが，なぜこのような構造になるのか考えなさい。

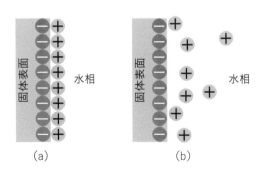

(a)   (b)

1.4　水の沸点は 100℃ で，そのときの蒸発エンタルピー（蒸発潜熱）は 40.7 kJ mol^{-1} である。水の沸騰によるエントロピー変化を計算しなさい。

1.5　気温が 5℃ でも雪が降ることがある。熱力学的には雨でなければならないはずである。なぜ雪が降るのか考えなさい。

解　答

1.1　問題 1：B，問題 2：A，問題 3：A，問題 4：B，問題 5：B，問題 6：B

1.2　各気体分子を 1/3 に区切られた 3 つの部屋に入れる場合の数は 3 であるから，n 個の分子についての場合の数は $\Omega = 3^n$ である。したがって，エントロピーは $S = nk_B \ln 3$ となる。同様に，2/3 に区切られた部屋にいる分子を，右側から 1/3 の部屋にも分配する場合の数は 3/2 であるから，$S = nk_B \ln(3/2)$ である。気体分子が自由に動き回れるスペースが，図 a の場合は 3 倍に，図 b の場合は 3/2 倍に増加するからと考えてもよい。

1.3　対イオンがすべて固体表面に吸着したほうが，ポテンシャルエネルギーは低くなる。しかしその場合は，対イオンの運動は強く制限されてエントロピーが小さくなる。ポテンシャルエネルギーを少し犠牲にしてエントロピーを獲得したほうが，自由エネルギーは下がり，より安定な状態になるからである。なお，水の比誘電率が大きい（25℃ で 78.3）ために静電引力が小さくなり，対イオンが固体表面から解離しやすくなっていることにも注意。

1.4　$\Delta S = \Delta H/T_m = 40{,}700$ J mol^{-1}/373.15 K $= 109.1$ J K^{-1} mol^{-1}

この値を氷の融解エントロピー（欄外注＊10 参照）と比較すること。気体のエントロピーがいかに大きいか（気体分子はいかに勝手気ままに動き回っているか）が理解できるであろう。

1.5　熱力学は，5℃ で液体の水が最安定であることは教えるが，どれだけ早く液体になるかについては何の情報も与えない。上空で雪であったものが地上に届くまでに溶け切らなければ，5℃ でも地上で雪が降る。つまりこの現象は，速度論によって解釈しなければならないのである。熱力学（平衡論）が支配する現象か速度論が支配する現象かを区別することは，研究結果の解析にきわめて重要である。

第2章

熱力学で使用される
基本的概念

　本章では，熱力学でよく用いられる概念の定義とその説明を行う。以後の章で必要なので記すが，このような内容は決して面白いものではない。むしろ退屈な部類であろう。そのため，本章は飛ばして先へ進み，第3章以降で言葉の意味がよくわからない場合に，この章に戻って調べるというのも，読み方の選択肢の一つである。どう読むかは，読者の判断にお任せする。

2.1 系

　物理世界において，ある部分を切り取ったものを**系**(system)と呼ぶ。抽象的な概念であるが，系は観測あるいは研究の対象であると考えていただきたい。例えば，地球全体を観測対象とすれば，地球全体が一つの系であり，コップの中の水を対象とすれば，それが系である。フラスコで有機化学反応を行っている場合には，フラスコ＋反応物質が系である。

　系は，それが接している周囲との相互作用の仕方によって，孤立系，閉鎖系，開放系の 3 種類に分類される。これらの定義と具体例について説明しよう。

2.1.1　孤立系

　対象の系が周囲と完全に切り離されていて，物質の出入りもエネルギーの出入りも無い場合，この系を**孤立系**(isolated system)という。概念としては容易に理解できるが，孤立系の実例を探すことは意外と難しい。物質の出入りを無くすことは容易であるが，エネルギーの出入りを完全に無くすことはかなり困難であるためである。例えば，宇宙を航行しているスペースシャトルを考えると，物質の出入りは無い。エネルギーも積極的には出し入れしていない。しかし，船内から船外へ輻射熱としてエネルギーは流出している[*1]。

　もし理想的な魔法瓶を作ることができたとしたら，それがもっとも孤立系に近いと思われる。魔法瓶は，二重壁の間を真空にして熱伝導を防ぎ，内側のガラス壁の真空側をメッキで鏡面にして輻射熱の流出を防いでいる。これらの機能がもし完璧に働けば，エネルギーの出入りは無くなる。しかし，そんな完璧な機能をもたせることなど，もちろん不可能である。

　宇宙は孤立系のように思えるが，その外に何かが存在するかどうかは知り得ない。したがって，周囲との（物質やエネルギーの）やりとりという概念そのものが成り立つのかどうか，判断できない（図 2.1a）。

　このように，孤立系の実例を見つけることは難しいが，熱力学では概念としてこの系を考え，種々の理論の構築に利用する。

2.1.2　閉鎖系

　物質の出入りは無いが，エネルギーの出入りはある系を**閉鎖系**(closed system)という。閉鎖系の典型例は，缶ビールや缶コーヒーである（図 2.1b）。フタを開けない限り，内容物は出て来ないし空気が入ることもない。しかし，冷やしたり温めたりするので，熱エネルギーは出入りする。同じ範疇に入るものに，レトルト食品がある（図 2.1b）。そのままお湯で温めて食べられるのだから，当然，熱エネルギーは通す。

　地球も閉鎖系と考えてよいであろう。物質の出入りは無いが[*2]，エネルギーは出入りしている。太陽光のエネルギーが入ってくる一方，輻

[*1]　そうでないと，船内の温度は上昇し続けるであろう。なにぶん，人ひとりは 100 W（ワット）の発熱体なのである。

[*2]　時々，隕石が飛び込んできたり，宇宙ロケットが飛び出して行ったりするが，その程度の物質量は地球の規模から考えれば無視できる。

(a) 孤立系？

(b) 閉鎖系

(c) 開放系

図2.1 熱力学における系の実例

射熱（電磁波）として地球からエネルギーは出ていく[*3]。太陽系やもっと大規模な銀河なども，おそらく閉鎖系であると考えられる。何億年という長い時間を考えれば，銀河系の衝突や超新星爆発などで物質の出入りはあると考えられるが，我々が観測できる時間程度では，閉鎖系であろう。

　閉鎖系の中の特殊な場合として，**断熱系**（adiabatic system）を定義することがある。エネルギーのうち，熱エネルギーだけは出入りの無い系である。断熱系はいろいろな場面における議論で使われる。

2.1.3 開放系

　物質もエネルギーも出入りする系を**開放系**（open system）という。開放系の例は，身の回りのいたる所に見いだせる。湯沸かし中のやかん（図2.1c），炊飯中の電気釜，食品を出し入れする冷蔵庫，家，地下街（図2.1c），駅，空港，川，池，海，さらには都市や国など，いくらでもある。動物（当然人間も）や植物も開放系である（図2.1c）。食物や肥料を取り込み，排泄物や二酸化炭素・酸素などを放出している。

　開放系の特徴は，非線形非平衡現象が起こりやすいことである。こうした現象が起こると，系にパターン，リズムなどの秩序が現れる。昔からコロイド化学の分野でよく知られているリーゼガング現象[*4]が，一つの例である（図2.2）。混ぜ合わせると沈殿を生じる2種類の電解質溶液を用意する。電解質濃度の薄い片方の水溶液を，ゲルの中に閉じ込める。残った濃いほうの溶液を，ゲルの上部に注ぎ込む。すると，図2.2aのように沈殿が規則的な層になって出現する。もし平たいゲルの中央に濃いほうの溶液を垂らせば，図2.2bのような同心円状のパターンが現

[*3] よく天気予報で，「明日の朝は晴天なので，放射冷却で冷えるでしょう」と言っている"放射冷却"がこれにあたる。

[*4] ドイツの化学者リーゼガング（Raphael E. Liesegang）によって初めて見いだされたので，この名が付いている。

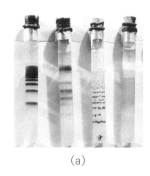
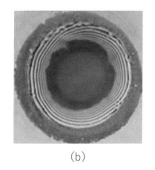

(a)　　　　　　　　　　　　　(b)

図 2.2　リーゼガング現象

れる。濃いほうの溶液がゲル中に拡散し，他方の溶液と接触して沈殿ができる。そのとき，薄いほうの溶液中の成分が使い果たされ，周囲の濃度が極端に薄くなる。あまりに薄い溶液中では沈殿はできず，濃いほうの溶液はその部分を通過する。極端に濃度の薄い領域を過ぎると再び沈殿が生じ，先の過程を繰り返す。これが，リーゼガング現象が起こるメカニズムであると考えられている。

　リーゼガング現象は，散逸構造形成の一種である。散逸構造のできるメカニズムと他の例については，**コラム 2.1** を参照していただきたい。

2.2 ｜ 示量変数と示強変数

*6　示量変数を示量的性質（extensive property），示強変数を示強的性質（intensive property）と呼ぶことも多い。

　熱力学で使われる種々の物理量は 2 種類に分類できる。一つは，物質量に比例して増える量で，**示量変数**（extensive variable）*6 と呼ばれる。もう一つは，物質量に依存しない物理量で，**示強変数**（intensive variable）*6 と呼ばれる。これらの量の実例をあげて，その意味を説明しよう。

2.2.1　示量変数

　示量変数は物質量に比例して増加する熱力学量である。具体的には，質量，体積，モル数，エネルギー，エンタルピー，エントロピー，自由エネルギー，熱容量などがある。

2.2.2　示強変数

　示強変数は物質量によらない熱力学量で，温度，圧力，濃度が典型例である。示量変数をモル数や質量で除した量（部分モル量や部分比量）は当然，物質量には依存しない示強変数である。モル体積，モルエンタルピー，モルエントロピー，モル熱容量，比熱（容量），密度（比重），化学ポテンシャル（部分モル自由エネルギー）などが該当する。

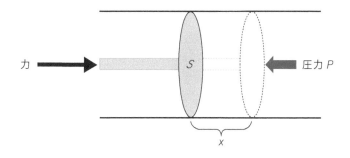

図2.3 体積と圧力が共役関係にあることを説明する図

2.2.3 示量変数と示強変数の共役関係

示量変数と示強変数の中には，かけ合わせるとエネルギーになる組み合わせがある。そのとき，両者は「共役関係」にあるという。体積と圧力，エントロピーと温度，物質量(モル数)と化学ポテンシャルの組み合わせが共役関係になっている。

体積と圧力の積がエネルギーになる理由を説明しよう。図 2.3 のようなピストンを考える。ピストンの右側からは圧力 P が作用している。圧力は力を面積で割った量であるから，ピストンの面積を S とすれば，ピストンには PS の力がかかっていることになる。その力に逆らってピストンを右側に距離 x だけ押すと，$PS \times x$ の仕事をした(つまり右側にエネルギーを与えた)ことになる。$PS \times x$ を $P \times Sx$ と書き直せば，面積に距離をかけたものは体積 V になるから，ピストンがなした仕事は PV となる。このように，体積と圧力をかけた量はエネルギーになる[7]。

*7　エントロピーと温度，物質量と化学ポテンシャルの組み合わせについては，第4章以降の議論が必要なので，ここでは説明を保留しておく。

2.3 理想気体

理想気体(ideal gas)は仮想的な概念であるが，熱力学ではたいへんよく使われる便利な物質である。本節では，理想気体の性質をまとめておく。

2.3.1 理想気体の定義

理想気体とは，次の3つの性質を有する気体を指す。
（ⅰ）気体分子間に相互作用(引力や斥力)は無い。
（ⅱ）気体分子に体積(大きさ)は無い。
（ⅲ）状態方程式 $PV = nRT$ を満たす(P：気体の圧力，V：気体の体積，n：気体のモル数，R：気体定数，T：絶対温度)。
（ⅰ）と（ⅱ）は仮定であると同時に，希薄な状態では実在の気体もほぼ満たしている性質である。分子間に相互作用が無いということは，ポテンシャルエネルギーが存在せず(図 1.3 参照)，したがって凝縮は起こらない。つまり，どんな条件でも液体や固体になることはない。ポテンシャ

ルエネルギーが存在しないので，理想気体を含む系のエネルギーは運動エネルギーのみである。そのため，温度が決まればエネルギーが一義的に決まる。これについては次項で詳しく述べる。

　気体については，古くからボイルの法則とシャルルの法則が知られていた。ボイルの法則とは，一定温度の下で，気体の体積は圧力に反比例するというものである。つまり，次式が成り立つ。

$$V = K(T)/P \quad \text{または} \quad PV = K(T) \tag{2.1}$$

ここで，$K(T)$ は温度に依存する定数である。

　一方，シャルルの法則とは，一定圧力の下で，気体の体積は温度に比例して大きくなるというものである。つまり，式 (2.1) の定数 $K(T)$ は T に関する一次式であることを主張している。気体 1 モルあたりのこの比例定数を R（気体定数）とすれば，n モルの気体に対して，目的の式 (2.2) が得られる。

$$PV = nRT \tag{2.2}$$

ボイルとシャルルが実在の気体で法則を導いたことからもわかるように，希薄な条件では，実在気体でも 2 つの式は近似的に成り立つ。

　さて，式 (2.2) では，絶対 0 度において右辺は 0 になる。したがって，左辺も 0 になる必要がある。この条件は，気体分子には体積が無いという (ii) の仮定によって満たされている。実在気体では，もちろん満たされる条件ではない。

2.3.2　気体分子運動論

　原子 / 分子のふるまいから巨視的な物質の性質を説明しようという統計力学は，**気体分子運動論**（kinetic theory of gases）に端を発する。ここでは，その内容の中から，本書で将来必要になる部分を紹介する。

　気体分子運動論によれば，容器の中に閉じ込められた気体が壁に及ぼす圧力は，気体分子の衝突によって運動量が授受された結果として生じるものである。図 **2.4** に示すように，一辺の長さ L の立方体の箱の中に，質量 m の気体分子が閉じ込められているとする。また，箱の中の気体分子の数を N とし，分子は壁と完全弾性衝突すると仮定する。分子の速度 v の x 成分（の絶対値）を v_x とすると，図 **2.4** のように，分子が左側の壁に衝突したときに変化する（壁に作用する）運動量の x 成分は $2mv_x$ である。なぜなら，衝突によって $-mv_x$ が $+mv_x$ に変化したからである。分子が壁に衝突する頻度は，L の距離を往復する時間の逆数であるから，$v_x/(2L)$ である。したがって，単位時間あたりに分子が壁に与える運動量は mv_x^2/L となる。単位時間あたりの運動量変化とは，すなわち力であるから[*8]，mv_x^2/L を壁の面積で割って，分子数 N をかければ，箱の中の全分子が壁に及ぼす圧力 P が求まる。

$$P = \frac{mv_x^2 N}{L^3} \tag{2.3}$$

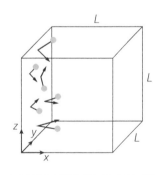

図 2.4　気体分子運動論による圧力の説明

＊8　力 f の定義は，$f = m\,(\mathrm{d}^2x/\mathrm{d}t^2) = m\,(\mathrm{d}v/\mathrm{d}t) = \mathrm{d}(mv)/\mathrm{d}t$ であるので，運動量の時間微分（単位時間あたりの運動量変化）が力になる。

L^3 は箱（すなわち気体）の体積 V なので，式（2.3）は次のようになる。

$$PV = mv_x^2 N \tag{2.4}$$

さて，分子の速度は，y 軸方向の成分 v_y も z 軸方向の成分 v_z も v_x に等しいので，$v^2 = v_x^2 + v_y^2 + v_z^2 = 3v_x^2$ である。したがって，式（2.4）は次式のように書ける。

$$PV = \frac{mv^2 N}{3} \tag{2.5}$$

分子 1 個の運動エネルギーは $mv^2/2$ で，分子数 N を n モルとすれば，次式が成り立つ。

$$PV = \frac{2}{3} nE \tag{2.6}$$

ここで，E は気体分子 1 モルあたりの運動エネルギーである。

さて，式（2.6）と式（2.2）を比較すると，次式が得られる。

$$\frac{2}{3} E = RT \tag{2.7}$$

また，$E = mv^2 N_A/2 = 3mv_x^2 N_A/2$（$N_A$ はアボガドロ数）だから，$mv_x^2 N_A = RT$ となる。したがって，最終的に次のエネルギー等分配則が得られる。

$$\frac{1}{2} mv_x^2 = \frac{1}{2} mv_y^2 = \frac{1}{2} mv_z^2 = \frac{RT}{2N_A} = \frac{1}{2} k_B T \tag{2.8}$$

ここで，k_B はボルツマン定数である。ここまでの議論では，分子の速度が一定の値 v である特殊な場合の計算をしてきたが，平均速度に変えれば，一般的な議論として成り立つ。

式（2.7）によれば，理想気体の運動エネルギーは温度だけで決まり，分子の質量には依存しない。これは，質量の小さな分子は速く飛び回り，大きな分子はゆっくり動いていることを意味する。言い換えれば，温度は運動エネルギーの尺度であることになる。実在気体も希薄である場合には，近似的に理想気体のようにふるまう。各種気体の飛行速度 v の計算結果を表 2.1 に示しておく。水素分子の速度は，$7{,}000\ \mathrm{km\ h^{-1}}$ にも達し，ライフル弾の速度より速い。一方，最も遅い水銀では $700\ \mathrm{km\ h^{-1}}$ 程度で，こちらはジェット旅客機の巡航速度くらいである。

表 2.1 各種気体の平均飛行速度（25℃における計算値）

気体	速度/$\mathrm{m\ s^{-1}}$
水素	1921
ヘリウム	1363
メタン	680.8
アンモニア	660.8
水	642.5
窒素	515.2
酸素	482.1
アルゴン	431.4
二酸化炭素	411.0
水銀	192.5

column

コラム 2.1 開放系と散逸構造

先に述べたように，開放系では非線形非平衡現象が起こりやすい。その結果，パターンやリズムなどの秩序構造が現れる。この構造のことを**散逸構造**（dissipative structure）と呼んでいる。エネルギーを散逸し続けることによって維持される構造という意味である。ここで，散逸構造が形成さ

れるメカニズムについて，簡単な場合を例に説明しておこう。

図 1 のように底の浅いシャーレに液体を入れ，下からヒーターで熱する場合を考える。シャーレの底と液体表面の温度差が小さいときは，熱は熱伝導によって下から上へと移動する（図 1 左）。こ

のときの熱伝導の速度は，温度差に比例している。つまり，熱伝導は線形現象である。底面と表面の温度差が大きくなって，ある臨界値を超えると，熱の移動方式が対流に変わる(図 1 右)。対流のほうが熱移動速度は速く，熱伝導より効率的に熱を上方へと逃がすことができるためである。対流による熱移動速度はもはや温度差には比例せず，非線形現象になっている。

　シャーレの中の液体は下から熱せられているので，底面の密度が小さく(軽く)なる。この密度差が小さい間は均一な状態が維持されるが，温度差が大きくなって密度差も大きくなると，ついには下の軽い液体が上昇し，上の液体が下降して対流が起こる。このとき，図 2a のような，きれいなパターンが得られる。これを発見者にちなんでベナール・パターンと呼ぶ。六角形の中心部で温度の高い液体が上昇し，周辺部で下降してこの構造ができる。この秩序構造は，常に下から熱し(エネルギーを与え)続けることによって維持される。これが散逸構造と呼ばれる所以である。

　ベナール・パターンは，みそ汁のような身近なものでも見いだすことができる(図 2b)。みそ汁の場合，表面から湯が蒸発して冷えるため，先ほどのシャーレの実験の場合と同じ状況が起こる。対流によるパターンではないが，泥水が乾燥したと

きにできるひび割れ(図 2c)や，溶岩が冷却するときにできる柱状列石(図 2d)なども散逸構造の例である。

　さらに，生物も散逸構造の一つであるとみなす考えがあることを紹介しておこう。動物は食物を取り込み，排泄物や二酸化炭素を放出する。食物の取り込みは，化学エネルギー＊を取り込んだことと同義である。またストーブで暖を取ったりクーラーで涼んだりすることによって，熱エネルギーの出し入れをしている。つまり動物は，物質もエネルギーも出入りする開放系である。植物についても同様である。生物が個体を維持し，個体を再生産する(子を残す)ことによって種を保存できているのは，上記の物質とエネルギーの流れによる散逸構造形成のためである。生物は，たいへん複雑な，そして数多くの秩序を有している。例えば，個体発生時の諸器官の形成，心臓の脈動，神経細胞の興奮現象，果てはシマウマの縞模様やキリンの斑模様に至るまで，生物は秩序の集積である。これらの秩序は，生物が開放系であるがゆえの散逸構造であるという考えがあるのだ。

＊　化学エネルギーとは原子間の結合エネルギーに相当する。第 3 章で解説する。

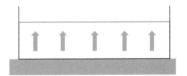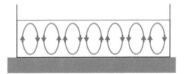

図1　散逸構造が形成されるメカニズム
シャーレの底面と液体表面の温度差が大きくなると，熱伝導状態から対流構造に遷移する。

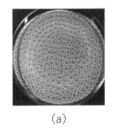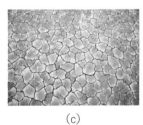

(a)　　　　　(b)　　　　　(c)　　　　　(d)

図2　いろいろな散逸構造の例
(a)対流のベナール・パターン，(b)みそ汁に現れるベナール・パターン，(c)泥水の乾燥時に現れるひび割れ構造，(d)溶岩が冷却するときにできる柱状列石。

演習問題

2.1 物質，エネルギー，熱の出入りがある場合は＋，無い場合は−として，次の表を完成しなさい。

系	物　質	エネルギー	熱
孤立系			
閉鎖系			
断熱系			
開放系			

また，次の系は上記4つのどの系に相当するか，答えなさい。

A：バクテリア　　　B：鳥のタマゴ　　　C：大阪・梅田の地下街

D：軌道を回っている宇宙ステーション　　　E：理想的で完璧な(仮想上の)魔法瓶

F：地球　　　G：太陽系　　　H：宇宙　　　I：缶詰

J：有機化学反応中の還流管付き四つ口フラスコ　　　K：測定中の NMR サンプルチューブ

2.2 次の熱力学量は示量変数か示強変数か，答えなさい。

[温度，エネルギー，エンタルピー，エントロピー，自由エネルギー，圧力，モル数，熱容量，モル熱容量，比熱容量(比熱)，濃度，体積，密度]

2.3 次の事柄は正しいか誤りか，またその理由を述べなさい。

A：自然現象の進む方向はエネルギーだけで決まる。

B：孤立系のエネルギーは一定である。

C：断熱系のエネルギーは一定である。

D：運動エネルギーは負になることはない。

E：ポテンシャルエネルギーは負になることはない。

2.4 気体1モルの運動エネルギー $E (= mv^2 N_A/2 : N_A$ はアボガドロ数)と式(2.7)を用いて，25℃におけるネオンとフッ素分子の飛行速度を計算しなさい。

2.5 ヒトを熱力学的開放系と考えたとき，どのような物質とエネルギーの出入りがあるか考えなさい。

解答

2.1

系	物　質	エネルギー	熱
孤立系	−	−	−
閉鎖系	−	+	+
断熱系	−	+	−
開放系	+	+	+

A：開放系　　B：開放系(ヒナが呼吸できるように空気が殻を通過する)　　C：開放系
D：閉鎖系　　E：孤立系　　F：閉鎖系　　G：閉鎖系　　H：孤立系?　　I：閉鎖系
J：開放系　　K：閉鎖系

2.2　**示量変数**：エネルギー，エンタルピー，エントロピー，自由エネルギー，モル数，熱容量，体積

　　　示強変数：温度，圧力，モル熱容量，比熱容量(比熱)，濃度，密度

2.3　A　誤り：自然現象の進む方向は，エントロピー項も含めた自由エネルギーで決まる。

　　　B　正しい：孤立系には物質もエネルギーも出入りしない。

　　　C　誤り：断熱系には熱以外のエネルギーは出入りできる。

　　　D　正しい：運動エネルギーの最も小さいときは，物体が静止しているときで，運動エネルギーは 0 である。

　　　E　誤り：静電引力や分子間力によるポテンシャルエネルギーは負になりうる。

2.4　mN_A は分子量 M であるから，$E = Mv^2/2$。この式と式(2.7)から，$v = (3RT/M)^{1/2}$ が得られる。この式に，$R = 8.314\ \mathrm{J\,K^{-1}\,mol^{-1}}$，$T = 298.15\ \mathrm{K}$，ネオンの原子量 $= 20.18\ \mathrm{g\,mol^{-1}}$，フッ素分子の分子量 $= 38.00\ \mathrm{g\,mol^{-1}}$ を代入して計算すると，ネオンの飛行速度 $= 607\ \mathrm{m\,s^{-1}}$（$= 2{,}185\ \mathrm{km\,h^{-1}}$），フッ素分子の飛行速度 $= 442.4\ \mathrm{m\,s^{-1}}$（$= 1{,}593\ \mathrm{km\,h^{-1}}$）が得られる。

2.5　**物質の出入り**

　　　取り込む物質：食物，吸気，病気のときには医薬品なども

　　　放出する物質：排泄物(糞，尿)，呼気，汗，皮脂，不感蒸泄(水分)，古い角質(表皮)，抜け毛

　　　エネルギーの出入り

　　　取り込むエネルギー：化学エネルギー(食物)，熱エネルギー(暖房，お茶やコーヒーなどの温かい食物)，光エネルギー(太陽光や赤外線など)

　　　放出するエネルギー：化学エネルギー(排泄物)，熱エネルギー(温かい排泄物など)，輻射エネルギー

第3章

熱力学
第一法則

　本章からは，いよいよ熱力学の中心的内容を取り扱う。**熱力学第一法則**(The first law of thermodynamics)とは，ひとことで言えば「エネルギー保存則」である。**左の図**は，摩擦のない坂をビリヤードの玉が滑り落ちる様子を表している。高さ h の位置にある玉は，最初 mgh（mは玉の質量，g は重力加速度）のポテンシャルエネルギーを有している。その玉が坂の一番下まで来たときには，$mv^2/2 (=mgh)$ の運動エネルギーを有している。この運動エネルギーで，玉は再び右側の高さ h まで登り，以後これを繰り返す。しかし，坂に十分大きな摩擦がある場合には，玉は坂の下で止まってしまってエネルギーを失う（**右の図**）。このとき，最初に有していたポテンシャルエネルギーは，熱エネルギーに変わってしまっていることはご存知であろう。これが，熱まで含めたエネルギー保存則である。熱エネルギーを含めたエネルギー保存則をどう定式化するか，それが本章のテーマである。

3.1 系の内部エネルギー

＊1　本章の内容は，第1章1.2 節で述べた熱力学学習の全道程の中では，主に「1.2.1 自然現象はポテンシャルエネルギーの低い方向に進む」に相当する。それを意識しながら，読み進めていただきたい。

熱力学の系のエネルギー保存則[1] を取り扱うには，その系のエネルギーを定義しなければならない。そのために用いられるのが**内部エネルギー**（internal energy）である。ある系の内部エネルギーとは，考察の対象としている系内のすべての原子や分子が有している運動エネルギーとポテンシャルエネルギーの合計である。しかし，ある系の内部エネルギーの値はいくらと，具体的に求めることはできない。これは，ポテンシャルエネルギーの絶対値は求まらないためである（**コラム 3.1** 参照）。したがって，熱力学では，内部エネルギーは常に「差」で議論する。すなわち，系がある状態から別の状態に移ったときの，2 つの状態間での内部エネルギーの差を問題にする。熱力学は自然現象の進む方向を与える学問であるから，差の議論で事が足りる。ある状態Aからある状態Bに移ったときに，内部エネルギー，エントロピー，自由エネルギーが増加するのか減少するのかが重要なのである。これらの「量」の絶対値は，特に必要ではない。

3.1.1　エネルギーの種類

ここでは，内部エネルギーを構成するエネルギーの種類から話を始めよう。

A.　運動エネルギー

原子・分子を含め，質量を有する粒子が動いているとき，この粒子は**運動エネルギー**（kinetic energy）を有する。例えば，粒子が野球のボールであれば，自分に向かってくるボールをグローブで受けたときに，手が後方に押されて仕事がなされることから，ボールの運動エネルギーを実感できるであろう。このように，運動エネルギーは直感的にもわかりやすいエネルギーである。

粒子の動きには，空間を直進する並進運動や，回転運動だけでなく，多原子分子の原子が揺れ動く振動運動がある。いずれの運動にも，運動エネルギーをともなうことは言うまでもない。実は熱エネルギーとは，原子や分子の運動エネルギーにほかならない。そのため，運動エネルギーが大きいほど温度が高く，また内部エネルギーは大きくなる。

B.　ポテンシャルエネルギー

ポテンシャルエネルギー（potential energy）は，潜在的な仕事をする能力のことで，位置エネルギーとも呼ばれる[2]。ポテンシャルエネルギーは，そのままでは仕事はできないが，現在のエネルギー状態から現在よりも低いエネルギー状態に移るときに仕事をしうる。例えば，ダムの水は高いところから落ちるときに，タービンを回して発電する。このことからポテンシャル（＝潜在的な）エネルギーと呼ばれる理由がわかる

＊2　ポテンシャルエネルギーについては，第1章1.2.1項および図1.1を参照。

column

コラム 3.1　内部エネルギーやエンタルピーの絶対値は求まらない

　系の内部エネルギーやエンタルピーは，熱力学ではたいへん重要な量だが，実はその絶対値は求まらない。エントロピーの絶対値は求まる（第5章参照）のと，好対照をなしている。

　内部エネルギーとは，系内の全原子や分子が有する運動エネルギーとポテンシャルエネルギーの合計である。運動エネルギーは止まっているときが0なので，絶対値は求まるが，ポテンシャルエネルギーの絶対値が求まらない。固体や液体の有するポテンシャルエネルギー（凝集エネルギー）は気体からの凝縮熱として求まる。しかし凝縮する分子には，分子の有するポテンシャルエネルギーである化学エネルギー（原子間の結合エネルギー）がある。純粋に原子から分子を組み上げるときのエネルギーを求めることは，実験的にも理論的にもたいへん難しい。さらに，原子もまた原子核と電子からなり，原子核/電子間のポテンシャルエネルギー（と電子の運動エネルギー）を有している。原子核もポテンシャルエネルギー（核子（陽子と中性子）間のポテンシャルエネルギー）を有しており，

核子もさらにそれを構成する素粒子からなる。根源の素粒子理論は，まだ完成していないと思われる。つまり，現在の科学の知識では，根源の素粒子のエネルギーから積み上げて原子/分子のエネルギーを求める方法が無いのである。

　上記の議論から，内部エネルギーやエンタルピーに関しては，どこかに基準の量（つまり0）を設けて，そこからの差として表現する以外に方法が無いことが理解できたであろう。化学結合のエネルギーとしては，本来であれば，成分の原子1個1個から分子を組み上げるときのエネルギーを求めるべきである。しかし，それはたいへん難しい。そこで便宜的に考え出されたのが標準生成エンタルピー（3.4.2項）である。この量は，標準状態（25℃，1気圧）において最も安定な元素（単体）を基準にとり，これらの元素から生成した化合物とのエンタルピー差として定義している。このような，ある意味では恣意的な量を定義しなければならないのは，内部エネルギーやエンタルピーの絶対値が求まらないからなのである。

だろう。

　ポテンシャルエネルギーには，重力エネルギー，電気エネルギー，凝集エネルギー（分子間引力のエネルギー），化学エネルギー（原子間引力のエネルギー），原子（核）エネルギーなどがある。熱力学では，それが問題になる特別な場合を除き，重力の影響は考えない。したがって，重力のポテンシャルエネルギーが取り上げられることはめったにない。

C.　光エネルギー

　内部エネルギーとは関係がないが，運動エネルギーにもポテンシャルエネルギーにも分類できない重要なエネルギーに光（電磁波）エネルギーがある。光の粒子（光子）1個のエネルギーの大きさは $h\nu$（h：プランク定数，ν：光の周波数）と表される。n 個の光子が集まった光の束のエネルギーは $nh\nu$ である[*3]。

　エネルギーの特徴の一つは，上述のように，さまざまにかたちを変えうることである。かたちは変わるが，その量は一定に保たれる[*4]。

3.1.2　系の内部エネルギーとエンタルピー

　ある系の内部エネルギー U とは，その系内のすべての原子や分子が

*3　量子力学によれば，光は波でもあり，粒子でもある。光子という粒子がもつエネルギーは，波の性質である周波数 ν に依存している。不思議なことであるが，これが光の特異性である。

*4　これまですでに，エネルギーという言葉を，特に定義せずに使ってきた。それほどエネルギーという言葉は一般的になっている。しかし，改めて「エネルギーとは何か？」と問われると，なかなか答えにくい概念である。一般的には，"仕事を取り出せる能力"くらいの意味ととらえられているのではないだろうか。実は，各種の事典類にもエネルギーの厳密な定義はなく，一般的な説明で済まされている。

もっている運動エネルギーとポテンシャルエネルギーの合計である。先に述べたように，内部エネルギーの絶対値は求められず，状態間の差のみが意味をもつ。例えば，0℃の氷に熱量 Q を加えて 0℃の水にしたとする（図 3.1）。このとき，水の内部エネルギーは氷のそれより $Q - P\Delta V$ [*5] だけ増加している。つまり，

$$\Delta U\,(\equiv U_水 - U_氷) = Q - P\Delta V$$

である。しかし，氷の内部エネルギー $U_氷$ も水の内部エネルギー $U_水$ も，その絶対値は求まらない。

　第 1 章 1.2.3 項でも述べたが，熱力学では，系の変化が一定体積の下で起こるのか，一定圧力の下で起こるのかを区別する。なぜなら，一定体積の下では仕事が発生しないが，一定圧力の下で体積が変化すれば，仕事が発生するからである（第 2 章図 2.3 参照）。当然のことながら，仕事により内部エネルギーの量は変化する。

　図 3.2 を使ってこのことを説明しよう。図 3.2a のように一定体積の液体を下から熱して熱量 Q を与えた場合，系の内部エネルギーは Q だけ増加し（$\Delta U = Q$），温度は上昇する。一方，図 3.2b のように一定圧力の下で熱すると，温度が上がることによって系が膨張した分だけ外部に対して仕事（$P\Delta V$）をすることになる。したがって，内部エネルギーの増加量はその仕事の分だけ小さい（$\Delta U = Q - P\Delta V$）。そこで，あらかじめ

$$U + PV \equiv H \tag{3.1}$$

という量 H を定義しておけば，$\Delta H = \Delta U + P\Delta V = Q$ となって，一定圧力の下での変化に対応する熱量変化を表すことになる。この量 H を**エンタルピー**（enthalpy）と呼ぶ。式(3.1)は，熱力学における重要な定義式の一つである。

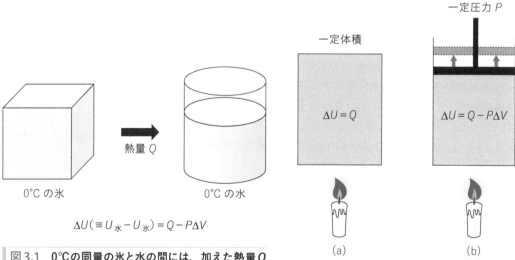

$$\Delta U\,(\equiv U_水 - U_氷) = Q - P\Delta V$$

図 3.1　0℃の同量の氷と水の間には，加えた熱量 Q と体積変化による仕事 $-P\Delta V$ だけの内部エネルギーの差がある。

図 3.2　エンタルピーの定義を説明する図

3.2 熱力学第一法則の表現

これで準備が整ったので，いよいよ熱力学第一法則の説明に移る。熱力学第一法則は，次式できわめて簡単に定式化される。

$$\Delta U = Q + W \tag{3.2}$$

ΔU：注目している系の内部エネルギー変化
Q：系に出入りする熱量
W：系に対する仕事

これらの符号については，系内の量が増える場合を正，減る場合を負と定義する[*6]。つまり，熱が系内に流入する場合が正で流出する場合が負，系が仕事をされた場合が正で外部に仕事をした場合が負である。

エネルギーの出入りの無い孤立系では，エネルギーが保存されるのは明らかであるから，第一法則の適用の対象外である。また，開放系では物質の出入りも生じるので，内部エネルギー（＝系内のすべての原子や分子がもっている運動エネルギーとポテンシャルエネルギーの合計）が定義できなくなる。よって，開放系も対象外である。したがって，閉鎖系のみが対象である。閉鎖系の特殊な場合である断熱系もよく取り上げられる。言い換えれば，熱力学第一法則は式(3.2)が適用できる系のみを取り扱っていることになる。それでも，十分に広い分野で役に立つ法則である。

*6 この正負の定義は熱力学における約束事なので，他の分野と異なる場合があることを付言しておく。

3.3 種々の過程への熱力学第一法則の適用

熱力学第一法則を十分に理解するために，いろいろな現象に対して熱力学第一法則を適用してみよう。この結果は，次章以降の議論にも種々の場面で使われる。

3.3.1 理想気体に対する熱力学第一法則の適用

理想気体の各種過程に対して第一法則を適用する。ここでの説明は，次章で取り上げるカルノー・サイクルと関係するので，十分に理解しておいていただきたい。

A. 理想気体の等温膨張／圧縮過程

図3.3のように理想気体がピストン付きのシリンダーの中に入っていて，装置全体が恒温槽（温度が一定）に浸されている系を考える。シリンダーおよびピストンの壁は物質を通さず，熱だけを通すので，この系は閉鎖系である。ピストンを一定の位置で止めるためには，ピストンに右側から力（圧力）をかける必要がある。この状態から，ピストンを2種類の方法で右に動かす，すなわち気体を膨張させることを考えよう。

等温可逆膨張過程

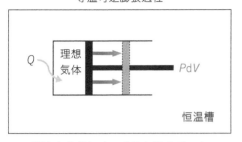

圧力を十分にゆっくりと弱めていく
ことで，ピストンを右側へ動かす

(a)

等温不可逆膨張過程

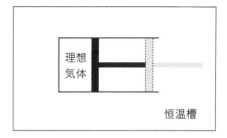

圧力を一気に無くし，気体を勝手に拡散
させることで，ピストンを右側へ動かす

(b)

図3.3　理想気体の等温膨張への熱力学第一法則の適用

　一つは，ピストンの右側からかける圧力を十分にゆっくりと弱めてい
くことで，ピストンを右側へ動かす方法である（図 3.3a）。つまり，ピ
ストン内の理想気体の圧力と常に同じ圧力で右から押しながら動かす。
この過程では，平衡状態は常に成立しており，右側から同じように押し
戻すことで元の状態に戻すこともできる。そのため，このような動かし
方を**可逆過程**（reversible process）という。この可逆過程という概念も，
熱力学で頻繁に使われる。いまの場合は温度が一定であるので，**等温可
逆過程**（isothermal reversible process）である。可逆過程とは，逆の操
作をすれば完全に元の状態に戻ることを意味する。「完全に」元の状態
に戻るとは，系の周囲（外部）も元の状態に戻ることである。操作の結果，
周囲に何らかの影響が残る場合には，可逆過程とはいわない。

　もう一つは，ピストンにかける力を一気に無くし（ゼロにし），気体を
勝手に拡散させることでピストンを最終の位置まで動かす方法である
（図 3.3b）。この場合は，ピストンの最終の位置から左に押し戻したとき，
系になした仕事が恒温槽に熱として放出され，周囲を含めて元の状態に
戻すことはできない。そのため，この動かし方を**不可逆過程**（irreversible
process）と呼ぶ。いまの場合は温度が一定であるので，**等温不可逆膨
張過程**（isothermal irreversible expansion process）である。この二つ
の過程に対して，熱力学第一法則を適用してみよう。

　まず，図 3.3a の等温可逆膨張過程を考える。ピストンが右に動くこ
とによって，気体は外部に対して $P\Delta V$ の仕事をするが，いまの場合，
ピストンが右に動くと圧力が下がるので，微小な仕事の合計 $\int PdV$ とし
て考えなければならない。最初の体積 V_1 から，最終的な体積 V_2 まで
可逆的にピストンを動かしたときの仕事 W は，次式で与えられる。

$$W = -\int_{V_1}^{V_2} PdV = -nRT\int_{V_1}^{V_2} \frac{1}{V}dV = -nRT\ln\left(\frac{V_2}{V_1}\right) \quad (3.3)^{[7]}$$

＊7　右辺のマイナス記号は，式
（3.2）のところで説明したのと同
じく，外部に仕事をして系の内部
エネルギーが減少する方向の変化
であることを示している（＊5も
参照）。また式（3.3）の誘導におい
ては，理想気体の状態方程式
（$PV = nRT$）を使った。

　この過程では常に温度は一定であるから，理想気体の内部エネルギー
（運動エネルギー）U は一定である（第 2 章 2.3.2 項参照）。すなわち，
式（3.2）において $\Delta U = 0$ である。したがって，$Q = -W = nRT\ln(V_2/V_1)$

となる。つまり，理想気体のなした仕事 W に相当する熱量 Q が，恒温槽からピストンの中に流入しなければならない。これは，この等温可逆膨張過程においては，恒温槽からの熱エネルギーが，ピストンを介して仕事に変換されたことを意味する[*8]。

　次に，図 3.3b の等温不可逆過程を考える。今度は，ピストンには力がかかることなく（$P=0$），気体は勝手に拡散し，一気に最終位置まで動く。つまり，系は仕事をしない（$W=0$）。また，温度は一定に保たれているから，理想気体の内部エネルギーの変化も無い（$\Delta U=0$）。よって，系と外界（恒温槽）との間の熱の出入りは無い。不可逆過程では，単に気体が拡散しただけで，エネルギーのやりとりは無いのである。

　ここで，第 1 章 1.2.2 項で紹介したエントロピーについて考えてみると，二つの過程では同じ量（$nR \ln(V_2/V_1)$）だけ増えている。

　このように，可逆過程と不可逆過程に興味深い二つの違いがあることがわかる。

　・可逆過程では外界とのエネルギーのやりとりがあるが，不可逆過程ではそれが無い。
　・二つの過程では，エントロピーは同じ量だけ増えている。

つまり，エントロピーが増加するとき，それをエネルギーとして取り出すことができる場合（可逆過程）とできない場合（不可逆過程）があるのである。不可逆過程では，いわばエントロピーを「無駄にしている」わけであるが，これは次章で説明する熱力学第二法則と密接に関係する重要な事柄である。

B.　理想気体の断熱膨張／圧縮過程

　今度は，外部との熱の出入りが無い断熱過程を考える。図 3.4 に**断熱可逆膨張過程**（adiabatic reversible expansion process）を模式的に示す。この過程においては，温度，圧力，体積のすべての変数が変化する。仮に仕事をして内部エネルギーが減少し，温度が下がれば，先ほどとは異なり，温度は下がったままの状態となる。ここが等温過程と違う点である。最初の状態が（T_1, P_1, V_1）で，最後の状態が（T_2, P_2, V_2）であるとしよう。このときの T_1 と T_2 の関係を P, V などで表すことが，ここでの目標である。

　温度を 1 K 上昇させるのに必要なエネルギー量を**熱容量**（heat capacity）という。一定体積の下で測定される熱容量を C_V とすれば，理想気体の内部エネルギー U と温度 T との間には次の関係が成り立つ[*9]。

$$dU = C_V dT \tag{3.4}$$

いま問題にしている断熱可逆膨張過程における内部エネルギーの変化 ΔU は，次式で与えられる[*9]。

$$\Delta U = \int_{T_1}^{T_2} C_V dT = C_V(T_2 - T_1) \tag{3.5}$$

いま考えている断熱可逆膨張過程では，系が外部に対して仕事をしてい

*8　これまで理想気体が膨張する場合を見てきたが，圧縮される場合は W と Q の符号が逆になるだけということは，容易に理解できるであろう。外部からなされた仕事によるエネルギーは，熱として恒温槽に逃げるのである。

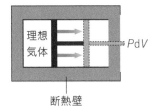

図 3.4　理想気体の断熱可逆膨張過程への熱力学第一法則の適用

*9　いまの過程では体積は変化しているが，理想気体の内部エネルギーは体積によって変化しない（温度のみの関数）ので，定積熱容量 C_V を使用できる。また，気体 1 モルあたり $C_V = 3R/2$（R は気体定数）で一定である（第 2 章 2.3.2 項，式（2.7）参照）。

るので，温度は低下する（$T_2 < T_1$）。したがって，$\Delta U < 0$ である。

　さて，目標である T_1 と T_2 の関係を P, V などで表すことを試みよう。この系は断熱系なので，熱の出入りは無く，$dU = dW$ である。また，$dU = C_V dT$，$dW = -PdV$ なので，次式が成り立つ。

$$C_V dT = -PdV \tag{3.6}$$

式(3.6)の両辺を $T = PV/(nR)$ で割ると，次式が得られる。

$$C_V \frac{dT}{T} = -nR \frac{dV}{V} \tag{3.7}$$

式(3.7)の両辺を積分すると，次のようになる。

$$C_V \int_{T_1}^{T_2} \frac{1}{T} dT = -nR \int_{V_1}^{V_2} \frac{1}{V} dV \tag{3.8}$$

これを計算すると

$$
\begin{aligned}
C_V \ln\left(\frac{T_2}{T_1}\right) &= -nR \ln\left(\frac{V_2}{V_1}\right) = nR \ln\left(\frac{V_1}{V_2}\right) \\
\ln\left(\frac{T_2}{T_1}\right) &= \frac{nR}{C_V} \ln\left(\frac{V_1}{V_2}\right) \\
\ln\left(\frac{T_2}{T_1}\right) &= \ln\left(\frac{V_1}{V_2}\right)^{nR/C_V}
\end{aligned}
\tag{3.9}
$$

となり，最終的に次式が得られ，これが目標の式である。

$$\frac{T_2}{T_1} = \left(\frac{V_1}{V_2}\right)^{nR/C_V} \tag{3.10}$$

　断熱可逆膨張過程でどれくらい温度が下がるのか，具体的に計算してみよう。仮に体積が 2 倍になるまで膨張させたとすると，$V_1/V_2 = 1/2$ で，$nR/C_V = 2/3$ であるから[*9]，$T_2 = 0.630 T_1$ が得られる[*10]。最初の温度が 400 K だとすれば，最後の温度は 252 K となる。

　膨張ではなく圧縮により体積が 1/2 倍になった場合は，上記とは反対に温度は上がり，$T_2 = 1.59 T_1$ となることは容易に理解できるだろう。また，可逆膨張ではなく不可逆膨張の場合は，外部に対して仕事をしないので $W = 0$ で，断熱系なので $Q = 0$ となり，$\Delta U = 0$ となる。つまり，気体は単に拡散するだけで，その過程におけるエネルギーの変化は無い。等温変化の場合と同様に，エントロピーが無駄に増加するだけとなる。

3.3.2　実在気体に対する熱力学第一法則の適用 （ジュール・トムソン効果）

　前項では，理想気体に対する熱力学第一法則の適用例について述べた。本項では，実在気体（real gas）を取り上げよう。理想気体と実在気体の違いは何か？　それは，分子間に相互作用（引力や斥力）が働くことである。

[*10]　$(1/2)^{2/3} = x$ とおき，両辺の対数をとると式(3.10)は $\log x = (2/3) \log(1/2)$ となる。電卓を使って右辺を計算すると，-0.2007 となる。$\log x = -0.2007$ であるから，$x = 10^{-0.2007} = 0.630$ となる。最後のべき計算も電卓を使って行う。

A. ジュール・トムソン効果

　実在気体分子間の相互作用がもたらす代表的な現象である**ジュール・トムソン効果**(Joule-Thomson effect)について解説しよう。図 **3.5** にジュール(James Prescott Joule)とトムソン(William Thomson, ケルビン卿)が行った実験(1853 年)の概念図を示す。断熱壁で覆われたシリンダーの中央に，多孔質の隔壁[*11] がある。その両側に量は異なるが同じ種類の実在気体が入っており，左側の圧力が P_1，右側が $P_2 (P_1 > P_2)$ であるとする。実験開始時，左側の温度 T_1 と右側の温度 T_2 は等しく，ともに T である。左側のピストンをゆっくりと右へ動かすと，気体は中央の多孔質隔壁の中を通って右側に移動する。多孔質隔壁の孔は十分に小さく，気体は十分にゆっくりと流れるので，隔壁の両側の圧力差 $P_1 - P_2$ を常に一定に保ちながら移動することができる。この操作によって Δn モルの気体が左側から右側に移動し，左側では体積が ΔV_1 だけ減少し，右側では体積が ΔV_2 だけ増加したとする。つまり，左側では $P_1 \Delta V_1$ の仕事が系に対してなされ，右側では $-P_2 \Delta V_2$ の仕事が外部に対してなされている。

　この過程における内部エネルギーの変化は，断熱系($Q=0$)であるから，

$$\Delta U \equiv \Delta U_2 - \Delta U_1 = Q + W = 0 + (P_1 \Delta V_1 - P_2 \Delta V_2) \qquad (3.11)$$

となる。この式を書き直すと，

$$\Delta U_1 + P_1 \Delta V_1 = \Delta U_2 + P_2 \Delta V_2 \qquad (3.12)$$

となり，エンタルピー一定の変化であることがわかる。

　さて，シリンダーに入っている気体が理想気体であれば，

$$\Delta U_1 + P_1 \Delta V_1 = \frac{3}{2} \Delta n R T_1 + \Delta n R T_1 = \frac{5}{2} \Delta n R T_1$$
$$\Delta U_2 + P_2 \Delta V_2 = \frac{3}{2} \Delta n R T_2 + \Delta n R T_2 = \frac{5}{2} \Delta n R T_2$$
$$(3.13)$$

である(第 2 章 2.3.2 項の式(2.7)参照)。したがって，$T_1 = T_2$ となり，温度は一定のまま，左側から右側に Δn モルの気体が移動しただけである。

　ところが，実在気体の場合は(＝実際にこの実験を行うと)，隔壁の両側で温度差が発生する。常温付近では，ほとんどの気体で温度が下がる

*11 1853年当時，隔壁用の多孔質材料としては，絹のハンカチが用いられ，後に海泡石(セピオライト，sepiolite)が用いられるようになった。海泡石とは軽石のようなものである。

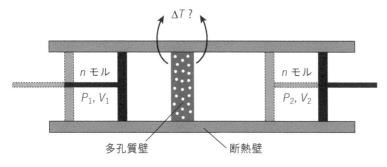

図3.5　**ジュールとトムソンが行った実験の概念図**($P_1 > P_2$)

＊12　水素とヘリウムは例外で，これらの場合には温度が上がる（$T_1 < T_2$）。

＊13　ある関数Fが1つだけの変数xで与えられているとき（$F(x)$），その微分は$\mathrm{d}F(x)/\mathrm{d}x$である。$F$が複数の変数，例えば$x, y, z$の関数$F(x, y, z)$であるときに，$y$と$z$が一定の条件下において$x$で微分することを$x$による偏微分といい，$(\partial F(x, y, z)/\partial x)_{y,z}$と表記する。

＊14　水素とヘリウムの場合は負である。

＊15　水素やヘリウムのジュール・トムソン係数も，十分温度が下がると正になることがわかっている。

（$T_1 > T_2$）[12]。この隔壁の両側での温度差$T_2 - T_1$を，両側における圧力差$P_2 - P_1$で割った量$(T_2 - T_1)/(P_2 - P_1)$をジュール・トムソン係数と呼び，μで表す。より正確には，μは圧力差を無限小にした場合の量として次式で定義される。

$$\mu \equiv \left(\frac{\partial T}{\partial P} \right)_H \tag{3.14}$$

偏微分はエンタルピーH一定の下で行うことを意味する[13]。ジュール・トムソン係数が正の場合には，隔壁の右側で温度が下がり，負の場合には温度が上がることになる。常温付近では，ほとんどの気体のジュール・トムソン係数は正である[14]。また，ジュール・トムソン係数は温度によって変化する。温度が低いときは正であり，高くなると負になる[15]。

B.　ジュール・トムソン効果の物理的意義

　多孔質隔壁の入口と出口で，理想気体では生じないであろう温度差が生じるのはなぜだろうか？　それは，実在気体では，分子間にポテンシャルエネルギーが存在するからである。第1章の図1.3は，分子間引力にともなうポテンシャルエネルギーを模式的に示した図である。一般的に分子間のポテンシャルエネルギー曲線を描くと，図3.6のようになる。図の縦軸はポテンシャルエネルギーで，横軸は分子間の距離である。ポテンシャルエネルギーが負の領域は引力，正の領域では斥力が働くことを意味している。

　ここでいうポテンシャルエネルギーについては，先に述べたように「潜在的な仕事をする能力」と考えればよい。図1.3で取り上げた分子間力による物質の凝縮について考えてみると，分子間距離が無限大のときは，どんな相互作用も届かないので，ポテンシャルエネルギーは0である。分子が互いに近づくと分子間に引力が働き，ポテンシャルエネルギーが小さくなる。そして，ある距離のときに最も小さくなって安定となり（図中の$V_{\min}$），それより近づくと逆に斥力が働くようになり不安定となる。分子が接するところまで近づくと，互いに排除してそれ以上

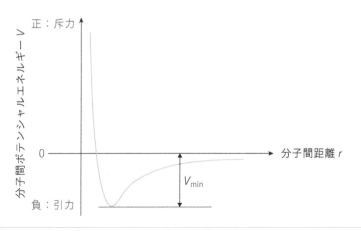

図3.6　分子間ポテンシャルエネルギーと距離の関係

表3.1　各種気体のジュール・トムソン係数の逆転温度（J–T逆転温度）と臨界点の温度（カッコ内は臨界圧力：参考までに示す）

気　体	J–T逆転温度/K	臨界点の温度/K
二酸化炭素	1,500	304.3 (7.4 MPa)
酸素	761	154.59 (5.043 MPa)
アルゴン	723	150.87 (4.898 MPa)
窒素	621	126.02 (3.393 MPa)
空気	603	—
水素	195	32.97 (1.293 MPa)
ヘリウム	23.6	5.19 (0.227 MPa)

近づけないからである。この分子間ポテンシャルエネルギー曲線は，分子の種類によって多少の違いはあるにしても，基本的な形は共通である。ポテンシャルエネルギーの最小値 V_{min} の大きさが，熱エネルギー（RT）に比べて十分に大きければ，その分子は凝集して液体または固体として存在する。

　一方，温度が上昇して，V_{min} より熱エネルギーが大きくなると，分子は離れ離れになって気体として存在するようになる。ある分子のポテンシャルエネルギーが熱エネルギーに負けた状態，すなわち沸点より高温で離れ離れになって気体になったとしても，もちろん，分子間のポテンシャルエネルギーが無くなるわけではない。気体であっても空間を飛び回っている分子が互いに近づけば，引力を感じることになり，空間のあちらこちらに比較的分子の濃度の濃い部分が存在すると考えられる。このような状態にある気体を膨張させると，気体分子間の平均距離が大きくなるため，ポテンシャルエネルギーのより大きい状態になる。このとき，ある分子は隣の分子から引力を受けながら離れていくので，その分子の速度は遅くなる。つまり，運動エネルギーが減少し，温度が下がることになる。これが，図3.5のジュールとトムソンの実験において，右側の部屋の気体の温度が下がる理由である。さて，温度が非常に高くなって，ポテンシャルエネルギーの極小値 V_{min} よりはるかに大きな熱エネルギーが与えられると，もはや分子は引力を感じることはなくなり，より近距離の斥力のみが働くことになる。引力を感じている状態から，斥力のみを感じるようになる状態へ変化する温度が，ジュール・トムソン係数の逆転温度である。この逆転温度はかなり高温で，その物質の臨界点[16]の温度より数倍高い（表3.1）[17]。

C.　気体の液化（ジュール・トムソン効果の応用）

　気体を，逆転温度より低い温度で断熱膨張させると温度が下がるというジュール・トムソン効果は，気体の液化に応用されている。例えば，空気の液化においては，200気圧程度の圧縮空気を細孔（バルブの狭い間隙）に通して16気圧程度まで膨張させ，さらに1気圧に膨張させるということを繰り返して液化させている。液化した空気は，もちろん主

＊16　臨界点とは，気体と液体の区別が無くなる温度のこと。第7章7.1.2項を参照。

＊17　逆に言えば，臨界点温度の数倍の高温まで，気体分子は引力のポテンシャルエネルギーを感じていることになる。

として液化窒素と液化酸素の混合物であるが，両成分の沸点の差を利用して分離している。現在では，非常に純度の高い液化窒素と酸素が入手でき，広い分野で利用されている。

　液化窒素（沸点 77 K，−196℃）は，主として冷却剤として利用されている。血液，生殖細胞（精子や卵子），微生物株などの凍結保存に使われていることをご存知の方も多いであろう。食品の瞬間冷凍技術としても利用されている。

　液化酸素（沸点 90 K，−183℃）の利用としては，医療現場での酸素供給源やロケットの酸化剤などがある。

　液化水素（沸点 20.6 K，−252.6℃）は，あらかじめ液化窒素などで逆転温度より低くしておいて，断熱膨張させることによって得る。液化水素を燃料，液化酸素を酸化剤としたロケットエンジンは，実用化された化学推進ロケットとしては最も高い比推力を誇る。

　液化ヘリウム（沸点約 4 K，−269℃）は，あらかじめ液化水素などで逆転温度より低くしておいて，断熱膨張させることによって得る。最もよく知られた利用は，リニア新幹線における超電導磁石のための冷却剤であろう。

3.3.3　身近な系への熱力学第一法則の適用

　ここでは，より身近な系に熱力学第一法則を適用してみる。これにより，第一法則は日常生活で数多く見られる現象であることがわかるであろう。逆に言えば，第一法則とは，日常生活における常識にすぎないことが理解されるであろう。

A.　缶ビール／缶コーヒー

　第 2 章 2.1.2 項では，典型的な閉鎖系の例として缶ビールや缶コーヒーをあげた。ここでは，これらに熱力学第一法則を適用してみよう（図 3.7）。缶ビールや缶コーヒーを冷やしたり温めたりしたとき，缶の膨張／収縮はほとんどない。したがって，体積変化にともなう仕事は無視できるとする（$P\Delta V \approx 0$）。よって，内部エネルギーの変化は熱量 Q のみである（$\Delta U \approx Q$）。缶ビールは冷やして飲むので，Q は負である（系から流出する）。缶コーヒーの場合は，正負の両方の場合がある。温かいコーヒーなら正，冷たいコーヒーなら負である。

　熱量の出入りによって変化する内部エネルギーとは，すなわちビールやコーヒー（＋容器である缶）の温度変化であるから，次式で求めることができる。

ホット
コーヒー
Q

冷コーヒー

$$\Delta U = \int_{T_1}^{T_2} C_V \mathrm{d}T \tag{3.15}$$

ここで，C_V はビール＋缶もしくはコーヒー＋缶の定容熱容量である。一般に熱容量 C_V は温度に依存するので，その測定値が必要であるが，狭い温度領域でほぼ一定とみなせる場合には，式（3.5）と同様に計算できる。

図 3.7　缶ビールや缶コーヒーへの熱力学第一法則の適用

ともに $\Delta U = Q$ である。缶ビールでは Q は負で，缶コーヒーでは正（ホットコーヒー）または負（冷コーヒー）である。

column

コラム 3.2　定常状態の系に熱力学第一法則を適用すると

熱力学第一法則は，ある系の平衡状態間のエネルギーの出入りと，その保存を扱う場合に適用される。したがって，厳密に言えば，平衡状態ではない系に使うことはできない。各種の教科書でも，平衡ではない系に適用した例は見当たらない。しかしここで，あえて定常状態の（つまり平衡状態ではない）系に適用してみよう。

電気ヒーターが，定常状態で作動している場合を考えよう[*]（図1）。ヒーターに供給される電気的仕事 W_1 は，熱 Q と電磁波の仕事（光と輻射線）W_2 としてヒーターから放出される。定常状態においては，ヒーター内にエネルギーが蓄積することはないから，$\Delta U = W_1 + W_2 + Q = 0$（$W_1 > 0$, $W_2 < 0$, $Q < 0$）が成り立つであろう。電磁波として放出された仕事も，最終的には部屋を暖めることになるから，結局は供給された電気的仕事はすべてヒーターの目的に沿って使われたことになる。

次に，太陽光発電パネルについて考えてみよう（図2）。パネルに供給される仕事 W_1 は太陽光エネルギーで，放出されるエネルギーは熱 Q と電気的仕事 W_2 である。定常的に作動しているときには[*]，この場合も $\Delta U = W_1 + W_2 + Q = 0$（$W_1 > 0$, $W_2 < 0$, $Q < 0$）が成り立つ。太陽光発電パネルの場合は，電気ヒーターと違い，熱量 Q の発生は完全な無駄である。したがって，太陽光パネルの場合には，Q を小さくし，W_2 を大きくするように，いかに設計するかが肝要である。

冷蔵庫やテレビなど，多くの家電製品も同様に定常状態[*]で使われている。これらについてのエネルギーの出入りと，その製品の目的から見た効率について考察することは意義深いと思われる。

[*]　厳密に言えば，どの場合も完全な定常状態ではない。例えば，太陽光パネルでは，太陽の出ているときと曇っているときで W_1 が異なり，冷蔵庫であれば，庫内の温度によってスイッチのオン／オフが起こる。ここでは，厳密な議論をしているのではなく，大雑把に見たときに何が理解できるかを重視していると考えていただきたい。

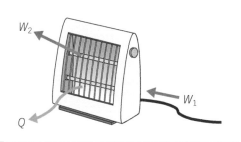

図1　定常状態の電気ヒーターへの熱力学第一法則の適用

$\Delta U = W_1 + W_2 + Q = 0$: $W_1 > 0$, $W_2 < 0$, $Q < 0$。

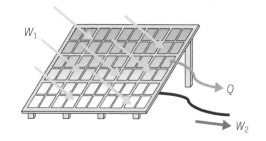

図2　定常状態の太陽光パネルへの熱力学第一法則の適用

$\Delta U = W_1 + W_2 + Q = 0$: $W_1 > 0$, $W_2 < 0$, $Q < 0$。

B.　電気ポット（図3.8）

電気エネルギーが仕事 W として系に流入するケースである。もしポットの断熱性が完璧ならば，加えられた電気的仕事はすべて内部エネルギー（水とポット内壁材料の運動エネルギー＋ポテンシャルエネルギー）の増加になる。しかし，完璧な断熱性は不可能なので，多少の熱エネルギーの流出がある。したがって，熱力学第一法則を適用すれば，$\Delta U = W + Q$, $W > 0$, $Q < 0$ となる。ΔU の値は，先の缶ビールや缶コーヒーの場合と同様に，定容熱容量を温度で積分して求めることができる。なお，お湯の温度とポットの外側の温度は同じではないので，熱は徐々に外部

図3.8　電気ポットへの熱力学第一法則の適用

$\Delta U = W + Q$: $W > 0$, $Q < 0$。

に逃げる。したがって，沸かし終えた状態が完全な熱平衡状態ではないことを付言しておく。その意味では，熱力学第一法則を厳密に適用することのできない系であることに留意していただきたい。

C.　電子レンジ（図3.9）

電子レンジにおけるエネルギーの出入りは，やや複雑である。まず，加えられた電気的仕事 W はマグネトロンと呼ばれる装置でマイクロ波（電磁波）のエネルギー W' に変換される。このマイクロ波が食品（特にその中の水）を温める。

電気エネルギーがマイクロ波のエネルギーに変換されるときの効率は，もちろん 100% ではなく，無駄になった分は熱（Q_1）として放出される。つまり，$W = W' - Q_1 (Q_1 < 0)$ である。マイクロ波のエネルギーは，内部エネルギー（主に食品と電子レンジの内壁の一部の運動エネルギー）の増加と，加熱途中で外部に漏れる熱に変換される。つまり，$W' = \Delta U - Q_2 (Q_2 < 0)$ である。この式を $W = W' - Q_1$ に代入すると，次式が得られる。

$$\Delta U = W + Q_1 + Q_2 : W > 0,\ Q_1 < 0,\ Q_2 < 0 \tag{3.16}$$

これが，電子レンジの作動に対する熱力学第一法則を表す式である。

電子レンジの場合も，電気ポットと同様に，調理後の状態が完全な熱平衡状態ではないことに注意していただきたい。例えば，冷ご飯を温めた場合，調理終了時のご飯の温度とレンジ内壁の温度は同じではない[*18]。

このように，日常生活で出会う系は，厳密に熱力学を適用することはできないが，その系の本質的なふるまいは熱力学第一法則で理解できることを納得していただけたであろう。

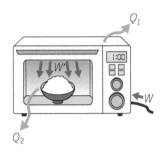

図3.9　電子レンジへの熱力学第一法則の適用

$\Delta U = W + Q_1 + Q_2 : W > 0,\ Q_1 < 0,\ Q_2 < 0$。

*18　蛇足ではあるが，電子レンジはエネルギー効率のよい調理器であることを記しておこう。最初の電気的仕事をマイクロ波のエネルギーに変換するマグネトロンの効率は $50 \sim 70\%$ 程度と高くはない。しかし，マイクロ波が食品を加熱する効率は，ガスコンロや電気コンロなどと比較すると非常に高い。その理由は，マイクロ波が食品中の水を狙い撃ちして加熱するためで，容器やレンジ壁を無駄に温めることが無いからである。ただし，内部の食品が温まった結果，それを入れた容器も最終的に温まることは避けられない。

3.4 　熱化学

熱化学（thermochemistry）は，化学熱力学の最も重要な分野の一つであり，熱力学第一法則が適用される最も重要な対象の一つでもある。熱化学は化学反応にともなうエネルギー変化（反応熱）を取り扱うが，それは同時に，化学結合の有するポテンシャルエネルギー（化学エネルギー）を明らかにすることになる。

3.4.1　化学反応系への熱力学第一法則の適用

熱力学では，考えている現象が一定体積下で起こるか，一定圧力下で起こるかを常に区別する。化学反応が一定体積下で起これば，系が外部に対してなす仕事はないので，$\Delta U = Q$ である。つまり，化学反応熱はそのまま内部エネルギーの変化になる。一方，一定圧力下での反応の

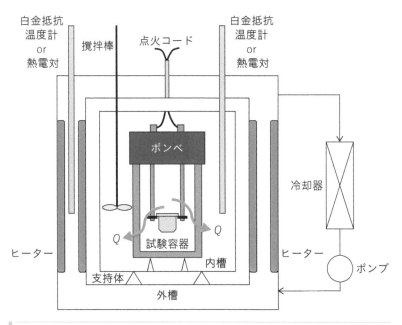

白金抵抗温度計 or 熱電対　撹拌棒　点火コード　白金抵抗温度計 or 熱電対　ボンベ　冷却器　Q　Q　試験容器　ヒーター　内槽　ヒーター　ポンプ　支持体　外槽

図3.10　ボンベ熱量計の模式図

場合には，$\Delta U = Q - P\Delta V$ で，$Q = \Delta U + P\Delta V \equiv \Delta H$ となり，エンタルピーを求めることになる（3.1.2項参照）。通常，化学反応は一定圧力（大気圧）下で行われることがほとんどなので，反応熱のデータはエンタルピーで与えられる。

　化学反応熱を測定する最も代表的な実験装置として，ボンベ熱量計（bomb calorimeter）を紹介しよう。この装置は，主として燃焼熱の測定に用いられ，有機化合物の生成エンタルピーのデータのほとんどはこの装置による測定結果である。図3.10にボンベ熱量計を模式的に示す。高圧に耐える丈夫な鋼鉄製の容器（ボンベ）の中に，測定する物質と高圧（〜30気圧）の酸素とを封入し，電気的点火によって完全燃焼させる。発生した熱量はボンベ内から水で満たされた内槽に流出する。外槽の水の温度は設置されたヒーターと冷却機によって，可能な限り内槽の温度と同じになるように追従させる。この操作によって，内槽からの熱量の漏れは防がれ，断熱条件での測定ができる。一方，内槽の水の温度変化（通常は温度上昇）は，白金抵抗温度計もしくは熱電対で正確に測定される。内槽の水，ボンベ，撹拌棒などの熱容量をあらかじめ測定しておけば，温度上昇から熱量を計算できる。これがボンベ熱量計による燃焼熱測定の原理である。

　ボンベ熱量計は丈夫な鋼鉄製の容器であるから，その中での反応は一定体積下の反応である。したがって，得られた反応熱のデータは，内部エネルギーの変化 ΔU になる。一般的に使用するときにはそれをエンタルピーに変換しておいたほうが便利である。$\Delta H = \Delta U + \Delta(PV)$ であるから，$\Delta(PV)$ を補正しなければならない。反応物と生成物がともに液体や固体であれば，反応にともなう $\Delta(PV)$ は小さく，通常は無視できる。

つまり，ボンベ熱量計で測定された熱量を，そのままエンタルピー変化として使用できる。一方，反応系に気体が存在する場合には，その気体は理想気体としてふるまうと仮定する。つまり，

$$\Delta(PV) = \Delta nRT \qquad (3.17)$$

Δn：反応によって増加した気体のモル数

である。したがって，気体がかかわる反応のエンタルピー変化は，次式で表される。

$$\Delta H = \Delta U + \Delta(PV) = \Delta U + \Delta nRT \qquad (3.18)$$

このようにして，化学反応のエンタルピー変化を，反応熱測定から実験的に求めることができる。

3.4.2　エンタルピーの基準と標準生成エンタルピー

　各種化合物の有する化学エネルギーをデータとしてもっていると役に立つ。反応によって化合物が変化したときのエネルギー差（反応熱）が，それらのデータから計算できるからである。しかしながら，3.1 節およびコラム 3.1 で述べたように，内部エネルギーやエンタルピーの絶対値は求まらない。そこで，何かを基準にして（そのエンタルピーを 0 として），そこからの差として化合物の有するエネルギーを定義する方法が採用される。その基準として，**標準状態**（standard state : 25℃，1 気圧）において，熱力学的に最も安定な状態の元素を採用する。例えば，炭素であれば固体（結晶）の黒鉛，酸素であれば気体の酸素分子（O_2）を基準（エンタルピーが 0）と定義する。なぜなら，標準状態の炭素単体では黒鉛が最も安定な状態であるし，気体の酸素分子が最も安定だからである。

　標準状態で最も安定な元素同士の反応によって得られる化合物の，標準状態における生成熱を**標準生成エンタルピー**（standard enthalpy of formation）と呼び，$\Delta_f H°$ と記す。以下にいくつかの例をあげて，理解を深めてもらおう。

①気体の水素と気体の酸素の反応により，水が生成する反応

$$H_2\,(g) + \frac{1}{2}O_2(g) \longrightarrow H_2O(g) \quad \Delta_f H° = -241.8\ kJ\ mol^{-1}$$

　熱化学方程式には，いくつかの約束事がある。まず，標準状態での水素と酸素の安定な状態はそれぞれ気体の分子であるから，反応系の物質はそれらの化合物である。次に，この反応は発熱反応で，発生した熱量は反応系から流出するので，標準生成エンタルピーは負である。なぜなら，系のエンタルピーが減少するからである。最後に，反応系および生成系の物質の物理状態（いまの場合は気体なので g : gas）を指定する必要がある。上の式は生成する水が気体の場合の式であるが，生成する水が液体の場合には，25℃，1 気圧での水の凝縮エンタルピー（$-44.0\ kJ\ mol^{-1}$）を加えて，次式のようになる。

$$H_2(g) + \frac{1}{2}O_2(g) \longrightarrow H_2O(l) \qquad \Delta_fH° = -285.8 \text{ kJ mol}^{-1}$$

②炭素と酸素の反応から二酸化炭素が生成する反応

$$C(黒鉛) + O_2(g) \longrightarrow CO_2(g) \qquad \Delta_fH° = -393.5 \text{ kJ mol}^{-1}$$

この場合には，反応系の炭素が標準状態で熱力学的に最も安定な状態である黒鉛であることを指定しなければならない。

③硫黄と酸素の反応から二酸化硫黄が生成する反応

$$S(直方晶) + O_2(g) \longrightarrow SO_2(g) \quad \Delta_fH° = -296.8 \text{ kJ mol}^{-1}$$

炭素の場合と同様に，硫黄には結晶多形が存在するので，標準状態での安定形である直方晶系を指定する必要がある。

　代表的な無機化合物の標準生成エンタルピーを，表3.2にあげておく[19]。

　各種の有機化合物の標準生成エンタルピーを，定義通りの反応で求めることは困難である。例えば，C(黒鉛)+2 H_2(g)→CH_4(g)なる反応は起こらない。そこで，有機化合物の燃焼熱の測定結果を利用して，計算で標準生成エンタルピーを求める。この方法でメタンの標準生成エンタルピーの値を求めてみよう。

（ⅰ）$C(黒鉛) + O_2(g) \longrightarrow CO_2(g) \quad \Delta_fH° = -393.5 \text{ kJ mol}^{-1}$

（ⅱ）$H_2(g) + \frac{1}{2}O_2(g) \longrightarrow H_2O(g) \quad \Delta_fH° = -241.8 \text{ kJ mol}^{-1}$

（ⅲ）$CH_4(g) + 2 O_2(g) \longrightarrow CO_2(g) + 2 H_2O(g)$
$$\Delta H° = -802.3 \text{ kJ mol}^{-1}$$

（ⅰ）+2×（ⅱ）−（ⅲ）の計算を，反応式とエンタルピーについて行うと，次式が得られる[20]。

$$C(黒鉛) + 2 H_2(g) \longrightarrow CH_4(g) \quad \Delta_fH° = -74.8 \text{ kJ mol}^{-1}$$

このようにして求めた代表的な有機化合物の標準生成エンタルピーの値を表3.3に示しておく[19]。

　表3.3から次の事柄が理解できる。
（1）二重結合は，エネルギーの高い状態にある（二重結合は，一重結合に比べて不安定である）。
（2）酸化が進むとエンタルピーが低くなる（より安定になる：メタンとメタノール，エタノールと酢酸を比較してほしい）。
（3）大きな分子ほど，標準生成エンタルピーは大きい。

表3.2	代表的無機化合物の標準生成エンタルピー	
化合物	物理状態	標準生成エンタルピー $\Delta_fH°$/kJ mol^{-1}
H_2O	g	−241.826
H_2O	l	−285.83
HCl	g	−92.307
CO	g	−110.525
CO_2	g	−393.509
NO	g	90.25
NO_2	g	33.18
SO_2	g	−296.83
SO_3	g	−395.72

＊19　多数の化合物の標準生成エンタルピーの値は，『改訂6版 化学便覧 基礎編』，pp.796–806（日本化学会 編，丸善出版，2021）に掲載されている。

＊20　熱化学方程式の加減が行えるということは，エンタルピーが状態量であることを意味する。つまり，状態1（エンタルピー：H_1）→状態2（H_2）→状態3（H_3）と化学反応が起こったとすると，$\Delta H_{13}(\equiv H_3-H_1)=\Delta H_{12}(\equiv H_2-H_1)+\Delta H_{23}(\equiv H_3-H_2)$ が成り立つ。この関係を**ヘスの法則**（Hess's law）と呼ぶ。

表3.3 代表的な有機化合物の標準生成エンタルピー

化合物	物理状態	標準生成エンタルピー $\Delta_f H°$/kJ mol^{-1}	化合物	物理状態	標準生成エンタルピー $\Delta_f H°$/kJ mol^{-1}
CH$_4$	g	−74.87	CH$_3$OH	g	−201.5
C$_2$H$_6$	g	−83.8		l	−239.1
C$_3$H$_8$	g	−104.7	C$_2$H$_5$OH	g	−235.2
n−C$_6$H$_{14}$	g	−167.1		l	−277.0
	l	−198.7	CH$_3$COOH	g	−432.8
cyclo−C$_6$H$_{12}$	g	−123.4		l	−485.6
	l	−156.4	安息香酸	g	−294.1
CH$_2$＝CH$_2$	g	52.47		s（結晶）	−385.2
CH$_3$CH＝CH$_2$	g	20.0	グルコース	s（結晶）	−1273.3
ベンゼン	g	82.6	L−グルタミン酸	s（結晶）	−1003.3
	l	49.0			

3.4.3 化学反応にともなうエンタルピー変化の計算例

　各種化合物の標準生成エンタルピーが与えられると，そのデータを使って化学反応のエンタルピー変化を計算することができる。つまり，実験する前に反応熱をあらかじめ知ることができるのである。いくつかの反応例について，その計算を行ってみよう。

　最初の例は，次の水素添加反応である。

表3.3 には，ベンゼンとシクロヘキサンの標準生成エンタルピーが与えられている。それらは定義により，次の熱化学方程式を意味する。

（i）6 C（黒鉛）＋ 3 H$_2$(g) ⟶ ベンゼン(l)　$\Delta_f H°$＝49.0 kJ mol^{-1}
（ii）6 C（黒鉛）＋ 6 H$_2$(g) ⟶ シクロヘキサン(l)
$$\Delta_f H°＝-156.4 \text{ kJ mol}^{-1}$$

（ii）−（i）を反応式およびエンタルピーについて行うと，次式が得られる。

　3 H$_2$(g) ⟶ シクロヘキサン(l) − ベンゼン(l)
$$\Delta H°＝-205.4 \text{ kJ mol}^{-1}$$

この式を書き直すと，次の目的とする熱化学方程式が得られる。

　ベンゼン(l) ＋ 3 H$_2$(g) ⟶ シクロヘキサン(l)
$$\Delta H°＝-205.4 \text{ kJ mol}^{-1}$$

ベンゼンに水素を添加してシクロヘキサンにする反応は，触媒の助けがなければ進まない反応であるが，反応エンタルピーは上記のように計算で求めることができる。

次の例は，エタノールの酸化で酢酸が生成する反応である。

$$C_2H_5OH(l) + O_2(g) \longrightarrow CH_3COOH(l) + H_2O(l)$$

表 3.3 および**表 3.2** より，次の熱化学方程式が得られる。

（ i ）$2\,C(黒鉛) + 3\,H_2(g) + \dfrac{1}{2}O_2(g) \longrightarrow C_2H_5OH(l)$

$$\Delta_f H° = -277.0 \text{ kJ mol}^{-1}$$

（ ii ）$2\,C(黒鉛) + 2\,H_2(g) + O_2(g) \longrightarrow CH_3COOH(l)$

$$\Delta_f H° = -485.6 \text{ kJ mol}^{-1}$$

（iii）$H_2(g) + \dfrac{1}{2}O_2(g) \longrightarrow H_2O(l)$　　$\Delta_f H° = -285.8 \text{ kJ mol}^{-1}$

(ii) − (i) + (iii)を行うと，次式が得られる。

$$O_2(g) \longrightarrow CH_3COOH(l) - C_2H_5OH(l) + H_2O(l)$$

$$\Delta H° = -494.4 \text{ kJ mol}^{-1}$$

式を変形すると，目的の熱化学方程式が得られる。

$$C_2H_5OH(l) + O_2(g) \longrightarrow CH_3COOH(l) + H_2O(l)$$

$$\Delta H° = -494.4 \text{ kJ mol}^{-1}$$

最後に，エタノールが酸化して二酸化炭素と水になる反応を取り上げよう。この反応は，エタノールが体内で代謝されるときの全体的な反応である。

$$C_2H_5OH(l) + 3\,O_2(g) \longrightarrow 2\,CO_2(g) + 3\,H_2O(l)$$

（ i ）$2\,C(黒鉛) + 3\,H_2(g) + \dfrac{1}{2}O_2(g) \longrightarrow C_2H_5OH(l)$

$$\Delta_f H° = -277.0 \text{ kJ mol}^{-1}$$

（ ii ）$C(黒鉛) + O_2(g) \longrightarrow CO_2(g)$　　$\Delta_f H° = -393.5 \text{ kJ mol}^{-1}$

（iii）$H_2(g) + \dfrac{1}{2}O_2(g) \longrightarrow H_2O(l)$　　$\Delta_f H° = -285.8 \text{ kJ mol}^{-1}$

$2 \times$ (ii) − (i) + $3 \times$ (iii)より，次式が得られる。

$$3\,O_2(g) \longrightarrow 2\,CO_2(g) - C_2H_5OH(l) + 3\,H_2O(l)$$

$$\Delta H° = -1367.4 \text{ kJ mol}^{-1}$$

よって，いま考えている熱化学方程式は次式のように表される。

$$C_2H_5OH(l) + 3\,O_2(g) \longrightarrow 2\,CO_2(g) + 3\,H_2O(l)$$

$$\Delta H° = -1367.4 \text{ kJ mol}^{-1}$$

以上から，標準生成エンタルピーの表を使って，各種化学反応の反応エンタルピー（反応熱）を計算する方法を理解していただけたことと思う。標準生成エンタルピーの値は，各種の教科書や化学便覧[*19] などに与えられており，たいていの反応の反応エンタルピーは計算で求められるので，たいへん便利である。例えば，ある化学反応を行う工場を建設

する場合，反応熱がどれくらい発生するかをあらかじめ把握しておかないと，設備の設計ができない。このようなときに，標準生成エンタルピーのデータは，最も有効に活用される。

3.4.4　反応エンタルピーの温度変化

　これまで，標準状態（25℃，1気圧）での反応エンタルピーについて述べてきた。ここでは，その温度変化について考えよう。それには，下のように図式で考えると便利である。"温度 T_1 のときの反応エンタルピーが ΔH_{T_1} であるとして，温度が T_2 になったときの値（ΔH_{T_2}）はどうなるか？"という問題である。この問題に対する解答は単純で，温度が変化したときの反応物のエンタルピー変化と，生成物の同様の変化の差が付け加えられるだけである。

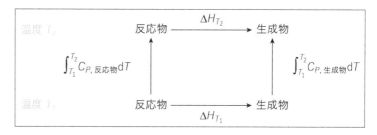

　温度が変化したときの反応物（生成物）のエンタルピー変化は，反応物（生成物）の熱容量に温度をかけた量であるから，次式が成り立つ。

$$\Delta H_{T_2} = \Delta H_{T_1} + \int_{T_1}^{T_2} \Delta C_P \, \mathrm{d}T \tag{3.19}$$

ここで，$\Delta C_P = C_{P,\,生成物} - C_{P,\,反応物}$ である。

　一つ例をあげよう。水素と酸素から水ができる反応は，標準状態（298.15 K）において，次の熱化学方程式で表される。

$$\mathrm{H_2(g)} + \frac{1}{2}\mathrm{O_2(g)} \longrightarrow \mathrm{H_2O(l)} \quad \Delta_f H° = -285.8 \ \mathrm{kJ \ mol^{-1}}$$

この反応の 50℃（323.15 K）における反応エンタルピーを求めてみよう。厳密に言えば熱容量は温度に依存するが，ここでは簡単のために，水の熱容量は一定（$1 \ \mathrm{cal \ g^{-1} \ K^{-1}} = 75.4 \ \mathrm{J \ K^{-1} \ mol^{-1}}$）であるとし，水素と酸素の熱容量は二原子分子の理想気体の値（$9R/2 = 37.4 \ \mathrm{J \ K^{-1} \ mol^{-1}}$：$R$ は気体定数）に等しいとしよう[21]。この仮定の下で計算を行うと，

$$\Delta H_{323.15 \ \mathrm{K}} = -285.8 \ \mathrm{kJ \ mol^{-1}} + (0.0754 - 0.0374)\mathrm{kJ \ K^{-1} \ mol^{-1}} \times 25 \ \mathrm{K}$$
$$= -284.9 \ \mathrm{kJ \ mol^{-1}}$$

となる。

　上記の計算では，簡単のために，25℃ から 50℃ の間で熱容量は一定であると仮定したが，一般的に熱容量は温度に依存する。その場合には，熱容量の温度依存性の関数が与えられないと，式（3.19）の計算はできない。多数の化合物の熱容量の値が文献に与えられているので[22]，ある温度領域で二次式に近似するなどの方法により計算すればよい。

[21]　第2章2.3.2項において，単原子分子の理想気体のエネルギー等分配則について述べた。二原子分子の場合には，振動と回転の自由度がそれぞれ2つずつ加わり，内部エネルギーは $7RT/2$ となる。さらに，一定圧力下での過程に対してはエンタルピーを使う必要があるので，$PV(=RT)$ が加わり，結局 $9RT/2$ が二原子分子の理想気体のエンタルピーになる。これを温度で微分して定圧熱容量を求めると，$9R/2$ になる。

[22]　多数の化合物の熱容量の値は，『改訂6版 化学便覧 基礎編』，pp. 748-766（日本化学会 編，丸善出版，2021）に掲載されている。

演習問題

3.1 ジュール・トムソン効果が起こる原因(3.3.2B 項参照)を考え，理想気体ではこの効果が生じない理由を述べなさい。また，より定量的議論として，理想気体のジュール・トムソン係数(式(3.10))は 0 であることを証明しなさい。この証明には次の偏微分の公式を利用しなさい。

$$\left(\frac{\partial T}{\partial P}\right)_H = -\left(\frac{\partial H}{\partial P}\right)_T \left(\frac{\partial T}{\partial H}\right)_P$$

3.2 コラム 3.2 の電気ヒーターのスイッチを入れてから，定常状態に達するまでの間の過程に，熱力学第一法則を適用してみなさい。

3.3 気体の液化技術の進歩について，歴史的に調査してみなさい。

3.4 表 3.2 および表 3.3 のデータを使って，次の反応の標準状態での反応エンタルピーを計算しなさい。

$$\text{C(黒鉛)} + 2\,\text{H}_2(\text{g}) \longrightarrow \text{CH}_4(\text{g})$$

$$\text{H}_2(\text{g}) + \frac{1}{2}\text{O}_2(\text{g}) \longrightarrow \text{H}_2\text{O}(\text{g})$$

$$\text{CO(g)} + \frac{1}{2}\text{O}_2(\text{g}) \longrightarrow \text{CO}_2(\text{g})$$

$$\text{CH}_4(\text{g}) + 2\,\text{O}_2(\text{g}) \longrightarrow \text{CO}_2(\text{g}) + 2\,\text{H}_2\text{O}(\text{g})$$

$$\text{CH}_4(\text{g}) + 2\,\text{O}_2(\text{g}) \longrightarrow \text{CO}_2(\text{g}) + 2\,\text{H}_2\text{O}(\text{l})$$

$$\text{CH}_4(\text{g}) + \frac{3}{2}\text{O}_2(\text{g}) \longrightarrow \text{CO(g)} + 2\,\text{H}_2\text{O}(\text{l})$$

3.5 生体内におけるグルコースの代謝は，数多くの化学反応の連鎖によって成り立っているが，全体の反応は次式で表される。この反応の標準状態における反応エンタルピーを表 3.2 および表 3.3 のデータを使って計算しなさい。

$$\text{グルコース}(\text{C}_6\text{H}_{12}\text{O}_6)(\text{s}) + 6\,\text{O}_2(\text{g}) \longrightarrow 6\,\text{CO}_2(\text{g}) + 6\,\text{H}_2\text{O}(\text{g})$$

3.6 成人 1 人が発散する熱量は，約 100 W(ワット)に相当する。この熱量をすべてグルコースから得るとすれば，1 日に何グラム食べる必要があるかを計算しなさい。

3.7 コラム 3.2 にならって，定常状態で作動している冷蔵庫に，熱力学第一法則を適用してみなさい。また，冷蔵庫の目的に照らして，効率的な冷蔵庫の条件を考えなさい。

解答

3.1 ジュールとトムソンの実験において，隔壁の右側で温度が下がる理由は気体分子間に引力が働いているからであり，温度が上がるのは斥力が働いているからである。理想気体では，分子間に引力も斥力も働かないので，ジュール・トムソン効果は起こらない。

$$\mu \equiv \left(\frac{\partial T}{\partial P}\right)_H = -\left(\frac{\partial H}{\partial P}\right)_T \left(\frac{\partial T}{\partial H}\right)_P = -\left(\frac{\partial H}{\partial P}\right)_T \frac{1}{C_P}$$

理想気体に対しては，$H = E + PV = 3nRT/2 + nRT = 5nRT/2$ であるから，温度 T 一定の下での圧力 P による微分は 0 である。

3.2 電気ヒーターにスイッチを入れてから定常状態に達するまでの間は，ヒーターにエネルギーが蓄積して，主としてニクロム線の温度の上昇が起こる。したがって，$\Delta U = W_1 + W_2 + Q$（$W_1 > 0$, $W_2 < 0$, $Q < 0$）において，W_1 が $W_2 + Q$ より大きく，ΔU が増加していく。

3.3 省略

3.4

$$C(黒鉛) + 2\,H_2(g) \longrightarrow CH_4(g) \qquad\qquad \Delta_f H° = -74.87\ \text{kJ mol}^{-1}$$

$$H_2(g) + \frac{1}{2}O_2(g) \longrightarrow H_2O(g) \qquad\qquad \Delta_f H° = -241.83\ \text{kJ mol}^{-1}$$

$$CO(g) + \frac{1}{2}O_2(g) \longrightarrow CO_2(g) \qquad\qquad \Delta H° = -283.0\ \text{kJ mol}^{-1}$$

$$CH_4(g) + 2\,O_2(g) \longrightarrow CO_2(g) + 2\,H_2O(g) \qquad \Delta H° = -802.3\ \text{kJ mol}^{-1}$$

$$CH_4(g) + 2\,O_2(g) \longrightarrow CO_2(g) + 2\,H_2O(l) \qquad \Delta H° = -890.3\ \text{kJ mol}^{-1}$$

$$CH_4(g) + \frac{3}{2}O_2(g) \longrightarrow CO(g) + 2\,H_2O(l) \qquad \Delta H° = -607.3\ \text{kJ mol}^{-1}$$

最初の 2 つの熱化学方程式は，標準生成エンタルピーそのものであることに注意。

3.5 表 3.2 および表 3.3 中の，次の標準生成エンタルピーを使う。

（i）$6\,C(黒鉛) + 3\,O_2(g) + 6\,H_2(g) \longrightarrow$ グルコース(s)　　$\Delta_f H° = -1{,}273.3\ \text{kJ mol}^{-1}$

（ii）$C(黒鉛) + O_2(g) \longrightarrow CO_2(g)$　　　　　　　　　　$\Delta_f H° = -393.5\ \text{kJ mol}^{-1}$

（iii）$H_2(g) + \frac{1}{2}O_2(g) \longrightarrow H_2O(g)$　　　　　　　　$\Delta_f H° = -241.8\ \text{kJ mol}^{-1}$

$6 \times$（iii）$+ 6 \times$（ii）$-$（i）を行うと，

$$\text{グルコース(s)} + 6\,O_2 \longrightarrow 6\,CO_2 + 6\,H_2O \qquad \Delta H° = -2{,}538.5\ \text{kJ mol}^{-1}$$

3.6 100 W とは，$100\ \text{J s}^{-1}$ の仕事率である。一方，1 日は $3{,}600 \times 24 = 86{,}400$ 秒であるから，8,640 kJ のエネルギーが必要であることになる。問題 3.5 の結果から，グルコース 1 モル（180.2 g）あたり 2,538.5 kJ のエネルギーが得られるので，必要なグラム数は $8{,}640 \times 180.2/2538.5 = 613.3\ \text{g}$ と計算される。米がすべてグルコース（デンプン）であると仮定すれば，約 4 合で賄うことができる。米はたいへん効率的な食品だと言えるであろう。

3.7 冷蔵庫には，W の電気的仕事が加えられ，それによって外部から流入する熱（Q_1）とモーターなどの作動によって発生する熱の合計（Q_2）を排出している。したがって定常状態では，$\Delta U = W + Q_1 + Q_2 = 0$（$W > 0$, $Q_1 > 0$, $Q_2 < 0$）が成り立つ。冷蔵庫は Q_1 を排出することが目的であるから，できるだけ Q_1 を小さくし（断熱性を高め），$|Q_2|$ も Q_1 に近いくらい効率よく運転できる設計が重要である。

第 **4** 章

熱力学第二法則

　そもそも熱力学という学問は，**熱力学第二法則**（The second law of thermodynamics）を探求する過程で生まれたものである。その初期の動機は，**熱機関**（heat engine）の効率を理論的に追究することにあった。つまり，第二法則こそが熱力学の本丸である。

　本章では，そのあたりから話を始め，第 1 章 1.2 節で述べたエントロピーと自由エネルギーに関する内容を扱う。この自由エネルギーこそが，自然現象の進む方向を決める駆動力であったことを思い出していただきたい。

4.1 | 熱機関の効率を求めて──熱力学誕生前夜

熱力学の生まれた時期は，産業革命が勃興する時代と重なる。ワット（James Watt）によって蒸気機関が発明されて（1765 年，実用機は 1776 年），それまでの人力，馬力，水力（水車）などとは比べものにならない，強力な動力が得られるようになった。それが揚水機，織機，機関車，船舶などに広く利用され，産業革命が始まった。蒸気機関は，図 4.1 のような機構で作動する。ボイラーで水蒸気になった水は，さらに加熱器で高温にされてシリンダーに送り込まれる。加熱水蒸気はピストンを押して軸に動力を伝える。仕事をして温度の下がった水蒸気は，排気バルブを通って復水器（水蒸気を冷却して凝縮させ，水に戻す装置）に入り，冷却されて水に戻る。この水が再びボイラー内に送り込まれて，最初の状態に戻る。この過程が繰り返されて，蒸気機関は作動する。

上記のような機構で作動する蒸気機関の効率化を考えると，どうしても，石炭の燃焼熱をいかにボイラーに効率よく伝えるか，高温の水蒸気を冷やさないでシリンダーまで導く断熱方法，ピストンの潤滑の改良，直進往復運動を回転運動に変換する機構の改良，復水器における水蒸気の凝縮（熱交換）の効率化などの機械的な改良に目が向く。事実，それらが中心的課題として検討され，効率の根本的な原理について考察した人は誰もいなかった。

カルノー（Sadi Carnot）の業績[1]「火の動力およびこの動力を発生させるに適した機関に関する考察」（1824 年）の偉大なところは，この原理を明らかにし，その理論を科学的に確立したところにある。カルノーは，蒸気機関の動力発生の本質が，高温（ボイラー）による水蒸気の膨張と低温（復水器による冷却）による収縮（凝縮）にあることを見抜いた。高温で膨張し，低温で収縮するものであれば，水蒸気でなくても何でも作業物質になるはずだと考えたわけである。熱機関が，蒸気機関に限定さ

*1　カルノーの業績については，広重 徹，カルノー・熱機関の研究，みすず書房（1973）に詳しい。また，熱力学の完成に貢献した人々の業績が，数々のエピソードを交えて歴史的に書かれた興味深い本を紹介しておく：鈴木 炎，エントロピーをめぐる冒険─初心者のための統計熱力学（ブルーバックス），講談社（2014）。

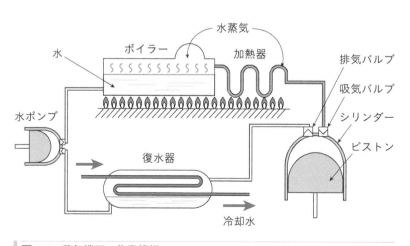

図4.1　蒸気機関の作動機構

れずに一般化されたことになる。カルノーは実際に，空気を作業物質として，高温の熱源[*2]で空気を膨張させてピストンを押し，低温の熱源[*3]で収縮させてピストンを元の位置に戻す熱機関を考察した。これが，次節で詳しく説明するカルノー・サイクルである。このカルノー・サイクルの解析によって，熱機関の最大の効率は2つの熱浴の温度差によって決まることを証明した。そして，その最大の効率を得るためには，作業物質である空気の温度の変化が，膨張や収縮による体積変化によってのみ起こる場合に限られることも証明した。この最後の条件は，ピストンの運動が，常に空気の平衡状態を保ちながら行われること，つまり可逆変化であることを求めるものである。これはまた，高温熱源から低温熱源への熱の移動が，「作業物質の体積変化」を通じてのみ起こり，直接の熱移動はいかなる場合でも起こらないことが条件であることも意味する。この条件は，現実のエンジンでは可能ではないため，熱機関の効率はこの最大の効率よりは必ず低くなる。このカルノーの結論は現在でも正しく，熱力学第二法則につながる業績である。

カルノーの考察の中で，現在からみれば誤りである内容が一つだけある。それは，高温熱源から獲得した熱量と，低温熱源に捨てる熱量は同じ量であると考えたことである。当時は「熱素説」[*4]の全盛期であり，熱が熱素という物質であると考えられていた。この考えは必然的に，「熱量は保存される」という考えにつながる。それが上記の誤りの原因になっているが，当時の常識からすれば，仕方のないことと思われる。したがって，カルノーの考察では，熱機関が外部に仕事をした分だけ熱が減るという結論は得られていない。その意味では，熱機関による仕事がなぜ（どこから）発生するのかは，あいまいなままだったことになる。

このカルノーの業績から半世紀以上後の1878年にギブズ（Josiah Willard Gibbs）が一連の論文の最終編を出版して熱力学は完成する。その間，トムソン（ケルビン卿：絶対温度の導入），クラウジウス（Rudolf Julius Emmanuel Clausius：エントロピー概念の提出），ボルツマン（Ludwig Eduard Boltzmann：エントロピーの意味の解明），マクスウェル（気体分子運動論，マクスウェルの悪魔[*5]）といった天才たちの努力が積み重ねられた。そして，それらの努力の集大成として，ギブズが物理，化学の諸現象に熱力学を適用し，相律と相平衡，臨界現象，化学平衡，浸透圧，希薄溶液，表面張力，電気化学などの問題をことごとく解明したことで，熱力学は完成された。

カルノー・サイクル

前節で述べたように，熱力学第二法則（つまりは熱力学そのもの）はカルノーによる熱機関の効率の研究から始まった。そして，その研究の中核は**カルノー・サイクル**（Carnot cycle）の考察にある。本節では，このカルノー・サイクルを詳しく説明しよう。

[*2] これはボイラーである必要はなく，空気を熱したくらいではそれ自体の温度は変化しない熱浴であれば何でもよい。

[*3] これも復水器である必要はなく，十分な熱容量をもつ熱浴であればよい。

[*4] 熱素説：熱の実体が熱素（caloric：カロリック）という物質だとする説。熱素が物体に流入すると温度が上がり，流出すると下がると考えた。18世紀初頭頃から唱えられ始めたが，熱力学の成立とともに消滅した。

[*5] 第1章コラム1.3参照。

コラム 4.1 サディ・カルノー：その人と業績

熱力学の端緒を拓くという，科学史上に燦然と輝く業績を残したサディ・カルノーであるが，その彼の実像は非社交的でたいへん地味であったらしい。弟のイッポリート・カルノーが書いた彼の伝記（広重 徹 訳，『カルノー・熱機関の研究』，みすず書房（1973），p. 111）の書き出しが，"サディ・カルノーの生涯にはとりたてていうほどの事件はない。彼の伝記は数行で片付けることもできよう。"と始まっているくらいである。サディ・カルノーは 1796 年に，父ラザール・カルノー，母ソフィーの間に長男としてフランスのパリで生まれた。ちょうどナポレオンが活躍する時代であった。

本人は地味な人であったようだが，彼の父親ラザール・カルノーは当時のフランスでは有名人であった。軍人にして政治家，物理学や数学の学者としても活躍した。彼はナポレオンとも親しく，ナポレオン政権の陸軍大臣を務めている。サディも，ナポレオン夫人ジョセフィーヌに可愛がられたようである。ナポレオンが共和主義から遠ざかっていくに従って，ラザールは政権から離れ，やがてナポレオンの失脚とともに国外に追放される羽目に陥った。生涯を閉じたのは亡命先のドイツであった。科学者としてのラザールは，機械学や軍事技術，微積分学などに精通し，後のサディの業績に少なからず影響を与えている。

サディは，1812 年に，エコール・ポリテクニークに進学し，砲兵科に進んで軍事技術を学んでいる。さらに，エコール・ポリテクニークを卒業した後は，工兵として軍務についている。このあたりは，父親の影響を大きく受けているといえよう。1819 年頃，彼は兵役を休職し，研究生活に入った。そして，1824 年に「火の動力およびこの動力を発生させるのに適した機関に関する考察」の覚書を自費出版した。この覚書の中に，カルノー・サ

図 **Sadi Carnot**（1796～1832）

イクルの考察が記述されていることは言うまでもない。後の熱力学につながる彼の論文といえるものは，この覚書ただ一報である。しかも，この論文が研究者の間で注目されるようになるまでに，二十数年かかっている。その原因としては，当時は現在のように情報交換が盛んでなかったことに加え，サディがコレラで死んだため，持ち物が焼却処分になったしまったことも大きい。

上記の覚書は長い間日の目を見なかったが，トムソン（ケルビン卿）がこれに注目した。彼はカルノーの原理を評価しつつも，熱を仕事に変換するのには限界がある（すべての熱を仕事に変えることはできない）というカルノーの主張と，熱と仕事は同等であるというジュールの実験結果との整合性に悩んだ。この問題を解決したのがクラウジウスで，彼はエントロピーの概念を打ち立てることによってカルノーの原理とジュールの実験結果を統一的に理解した。1850 年のことであった。

サディ・カルノーは 1832 年にコレラによって死亡する。享年 36 歳，生涯独身であった。

4.2.1 理想気体を作業物質とするカルノー・サイクル

本項の議論では，第 3 章「3.3.1 理想気体に対する熱力学第一法則の適用」で説明した内容を全面的に利用する。必要な場合には，もう一度読み返していただきたい。

理想気体を作業物質とするカルノー・サイクルでは，図 3.3 と図 3.4 に示したピストン付きのシリンダーを使用する[6]。このシリンダーを使って，次の 4 つの過程を遂行する。

過程 1：高温熱源（温度 T_1）から熱量を取り込みつつ，シリンダー内の気体を等温可逆膨張させて仕事を取り出す（3.3.1A 項および図 3.3a 参照）。

過程 2：断熱可逆膨張させて低温熱源（温度 T_2）の温度まで下げる（3.3.1B 項および図 3.4 参照）。

過程 3：気体を等温可逆圧縮（つまり気体に仕事を）して，熱量の一部を低温熱源に捨てる。

過程 4：断熱可逆圧縮して高温熱源の温度に戻す。

過程 1 で取り出した仕事の量が過程 3 でなした仕事量より大きいので，このサイクルによって実質的な仕事を取り出すことができる。つまり，熱機関（エンジン）として働くわけである。

上記 4 つの過程を図 4.2 に示す。最初の状態では，シリンダー内の理想気体の圧力，体積，温度はそれぞれ P_1, V_1, T_1 である。このシリンダーを高温熱源（温度 T_1）に接触させ，気体を等温可逆膨張させながらピストンを押して仕事を取り出す（過程 1）。その結果，シリンダー内の気体の圧力，体積，温度は P_2, V_2, T_1 に変化する。そのときに得られる仕事量 $-nRT_1 \ln(V_2/V_1)$ は取り込んだ熱量 Q_1 に等しい（温度が一定なので，理想気体の内部エネルギーに変化は無いため：3.3.1A 項参照）。

次いで，断熱可逆膨張させて温度を低温熱源の温度 T_2 まで下げる（過程 2：3.3.1B 項参照）。このとき，気体の圧力，体積，温度は P_3, V_3, T_2 になる。この過程で気体が外部になす仕事は，$C_V(T_2 - T_1)$ に等しい（C_V は理想気体の定容熱容量）。断熱変化なので，熱量の出入りは無い。

過程 3 では，温度を T_2 に保ちつつ等温可逆圧縮によって気体に仕事 $nRT_2 \ln(V_4/V_3)$ をして，上記で取り込んだ熱量の一部（$Q_3 = -nRT_2$

[6]　カルノーは，空気を作業物質としてカルノー・サイクルを考察したが，大気圧程度の低い圧力下における空気の挙動は，理想気体とほとんど同じである。

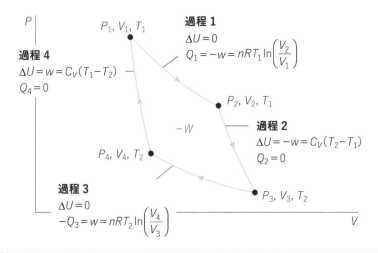

図4.2　カルノー・サイクル

$\ln(V_4/V_3)$)を低温熱源に捨てる。最後に，断熱可逆圧縮して(過程 4)，温度を元の T_1 に戻す。このときに気体になす仕事は $C_V(T_1-T_2)$ である。これでカルノー・サイクルは一巡したことになる。元に戻ったピストンとシリンダーは，もちろん何度でもこのサイクルを繰り返すことができる。

さて，カルノー・サイクルが一巡したときの，理想気体の内部エネルギー変化は，$\Delta U = C_V(T_2-T_1) + C_V(T_1-T_2) = 0$ である。理想気体の内部エネルギーは温度のみによって決まり，サイクルが一巡した後は元の温度に戻っているのだから，この結果は当然である。

次に，全体の熱量変化を計算してみよう。

$$Q_{\text{total}} = Q_1 + Q_2 - Q_3 + Q_4 = nRT_1 \ln\left(\frac{V_2}{V_1}\right) + 0 + nRT_2 \ln\left(\frac{V_4}{V_3}\right) + 0 \quad (4.1)$$

理想気体の断熱可逆膨張における温度変化と体積変化の関係は，第 3 章 3.3.1B 項に与えられている(式(3.10))。その結果を過程 2 と過程 4 に適用すると，$T_2/T_1 = (V_2/V_3)^{nR/C_V}$，$T_1/T_2 = (V_4/V_1)^{nR/C_V}$ となる。これら 2 つの式より，$(V_2/V_3)^{nR/C_V} = (V_1/V_4)^{nR/C_V}$，つまり $V_2/V_3 = V_1/V_4$（$V_2/V_1 = V_3/V_4$）が得られる。この関係式を使うと，式(4.1)は次式のようになる。

$$Q_{\text{total}} = nRT_1 \ln\left(\frac{V_2}{V_1}\right) + nRT_2 \ln\left(\frac{V_4}{V_3}\right) = nRT_1 \ln\left(\frac{V_2}{V_1}\right) - nRT_2 \ln\left(\frac{V_3}{V_4}\right)$$
$$= nR(T_1-T_2)\ln\left(\frac{V_2}{V_1}\right) > 0 \quad (4.2)$$

この量は正だから，カルノー・サイクルが一巡したときに系(シリンダー中の理想気体)に流入する熱量の合計である。一方，系の内部エネルギー変化は 0 であるから，流入した熱量だけエンジンは外部に仕事をすることになる。図 4.2 に描いた経路に取り囲まれた部分の面積($-W$ と表示)がこの仕事に相当する。仕事は外部に対してなされるので W は負の値であり，取り出した仕事を表すのにマイナスの符号が必要である。

4.2.2　熱機関の効率

熱機関の効率(ε)は，高温熱源から取り込んだ熱量のうち，どれだけのエネルギーが仕事として外部に取り出せたかの割合によって表す。つまり，次式で定義される。

$$\varepsilon = \frac{-W}{Q_1} \quad (4.3)$$

$Q_1 = nRT_1 \ln(V_2/V_1)$ と式(4.2)から，カルノー・サイクルの効率は次式で表される。

$$\varepsilon = \frac{nR(T_1-T_2)\ln(V_2/V_1)}{nRT_1 \ln(V_2/V_1)} = \frac{T_1-T_2}{T_1} \quad (4.4)$$

カルノー・サイクルでは，すべての過程が可逆的に行われているから，上記の効率が熱機関の最大効率である。もしどこかの過程に不可逆な変

化（気体の膨張／圧縮によらない直接的な熱移動や圧力の不連続変化によるピストンの瞬間移動）があれば，効率はこの値より必ず低くなる。

　ここまでの議論で，過程 1 で取り込んだ熱量 Q_1 と過程 3 で放出した熱量 $-Q_3$ はもちろん異なり，その差が外部に対する仕事として取り出せていることを，読者の皆さんは理解されたであろう。前節で述べたように，カルノー自身は熱素説に基づいて考察していたため，この部分を間違えていたことになる。しかし，熱機関の最大効率は高温熱源と低温熱源の温度のみによって決まること，および，そのためには作業物質（カルノーの考察では空気）の温度変化が膨張や収縮による体積変化によってのみ起こる場合に限られること（つまり，すべての過程が可逆的であること）という，最も重要な点は見事に見抜いていた。

　式（4.4）から，温度差の無いところでは，決して仕事は取り出せないことがわかる。海水は，無限といっていいほどの熱エネルギーを有しているが，それだけではそのエネルギーを利用することができない。温度差のある状態は，均一温度の状態よりエントロピーの低い状態である（4.4.1 項参照）。その温度差を可逆的に均一温度に変化させる過程で仕事を取り出すことができる。しかし，もし温度差のある 2 つの物体を接触させて，勝手に均一温度になるような変化を起こしてしまえば，仕事は取り出せず，エントロピーは無駄に増加してしまう。この事情は，第 3 章 3.3.1A 項と図 3.4 で議論した，理想気体の可逆的膨張と不可逆的膨張において外部に対してなす仕事と類似している。低いエントロピーの状態は，仕事（エネルギー）を取り出せる能力を有しているが，それを実行するためには，可逆的にエントロピーを増加させる工夫が必要である。

4.2.3　熱力学的エントロピーの表現

　前項で述べたように，カルノー・サイクル（図 4.2）の過程 1 で取り込まれた熱量 $Q_1(=nRT_1\ln(V_2/V_1))$ と過程 3 で放出された熱量 $-Q_3(=nRT_2\ln(V_4/V_3))$ は等しくない。しかし，これらの式を少し変形してみると，面白いことがわかる。

　まず過程 1 の式から，$Q_1/T_1=nR\ln(V_2/V_1)$ である。過程 3 の式から，$Q_3/T_2=-nR\ln(V_4/V_3)=nR\ln(V_3/V_4)=nR\ln(V_2/V_1)=Q_1/T_1$ となる[*7]。つまり，熱量そのものは等しくないが，その熱量を取り込んだ（放出した）ときの温度で割れば，その値は等しいことが理解できる。カルノーは熱量そのものが保存されるという間違いを犯したが，実は，それを温度で割った量は保存されるという新しい物理量が見つかったのである。そして，この量こそが，熱力学的に表現されたエントロピーである[*8]。つまり，エントロピーを記号 S で表せば，次式のようになる。

$$\Delta S=\frac{\Delta Q}{T} \qquad (4.5)$$

ただし，この式でエントロピーを計算するためには，可逆過程であることが必要である。

*7　第3の式から第4の式への変形にはついて4.2.1項を参照。

*8　この物理量の発見と，エントロピーという命名（1865年）はクラウジウスによる。

コラム 4.2　熱力学的エントロピーの直感的理解のために 1：希ガスの融解エントロピー

　熱力学的なエントロピーの定義式(4.5)によれば，ある過程のエントロピー変化が同じであるとき，その過程がより高温で起これば，より多くの熱量を必要とする。この過程にピッタリの実例が，希ガスの融解である。希ガス原子は球形で，その結晶はいずれも面心立方晶である。したがって，融解の過程で結晶が崩れて液体になるときに増加するエントロピーの量は，どの希ガスにおいてもよく似ていると考えられる(第 1 章 1.2.2B 項,　図 1.6 参照)。表に各種希ガスの融点，融解エンタルピー，融解エントロピーの値を示すが，実際にその通りである。融解エントロピーはどれも 14 J K^{-1} mol^{-1} 程度で，ほぼ同じ値を示している。

　一方，希ガスの原子量が大きいほど，融点は高く，融解エンタルピーは大きい。原子量が大きいほど電子の数も多く，電場に対する電荷の偏り(分極率)が大きくなるために，ファンデルワールス引力が大きくなる。より大きな引力で集合している結晶を崩して液体にするためには，より高温が必要である。同時に，より多くの熱量も必要となる。別の言い方をすれば，より大きな引力によってより低いポテンシャルエネルギー状態にある結晶は，より多くのエネルギー(熱量)を与えないと，そのポテンシャルエネルギーの底から抜け出せないのである。

　結晶の秩序状態と液体になったときの乱れ具合は，どの希ガスについてもほぼ同じであるが，その変化が起こるために，引力の大きい希ガスほど高い温度と大きな熱量が必要なのである。

表　希ガスの融解エントロピー			
希ガス	融点/K	融解エンタルピー/ J mol^{-1}	融解エントロピー/ J K^{-1} mol^{-1}
He	0.95 (at 2.5 MPa*)	13.8 (at 2.5 MPa*)	14.53 (at 2.5 MPa*)
Ne	24.56	335	13.64
Ar	83.80	1180	14.08
Kr	115.79	1640	14.16
Xe	161.4	2270	14.06
Rn	202.0	3247	16.07

＊ He は常圧では 0 K でも固体にならず，超流動液体となる。

コラム 4.3　熱力学的エントロピーの直感的理解のために 2：理想気体の等温可逆膨張

　理想気体 n モルが温度 T で体積 V_1 から V_2 まで等温可逆膨張するとき，系に流入する熱量は次式で表される(第 3 章 3.3.1A 項および図 3.3a 参照)。

$$Q = -W = \int_{V_1}^{V_2} P dV = nRT \int_{V_1}^{V_2} \frac{1}{V} dV = nRT \ln\left(\frac{V_2}{V_1}\right)$$

このとき，理想気体のエントロピーは $nR \ln(V_2/V_1)$ だけ増加する(第 1 章 1.2.2A 項および演習問題 1.2 参照)。もし T より高温の T_1 で同じ等温可逆膨張を行ったとすると，ピストンを押す圧力は温度 T のときより高くなっているので，より大きな仕事を系外になし，その結果としてより大きな熱量 ($nRT_1 \ln(V_2/V_1) > Q$) が系内に流入する。しかし体積の増加は同じであるから，増加したエントロピーは同じ値($nR \ln(V_2/V_1)$)である。つまり，同じエントロピー変化を得るのに，高温ほど多くの熱量が必要になることがわかる。

　さて，読者の皆さんは式(4.5)のエントロピーの表現に戸惑っていることと思う。第 1 章 1.2.2A 項で示した式(1.1)，すなわち $S = k_B \ln \Omega$ とのあまりの違いに呆然とされているのではないだろうか。実際，式(4.5)と第 1 章の式(1.1)の内容が同じであることを，直感的に理解すること

はたいへん難しい。この点に関しては，筆者自身も同様である。その原因は，この2つの式が同等であることをきちんと理解するためには，量子力学の知識がどうしても必要だからである。完全に理解していただける自信はないが，**コラム4.2**と**4.3**に直感的理解を助ける試みをしてみた。

4.2.4 一般化されたカルノー・サイクル

以上，理想気体を作業物質とするカルノー・サイクルについて説明してきた。それが一番理解しやすいのでそうしたが，カルノー・サイクルの本質からみれば作業物質は何でもよく，より抽象的に一般化できる。図4.3を使ってそれを試みよう。

カルノー・サイクルの本質は，高温熱源（温度 T_1）から熱量 Q_1 を取り込み，その一部を仕事 W として取り出し，低温熱源（温度 T_2）に熱量 Q_2 を捨てて系を元の状態に戻すことである。この間に必要な動作は，すべて可逆的に行う。この過程に熱力学第一法則と第二法則を適用すると，次の2つの式が成り立つ。

$$\text{熱力学第一法則：} \Delta U = Q_1 + Q_2 + W = 0 \tag{4.6}$$

$$\text{熱力学第二法則：} \Delta S = \frac{Q_1}{T_1} + \frac{Q_2}{T_2} = 0 \tag{4.7}$$

カルノー・サイクルは最終的に元の状態に戻るので，状態量である内部エネルギーとエントロピーの変化量は0である。また熱機関の効率（ε）は，取り込んだ熱量（Q_1）のうち，どれだけが仕事として取り出せたかという比で定義する。

$$\varepsilon = \frac{-W}{Q_1} \tag{4.8}$$

W 自身は負（系が外部に対して仕事をする）なので，マイナス記号が付いている。式(4.6)より $-W = Q_1 + Q_2$ であるから，式(4.8)は次式に変換される。

$$\begin{aligned}\varepsilon &= \frac{-W}{Q_1} = \frac{Q_1 + Q_2}{Q_1} = 1 + \frac{Q_2}{Q_1} = 1 - \frac{T_2}{T_1} \\ &= \frac{T_1 - T_2}{T_1}\end{aligned} \tag{4.9}$$

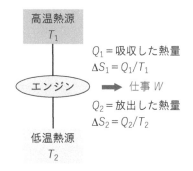

高温熱源
T_1

$Q_1 =$ 吸収した熱量
$\Delta S_1 = Q_1/T_1$

エンジン　➡ 仕事 W

$Q_2 =$ 放出した熱量
$\Delta S_2 = Q_2/T_2$

低温熱源
T_2

元の状態に戻るように
エンジンは循環する

第一法則　$\Delta U = Q_1 + Q_2 + W = 0$
第二法則　$\Delta S = Q_1/T_1 + Q_2/T_2 = 0$

エンジンのエネルギー効率
$\varepsilon = -W/Q_1 = (Q_1 + Q_2)/Q_1$
$\quad = 1 + Q_2/Q_1 = 1 - T_2/T_1$
$\quad = (T_1 - T_2)/T_1$

図4.3　一般化されたカルノー・サイクル

4 番目の式から 5 番目の式への変換には式(4.7)を使った。式(4.9)は先に導いた式(4.4)と同じである。

　最後に，カルノー・サイクルを逆に作動させることを考えよう。つまり，仕事 W を外部から供給して，低熱源から熱 Q_2 を汲み出し，高熱源に Q_1 の熱を捨てるのである。言うまでもなく，これは冷却器(クーラーや冷蔵庫)の働きである。このとき，冷却器の効率は供給した仕事に対する汲み出した熱の比(Q_2/W)で与えられることは容易に理解できるであろう。この効率を求めてみよう。

　式(4.7)より，$Q_1 = -(T_1/T_2)Q_2$ である。この式を式(4.6)に代入すると，$-(T_1/T_2)Q_2 + Q_2 + W = 0$，すなわち $Q_2(1-(T_1/T_2)) = -W$ が得られる。したがって，効率は次式のようになる。

$$\frac{Q_2}{W} = \frac{T_2}{T_1 - T_2} \tag{4.10}$$

　具体例として，外気温が 35℃ のとき，室内の温度を 25℃ に保つ場合のクーラーの効率を計算してみると，(Q_2/W) = 298.15/(308.15 − 298.15) = 29.815，つまり加えた仕事の約 30 倍の熱量が汲み出されることになり，ある意味では効率のよいシステムである。ただし，この効率はすべて可逆的に作動させたときの最大効率で，実際にはこれより低い効率でしか運転できないことは言うまでもない。

4.3 自由エネルギー

　内部エネルギー(U：第 3 章)とエンタルピー(H：第 3 章)およびエントロピー(S：本章)を熱力学的に定式化できたので，**自由エネルギー**(free energy)を扱う準備が整った。すでに第 1 章 1.2.3 項で導入したように，自由エネルギーは 2 種類ある。一定体積下で起こる現象に適用されるヘルムホルツの自由エネルギー(A)と，一定圧力下で起こる現象に対するギブズの自由エネルギー(G)である。それぞれ次のように定義される。

$$A = U - TS \tag{4.11}$$
$$G = H - TS \tag{4.12}$$

一定圧力下での過程では，体積変化にともなって仕事が発生するので，内部エネルギーの代わりにエンタルピーが使用されることはすでに述べた通りである(第 3 章 3.1.2 項)。

　自然現象は，自由エネルギーが低くなる方向に進む。この原理をいろいろな過程に適用した例については次節で紹介するが，ここでは原則的なことだけを復習しておこう。自由エネルギー A(または G)の減少に寄与するのは，(1)内部エネルギー U(またはエンタルピー H)の減少と(2)エントロピー S の増加である。これらの 2 つが同時に起こるような現象は，当然，自然に起こることになる。エタノールの水への溶解はその例である(第 1 章 1.2.3B 項および図 **1.10a**)。しかし，2 つの変化が

同時に起こらない場合には，ΔU（または ΔH）の大きさと $T\Delta S$ の大きさの比較でその現象が起こるかどうかが決まる。例えば，食塩が水に溶ける場合には，ΔU（または ΔH）は正であるが，温度 T が十分に高い場合には $T\Delta S$ の項が勝って自由エネルギー変化は負になる（第 1 章 1.2.3B 項および図 **1.10b**）。理想気体が拡散する場合には，ΔU（または ΔH）の変化は無く，ΔS は大きくなる（第 1 章 1.2.2 項および図 **1.4a**）。したがって，その現象は起こる。2 種類の理想気体が混合する場合も同様である（第 1 章 1.2.2 項および図 **1.4b**）。

　自由エネルギーはまた，その変化を可逆的に実行するメカニズムを工夫できれば，その変化の全量を仕事として取り出せる。その意味で，自由エネルギーは確かにエネルギー（仕事をなす能力）なのである。しかし実際の操作では，どこかの過程に不可逆性が入ってくるので，自由エネ

column

コラム 4.4　平衡状態と定常状態

　自然現象は，自由エネルギーの低くなる方向に進む。そして，自由エネルギーが最小になるとそれ以上変化は起こらなくなり，平衡状態に達する。図 **a** の上は，熱を通す容器の中に氷が入っており，その容器が（例えば 50℃ の）恒温槽中に静置されている様子を示す。氷はやがて融けて 0℃ の水になり，水は 50℃ まで温められる。その間，容器の中の系の自由エネルギーは低下し続け，50℃ になったときに最小値に達する（図 **a** の下）。当然，これ以上何の変化も起こらない。これが **平衡状態**（equilibrium state）である。

　一方，図 **b** は，50℃ の水をヒーター上で温め，加えた熱量だけ上方から放熱されている様子を示している。この場合も，水の温度は 50℃ で変化しない。しかし，この状態は熱力学的に平衡状態ではなく，**定常状態**（stationary state）と呼ばれる。この場合は，系の中を常に熱が流れており，そのため常にエントロピーが生成されていて，自由エネルギーを定義できない。このような系に，局所平衡の仮定をおいて，あえて熱力学を適用する学問を「非平衡熱力学」または「不可逆過程の熱力学」と呼んでいる。しかし，この学問は本書のレベルを越えるので，ここではこれ以上触れない。

　平衡状態と定常状態の違いを理解するために，もう一つの例え話を示そう。いま，ある湖があって，そこに水を流入する上流の川と流出する下流の川

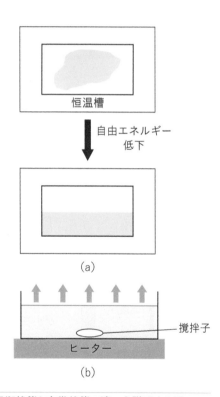

図　平衡状態と定常状態の違いを説明する図
（a）下図が平衡状態，（b）は定常状態。

があるとする。上流からの水の流入量が下流からの流出量に等しければ，湖の水量は一定に保たれる。これが定常状態である。一方，この場合の平衡状態とは，上流，下流の両方の川を堰止め，湖への水の出入りを断った場合に相当する。

ルギー変化の全量を仕事に変換することはできない。

　自由エネルギーを仕事として利用するという意味では，化学反応による自由エネルギー変化を使うのが最も一般的である。ガソリン（炭化水素）が酸素と反応して水と二酸化炭素に変化するときの自由エネルギー変化は，車のエンジンに使われる。各種の電池も，化学反応の自由エネルギー変化を仕事として取り出したものである。水素と酸素から水ができる反応（水素燃料電池），炭化水素が酸化する反応（燃料電池），金属が酸化する反応（ボルタ電池や亜鉛の空気電池など）など，さまざまな化学反応の自由エネルギー変化が利用されている。化学反応の自由エネルギーについては第 9 章で，電池の具体的な作動機構については第 10 章で詳しく取り上げる。

4.4　いろいろな現象を熱力学第二法則で理解する

　熱力学第二法則は，自然現象の進む方向を定める。世の中の森羅万象は，この法則に支配されている。本節では，いろいろな現象の進行が熱力学第二法則に従っていることを見ていこう。第 1 章 1.2.3 項において，身近な現象として，氷が融ける現象，エタノールや食塩が水に溶ける現象，重合反応の天井温度について，すでに熱力学第二法則による説明を行った。ここでは，その他の現象を取り上げよう。

4.4.1　熱は高温側から低温側に流れる

　熱は温度の高いほうから低いほうへ流れる。この誰でも知っているごく日常的な現象も，自然に起こる現象である以上，熱力学第二法則に従っているはずである。本項では，それを説明しよう。

　図 4.4 に示すように，温度の異なる同じ物質（何でもよいが，例えば熱伝導の良い銅）が同じ量だけ，熱伝導率の低い壁を隔てて，断熱壁の中に存在する系を考える。断熱壁は硬く，この過程で体積変化は無いものとする。熱は高温（T_1）側から低温（T_2）側に流れるが，隔壁の熱伝導率が小さいのでゆっくり流れ，壁の両側の物質は常に均一な温度分布を有しているものとする。

　さて，この系の熱移動の過程における自由エネルギー（体積変化は無い系なのでヘルムホルツの自由エネルギー A）の変化は，最終状態（隔壁の両側が同じ温度になった状態）の A の値から最初の状態（両側に T_1 と T_2 の温度差がある状態）の A の値を引いたものと定義され，次式で与えられる（式（4.11）参照）。

$$\Delta A = \Delta U - T\Delta S \tag{4.13}$$

$\Delta U = Q + W$（式（3.2））で，いま考えている過程では $Q = W = 0$ なので，$\Delta U = 0$ である。したがって，ΔS が正なら ΔA は負になり，この過程は自発的に進行する。図 4.4 に示したように，高温側から微小な熱量 dQ

熱伝導率の低い壁

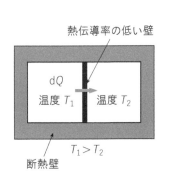

$T_1 > T_2$

断熱壁

図4.4　熱は高温側から低温側へ流れる。

が低温側に流れたとき，高温側のエントロピーは dQ/T_1 だけ減少する。一方，この過程で低温側が得るエントロピーは dQ/T_2 である。$T_1 > T_2$ であるから，$dQ/T_1 < dQ/T_2$ となり，高温側が失ったエントロピーよりも低温側が得たエントロピーのほうが大きい。つまり，この系全体としてのエントロピーは増加している。したがって，高温側から低温側への熱の移動は自発的に起こるのである。その逆方向への熱の移動は，エントロピーが減少し，自由エネルギーが増加するので起こらないことになる。以上が日常的に起こる誰もが知っている現象に対する熱力学第二法則の適用例である。

では次に，上記の過程におけるエントロピーの増加量を計算してみよう。高温側から低温側に熱が流れると，隔壁両側の温度は徐々に変化し，同じ温度になったときに熱の移動は止まる。この最終的に到達する温度を T_3 とすると，高温側が失うエントロピーと低温側が得るエントロピーは，物質の熱容量を C_V（隔壁両側の物質量は同じなので熱容量も等しい）としてそれぞれ次式で表される。

$$\int_{T_1}^{T_3} \frac{dQ}{T} dT = C_V \int_{T_1}^{T_3} \frac{dT}{T} = C_V \ln\left(\frac{T_3}{T_1}\right) \tag{4.14}$$

$$\int_{T_2}^{T_3} \frac{dQ}{T} dT = C_V \int_{T_2}^{T_3} \frac{dT}{T} = C_V \ln\left(\frac{T_3}{T_2}\right) \tag{4.15}$$

したがって，エントロピー変化の合計 ΔS は，次式のようになる。

$$\begin{aligned}\Delta S &= C_V \ln\left(\frac{T_3}{T_1}\right) + C_V \ln\left(\frac{T_3}{T_2}\right) = C_V \left\{\ln\left(\frac{T_3}{T_1}\right) + \ln\left(\frac{T_3}{T_2}\right)\right\} \\ &= C_V \ln\left(\frac{T_3^2}{T_1 T_2}\right)\end{aligned} \tag{4.16}$$

上記の過程で高温側から流れ出た熱量は，低温側が受け取った熱量に等しいので，$C_V(T_1 - T_3) = C_V(T_3 - T_2)$ となり，$T_3 = (T_1 + T_2)/2$ である。この T_3 の値を式(4.16)に代入すると，次式が得られる。

$$\Delta S = C_V \ln\left[\frac{(T_1 + T_2)^2}{4T_1 T_2}\right] \tag{4.17}$$

式(4.17)中の $(T_1 + T_2)^2/(4T_1 T_2)$ は，$T_1 = T_2$ でない限り必ず 1 より大きいので[*9]，ΔS の値は正になる。つまり，上記の過程でエントロピーは増加し，自由エネルギーは減少することがわかる。

熱伝導率の小さな隔壁がなく，高温側から低温側に熱が勝手に流れた場合には，両側の接触面付近に温度勾配が発生する。この状態ではエントロピー変化を dQ/T と書き表せないので，エントロピー変化を計算できない。ただし，エントロピーは状態量であるから，最終状態の系のエントロピーは上記で計算した場合と同じであることは言うまでもない[*10]。

4.4.2　コロイド粒子の拡散

コロイド（colloid）とは，大きさが 1 nm から 0.1 μm 程度の物質のこ

[*9]　$T_1 \neq T_2$ のとき，$(T_1 + T_2)^2 > 4T_1 T_2$ を証明する。つまり，$T_1 + T_2)^2 - 4T_1 T_2 > 0$ であればよい。$(T_1 + T_2)^2 - 4T_1 T_2 = T_1^2 + 2T_1 T_2 + T_2^2 - 4T_1 T_2 = (T_1 - T_2)^2 > 0$。よって，証明できた。

[*10]　温度の異なる物体を接触させると，高温側から低温側に熱が流れ，最終的に同じ温度になるというこの経験則を，熱力学第二法則の表現として使うことがあることを付記しておく。

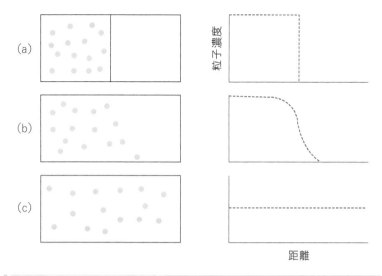

図 4.5　コロイド粒子の拡散

とである。狭義には，上記の大きさの粒子を指す。このようなコロイド粒子を分散媒（例えば水）中に分散した状態も，コロイドと呼ぶ場合がある。つまり 1 nm から 0.1 μm 程度の粒子およびその分散物を，ともにコロイドと呼ぶ。

　図 4.5 の左側の列に，コロイド分散物が容器に入っている様子を示す。図 4.5a では，容器の中央に仕切りがあり，その左半分に粒子が入っている。この仕切りを取り除くと，コロイド粒子は次第に容器の右側にも移動していく（図 4.5b）。そして最終的には，容器全体に一様な濃度となる（図 4.5c）。この過程における粒子濃度の距離依存性を，図の右側に示しておいた。上記の現象を拡散（diffusion）ということは，読者の皆さんもご存知であろう。コロイド粒子の拡散は，粒子がブラウン運動[*11]をしているがゆえに，容器の左側から右側に移動する粒子数がその逆の粒子数より多い（仕切りを取り除いた瞬間は，右から移動する粒子は無いことに注意）ことによって起こるのだが，この状況は，第 1 章 1.2.2 項と図 1.4a で述べた理想気体の拡散とまったく同じであることに気づくであろう。理想気体では，分子間に相互作用が存在しないので拡散にともなうエネルギー（エンタルピー）変化は無く，エントロピーの増加する現象として拡散が起こっている。コロイド分散物においても，粒子濃度が十分に低ければ（例えば 1 ％ 程度なら）コロイド粒子間の相互作用は無視できる。したがって，エンタルピー変化は無く，エントロピーの増加だけで現象が起こるのである。

4.4.3　相転移

　第 1 章では，氷が融けて水になる現象を自由エネルギー変化で説明した（1.2.3A 項，図 1.8 と図 1.9）。ここでは，水が沸騰して水蒸気になる場合を取り上げよう。これは一定圧力下で起こる現象なので，ギブズの自由エネルギーを使って説明する。

＊11　微小な粒子に分散媒（例えば水）の分子が四方八方からデタラメに衝突する結果，粒子はある瞬間にある方向に力を受けて動き，次の瞬間には別の方向に力を受けて動く。この動きは，当然，あらゆる方向にデタラメである。イギリスの植物学者のブラウン（Robert Brown）が，1827年に花粉が水を吸って破裂してその中から出てきた微粒子に対して発見したので，この名が付けられた。

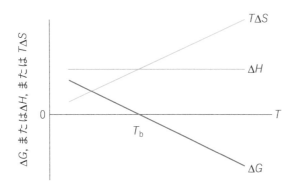

図4.6　水の沸騰を説明する自由エネルギー曲線

　読者の皆さんは，エンタルピーおよびエントロピーがともに水蒸気の
ほうが大きいことはすぐに理解されるであろう。水が熱量（潜熱）を吸収
して，沸騰して水蒸気になるのであるから，当然水蒸気のほうが大きな
エネルギーを有している。エントロピーも水蒸気のほうが大きいことも
理解できるであろう。なぜなら，分子同士が水素結合で結ばれている水
の状態よりも，バラバラで飛び回っている気体（水蒸気）状態の自由度の
ほうがはるかに大きいからである。そこで，水蒸気の量から水の量を引
いた差（ΔH と ΔS）を使ってギブズの自由エネルギー差を表すと，次式
のようになる。

$$\Delta G \equiv G_{水蒸気} - G_水 = H_{水蒸気} - H_水 - T(S_{水蒸気} - S_水)$$
$$\equiv \Delta H - T\Delta S \tag{4.18}$$

ここで，ΔH と ΔS はともに正である。ΔG と ΔH，$T\Delta S$ が温度とともに
どのように変化するかを示したのが図4.6である。沸点近傍の狭い温度
領域では ΔH，ΔS ともに一定とみなしてよいから，$T\Delta S$ は温度に対し
て直線的に増加する。そして，ある温度（沸点）で $T\Delta S$ が ΔH より大き
くなり，ΔG が正から負に転じる。この温度より低温では，水蒸気の自
由エネルギーのほうが大きいので水の状態が安定であり，高温側では水
蒸気の自由エネルギーのほうが小さくなって水蒸気に変化することがわ
かる。ちなみに，$\Delta G(=\Delta H - T\Delta S)=0$ のとき，水と水蒸気の自由エネ
ルギーが等しいので，両相が共存する。言うまでもなくそのときの温度
が沸点（T_b）なので，次式が成り立つ。

$$\Delta H = T_b \Delta S \quad または \quad \Delta S = \Delta H / T_b \tag{4.19}$$

この式から，沸騰（より一般的には相転移）にともなうエントロピー変化
は，蒸発エンタルピー（蒸発熱）を沸点（絶対温度）で割れば求まることが
理解できる[12]。

4.4.4　化学反応

　化学反応（chemical reaction）も当然，熱力学第二法則に従う。ここで
は例として，水素と酸素から水ができる反応を取り上げよう。図4.7に，

*12　水の沸騰に対してこの
計算をしてみると，$\Delta H =$
40.66 kJ mol^{-1}，$T_b = 373.15$ K で
あるから，$\Delta S = 109.0$ J K^{-1} mol^{-1}
となる。

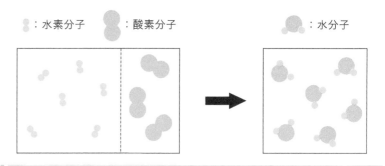

図4.7　水素と酸素から水が生成する反応

この反応を模式的に示した。反応物の水素分子と酸素分子，生成物の水分子は，すべて気体状態にあるとしよう。気体の水素分子と酸素分子は最も安定な元素なので，25℃，1気圧でのこの反応のエンタルピー変化は，すでに第3章3.4.2項で考察した標準生成エンタルピー$(\Delta_f H° = -241.8 \text{ kJ mol}^{-1})$である。エンタルピーの場合と同様に，自由エネルギーも標準生成自由エネルギーが定義できる$(\Delta_f G° = -228.6 \text{ kJ mol}^{-1})$[13]。熱力学第二法則から，この反応における$T\Delta S$の値は$-13.2 \text{ kJ mol}^{-1}$で，エントロピー変化は$-44.3 \text{ J K}^{-1} \text{ mol}^{-1}$となる。つまり，エントロピーは減少するが，エンタルピーの低下がそれを凌駕して大きいので反応が進行することがわかる。

　この反応においてエントロピーが低下する理由としては，まず分子数が減少することによって体積が縮小することがあげられる[14]。また，分子の種類が2種類から1種類に減少することもその理由である（混合エントロピーの消失）。分子の回転や振動運動のエントロピーも変化するが，それらがエントロピー減少につながるのか増加に寄与するのかは簡単にはわからない。

　この反応のエンタルピーおよび自由エネルギーの減少は，小さな分子としてはかなり大きな値である。しかしながら，水素分子と酸素分子を混ぜて何日置いても何年置いても水に変わることはない。ところが，火を近づけると一瞬のうちに爆発的に反応が起こる。また，白金のような触媒を使うと水に変換する。つまり，熱力学第二法則による反応の起こりやすさとその反応の速さ（反応速度）には，まったく別の原理が働いている（第1章コラム1.1参照）。

　次に，上記の反応とは逆の理由で起こる反応，つまり，反応の結果としてエンタルピーは増加するが，エントロピーもそれ以上に増加するために反応が起こる例をあげてみよう。実は化学反応においてこの例はきわめてまれで，筆者が調べた限り1つの例しか見いだせなかった[15]。つまり，化学反応のほとんどはエンタルピー（エネルギー）が減少することによって起こることが理解できる。さて，このまれな例は次の反応である（Dは重水素）。

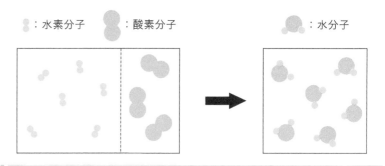の図中ラベル:

（注記欄）
[13]　これについては第9章で詳しく論じる。

[14]　第1章1.2.2項の図1.4，演習問題1.2の図を参照。

[15]　『改訂5版 化学便覧 基礎編II』，p.294（日本化学会 編，丸善出版，2004）。

$$\frac{1}{2}H_2(g) + \frac{1}{2}D_2(g) \longrightarrow HD(g)$$

$$\Delta_f H° = 0.318\ kJ\ mol^{-1} \quad \Delta_f G° = -1.464\ kJ\ mol^{-1}$$

この反応の $T\Delta S$ の値は 1.782 kJ mol^{-1} と計算でき，エントロピー変化は $\Delta S = 1782/298.15 = 5.98$ J K^{-1} mol^{-1} と正の値になる。この値は $R \ln 2 (= 5.76$ J K^{-1} mol^{-1}) にたいへん近いので，HD 分子の 2 種類の配向 (HD の向きか DH の向きか) のエントロピー分に相当するというのは魅力的な考えであるが，妥当かどうかは不明である。

この例は，（軽）水素分子と重水素分子から HD 分子が生成する特殊な反応なので，エントロピー支配で起こるというまれな例になっているのであろう。（軽）水素と重水素は化学的に非常に似た性質を有しているから，当然エンタルピー変化は小さい。したがって，何らかの理由によってエントロピーがわずかに増加すれば，反応の引き金になりうる。

4.4.5　界面現象（二次元の熱力学）

界面 (interface) で起こる現象も当然，熱力学第二法則に従う。界面現象を支配している物理量は表面張力 (surface tension) と界面張力 (interfacial tension) である。表面 (界面) 張力とは，実は二次元のギブズ自由エネルギーである。ここではそれについて説明しよう[16]。

A.　表面張力

ハスやサトイモの葉の上の水滴が丸くなって転がることは，読者の皆さんもよくご存知のことであろう（図 4.8）。宇宙ステーションのような無重力空間では，巨大な水滴も球になる。また，古い体温計を壊したりして，床にこぼした水銀も丸くなる。このように，液体が自由に形をとることができる場合，球になる。一方，水より比重の大きい物体であっても，それが濡れなければ水の表面に浮かぶことがある。例えば，アメンボは水面を自在に動き回ることができるし，汚れた一円玉や縫い針は，静かに水面に置くと水に浮かぶ（図 4.9）。

液体がもし純然たる流体であれば，重力下においてはいかなる場合でも，重力の方向に対して垂直な方向に平らな表面を有するはずである。さて，上述のようにハスの葉の上の水滴は球形になり，ポリエチレンやテフロンの固体表面上の液滴は半球状に丸く盛り上がる。コップに水を注いだとき，コップの上まで水が盛り上がる現象も，読者の皆さんは経験されているだろう。これらの現象は，あたかも水の表面にゴム風船の薄い膜に類似したものが存在するかのような印象を与える。アメンボや一円玉が水に浮かぶ現象も，同様に水表面における膜の存在を印象づける。

実際に，ゴム風船の薄い膜と液体の表面には類似性がある。ゴム風船を膨らませた場合，ゴム風船の薄い膜が縮まろうとする力（張力）によって，内部の圧力が外部よりも高くなる。同様に，液体（石鹼水溶液）の薄膜でできた風船であるシャボン玉でも，内部の圧力は外部よりも高く

＊16　界面現象のうち，ここでは熱力学第二法則に関わる部分だけを取り上げることは言うまでもない。より一般的な界面化学に興味のある読者は，次の本を参照されたい：辻井 薫，栗原和枝，戸嶋直樹，君塚信夫，コロイド・界面化学―基礎から応用まで，講談社 (2019)。

(a)

(b)

(c)

図4.8　ハス(a)，サトイモ(b)，クローバー(c)の葉の上の水滴

図4.9　一円玉も表面張力によって水に浮かぶ。

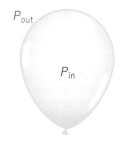

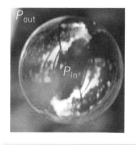

図4.10　ゴム風船の膜の張力と表面張力の類似性

シャボン玉や水滴の内部の圧力は，ゴム風船と同様に外部より高い（$P_{in} > P_{out}$）。

なっている。つまり，シャボン玉の液体薄膜には，ゴム風船の薄い膜と同様の張力が存在するのである。シャボン玉と同様に，水滴の場合も，内部の圧力が外部よりも高くなっている。水の表面に，張力が働いているのである（図4.10）。これが表面張力である。

B.　表面張力の起源

　これまで水滴やシャボン玉の実験から，表面には縮まろうとする性質があり，それが表面張力であると述べてきた。ではなぜ，表面には縮まろうとする性質，つまり表面張力が存在するのであろうか？　それは，液体の表面は，液体内部に比べて自由エネルギー（一定圧力である大気圧下の現象なのでギブズの自由エネルギー）が高いことが原因である。表面の自由エネルギーが高いので，できるだけ表面積を小さくし，自由エネルギーの低い状態になろうとするのである。表面積を小さくしようとする力は，表面を縮めようとする張力にほかならない。

　読者が持たれるであろう次の疑問は，ではどうして表面の自由エネルギーが内部より高いのかということであろう。凝縮相（液体と固体をこう呼ぶ）を形成する分子や原子間には，互いに引力が働いている。その引力が熱運動に打ち勝っているからこそ，分子や原子はバラバラにはならず，液体や固体として存在することができるのである。1個の分子を，真空中から凝縮相に移したとすると，まわりの仲間の分子との引力によってその分子は安定化する。一人ぼっちで寂しい思いをしている人が，仲間の中に入ると安心し，居心地が良くなるのに似ている。その居心地の良さ（安定化の自由エネルギー）が凝集エネルギーである。例えば水分子の場合，真空中から水中に移されると，最大4個の水素結合を形成することが可能であり，その水素結合のエネルギー分だけ安定化することができる。もちろん水素結合以外にも，ファンデルワールス引力なども働き，安定化に寄与することは言うまでもない。

　さてここで，表面にいる分子について考えてみよう。この分子には，外側（真空または蒸気側）に相互作用する分子が存在しない。図4.11に，水分子での例を示す。表面にいる水分子は，外側とは水素結合を形成することができず，その分だけ内部（バルク中）にいる分子より自由エネルギーが高くなる[17]。この表面にいるがゆえに高くなる自由エネルギーを，単位表面積あたりで表したものが表面張力である。表面には過剰の自由エネルギーが存在するので，液体はできるだけ表面積を小さくしようとする。ハスの葉の上の水滴や，床にこぼれた水銀が球になるのはこのためである。同じ体積であれば，球の場合に表面積が最も小さくなるからである。

　図4.12に，表面張力によって液体の表面積が小さくなることがわかる簡単な実験の模式図を示した。枠の1つが可動である四角い枠に，石鹸膜（シャボン玉膜）が張られている。この可動枠を離すと，枠は液膜に引っ張られて左に動く。このとき，枠に働く力を f とし，石鹸膜と接している枠の長さを l とすると，表面張力 γ は次式で定義される。

＊17　水素結合がつくれないという点だけを考えれば，エネルギー項だけが関与する問題と思われるかもしれないが，この高いエネルギーを多少とも緩和しようとして表面の分子が内部と異なる配向をとったりしてエントロピーも影響を受ける。そのため，表面張力は自由エネルギーが支配する現象なのである。

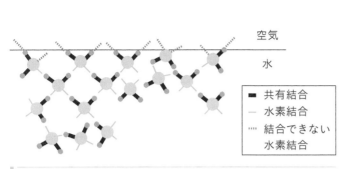

図4.11 表面張力の起源
表面の水分子には外（蒸気）側から水素結合をつくる分子はいない。

凡例:
- ■ 共有結合
- — 水素結合
- ⋯ 結合できない水素結合

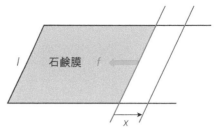

図4.12 表面張力が表面積を小さくすることを示す簡単な実験
四角形の枠の中に張られた石鹸膜は，表面積を小さくしようとして可動性の枠に力 f を及ぼす。

$$\gamma = \frac{f}{2l} \tag{4.20}$$

分母に係数 2 がかかっているのは，液膜には表と裏の 2 つの表面があるからである。さて，この可動枠を力 f に逆らって，距離 x だけ右に引っ張ったとしよう。このとき，この液膜になされた仕事 w は fx で，表面積の増加分 s は $2lx$ である。表面張力は引っ張った距離 x に依存しない（**コラム 4.5** 参照）ので，仕事 w はこのように書き表せる。式(4.20)の分母と分子に x をかけると，

$$\gamma = \frac{f}{2l} = \frac{fx}{2lx} = \frac{w}{s} \tag{4.21}$$

となる。式(4.20)は表面張力を単位長さあたりの力として表したものであり，式(4.21)は単位表面積あたりの自由エネルギー（仕事）として表現したもので，まったく同じものである。

　表面張力の定義から容易に理解できるように，凝集エネルギー（分子間の引力相互作用）の大きい物質ほど表面張力も大きい。なぜなら，内部にいれば得られる分子間相互作用による大きな安定化自由エネルギーが，表面では得られないからである。つまり，内部にいれば得られる自由エネルギーが大きいほど，表面にいるがゆえに損をする自由エネルギーも大きいわけである。表 4.1 には代表的な金属の，表 4.2 には溶剤の表面張力の値を示した。金属の表面張力は溶剤に比べて桁違いに大きい。それは，金属原子間には金属結合という非常に大きな相互作用が働いているからである。溶剤の中では水の表面張力が際立って大きいが，それは水素結合に由来する凝集エネルギーが大きいためである。

　表面張力は，温度の上昇にともなって小さくなる。それは，熱運動によって平均の分子間距離が大きくなり，分子間の凝集エネルギーが小さくなるからである。温度の上昇とともに表面張力は小さくなり，沸点もしくは臨界点でついには 0 となる。これは，その温度で凝集エネルギーが（熱エネルギーに負けて）無くなるからである。

C. 固体の表面張力

　固体にも当然，表面張力がある。そしてその値は，一般に液体よりも

表4.1　各種金属の表面張力

( )内は液体の値。

金　属	温度/°C	状　態	表面張力/mN m^{-1}
金	700(1,120)	固体(液体)	1,205(1,128)
銀	900(995)	固体(液体)	1,140(923)
銅	1,050(1,140)	固体(液体)	1,430または1,670(1,120)
鉄	1,400(1,530)	固体(液体)	1,670 (1,700[*])
スズ	150(700)	固体(液体)	704(538)
アルミニウム	(700)	(液体)	(900)
水銀	(20)	(液体)	(476)

液体および固体のデータは，それぞれ次の文献から採用した：A. Bondi, *Chem. Rev.*, **52**, 417–458(1953)。H. Udin, *Metal Interfaces*, American Society of Metals(1952), p. 114。ただし金の固体のデータは，日本化学会 編，実験化学講座7：界面化学，丸善(1956), p. 32より引用。
[*] 鋼鉄(steel)のデータから合金の炭素濃度をゼロに外挿して求めた値で，誤差は大きい。

表4.2　代表的な溶剤の表面張力

溶　剤	温度/°C	表面張力/mN m^{-1}
水	20	72.8
水	25	72
ブロモベンゼン	25	35.75
ベンゼン	20	28.88
ベンゼン	25	28.22
トルエン	20	28.43
n-オクタノール	20	27.53
クロロホルム	20	27.14
四塩化炭素	20	26.9
n-オクタン	20	21.8
ジエチルエーテル	20	17.01

データは，J. T. Davies and E. K. Rideal, *Interfacial Phenomena*, Academic Press(1963), Chapter 1から採用。

大きい(表4.1 参照)。なぜなら，固体は液体より大きな凝集エネルギーを有しているからである。液体より大きな凝集エネルギーを有しているからこそ，液体より分子運動が遅く，規則性の高い固体(結晶)状態で存在できるのである。

固体であっても，ポリエチレン，ポリプロピレン，テフロンなどの高分子の固体の表面張力は小さい。単位体積あたりの凝集エネルギーが小さいからである。ところが，分子が非常に大きいため，部分間の相互作用は小さくても分子全体の相互作用エネルギーは大きくなり，熱エネルギーによって分子がバラバラになることはない。そのため，表面張力は小さいが，固体で存在することができるのである。

D.　界面張力

水と油のような溶け合わない2つの液体が接しているとき，その界面にも界面張力が存在する。界面に存在する分子の自由エネルギーは，やはり内部にいる分子の自由エネルギーよりも高い。そのため，界面の面積を小さくしようとして，張力が働く。界面張力の起源について模式的に図4.13 に示す。表面張力の起源(図4.11)と比べて違うところは，空気(蒸気)相が油相に代わっていることである。水分子と空気との間には相互作用はない(無視できるほどに小さい)が，水分子と油分子との間には引力相互作用が存在する。これまで相手がいなくて相互作用できず，損をしていた凝集エネルギーが，油分子との引力相互作用でいくぶんか補償される。つまり，この引力の分だけ，水と油の表面における凝集エネルギーの不足が解消される。したがって，水/油間の界面張力 γ_{AB} は，2つの液体の表面張力 γ_A と γ_B の和よりは小さい。つまり，単位面積あたりの水と油の分子間凝集エネルギーを σ_{AB} と書けば，界面張力 γ_{AB} は次式で表される。

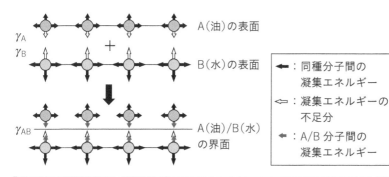

図4.13 界面張力の起源を説明する図

$$\gamma_{AB} = \gamma_A + \gamma_B - 2\sigma_{AB} \qquad (4.22)$$

σ_{AB} の前に 2 がかかっているのは，A の側からも B の側からも凝集エネルギーの不足分が補われるからである。もし，A 分子同士，B 分子同士および A–B 分子間のすべての相互作用が同じ種類（例えば，ファンデルワールス相互作用）であれば，σ_{AB} は $(\gamma_A \gamma_B)^{1/2}$ と表すことができる。つまり，式(4.22)は次式のようになる。

$$\gamma_{AB} = \gamma_A + \gamma_B - 2\sqrt{\gamma_A \gamma_B} \qquad (4.23)$$

このような場合には，界面張力の値がそれぞれの表面張力の値から計算できる。

c o l u m n

コラム 4.5　表面張力とフックの法則

バネやゴムを引っ張ったとき，元に戻そうとする張力は，引っ張った距離(ひずみ)に比例して大きくなる。この現象をフック(Hooke)の法則と呼ぶことはよくご存知であろう。しかし，図4.12で説明したように，表面張力は引っ張った距離 x に依存しない。これはどうしてだろうか？

なぜ表面張力は引っ張った距離に依存しないのかについて考察する前に，バネやゴムはどうしてフックの法則に従うのかについて考えてみよう。バネを構成しているのは，金属の結晶である。バネを引き伸ばしたとき，この結晶中の金属の原子間距離が伸びる。もともと最も安定な位置にいた金属原子は，この伸びによってポテンシャルエネルギーの高い位置に移動させられる。このポテンシャルエネルギーは，概ね原子間距離の二乗に比例する。バネが引き戻す力は，ポテンシャルエネルギーを距離で微分したものであるから，距離の一乗に比例することになる。これが，フックの法則である。ゴムの張力の原因は，ゴムを構成する高分子のコンホメーションのエントロピーである。ゴムが引っ張られたとき，この高分子はいくぶんかその方向に平行に並び，最も安定な(エントロピーの大きい)コンホメーションからずれる。この状態をもう一度最もエントロピーの大きな状態に戻そうとするときに，引き戻す張力が発生する(第1章 1.2.2B 項および図1.7 参照)。

以上の説明から，バネやゴムの張力が引っ張った距離に依存するのは，引っ張られることによって内部の状態が変化するからであると理解できるであろう。逆に考えれば，表面張力が距離に依存しないのは，引っ張られても表面の状態が変化しないからであるとわかるであろう。図4.12で，可動枠が右に引っ張られても，新しくできる表面には，これまでと同じ組成になるように，溶液内部から分子が供給される。これが，表面張力が引っ張られた距離に依存しない理由である。

　　界面張力は擬人的に表現するとわかりやすく，人間関係における緊張感のようなものである。仲良しの二人の間では緊張感は小さいが，仲の悪い二人の間では大きい。2 種類の物質間にこの擬人的な関係を適用すると，仲良しの関係とは相互作用エネルギーが大きいことを意味し，仲が悪い関係とは相互作用エネルギーが小さいことを意味する。式(4.22)から，相互作用エネルギーが大きいと界面張力は小さくなり，その逆も成り立つことがわかる。

4.4.6　生命現象

　　生物の最も生物らしい本質は，生命現象が開放系における非線形非平衡現象であるという点にある。生体が，その結果としての散逸構造の一種であるという考え方があることを，第 2 章コラム 2.1 で述べた。したがって，生物の個体としてのふるまいは，熱力学第二法則に従ってはいない。我々ヒトの日々の生活を考えても，それは納得できるであろう。しかしながら，生体内で起こる個々の現象には，第二法則に従っているものも数多くある。その例をいくつか眺めてみよう。

A.　生体内の化学反応

　　生体内における化学反応は，2 種類に大別できる。一つは熱力学第二法則に従っておらず，一つは従っている。植物が行う光合成反応(photosynthetic reaction)は，熱力学第二法則に従っていない。光合成反応は，自由エネルギーの低い(エントロピーの大きい)水と二酸化炭素から，太陽光のエネルギーを使って，自由エネルギーの高い(エントロピーの小さい)グルコースを合成していることから納得いただけるであろう。そして，この光合成反応が地球上のすべての生物の種と個体の保存を支えている(web 上に公開の第 11 章参照)。

　　植物の合成したグルコースを利用して，すべての動物と植物は生きている。このグルコースを利用する化学反応を代謝(metabolism)と呼ぶが，この反応は熱力学第二法則に従っている。自由エネルギーの高いグルコースから，最も自由エネルギーの低い最終的な生成物である水と二酸化炭素になるまでの反応は，連続する主に 25 種類の反応で成り立っている。この化学反応の連鎖を大きく三つに分けて，解糖系，クエン酸回路(TCA サイクル)，酸化的リン酸化とそれぞれ呼んでいる。グルコースから始まって，二酸化炭素と水に変化する間にグルコース 1 分子あたり ATP(adenosine triphosphate：アデノシン三リン酸，図 4.14)を 36 分子合成する。この ATP 分子からリン酸基が 1 つ外れて ADP(adenosine diphosphate：アデノシン二リン酸，図 4.14)に変化するとき，$30.5\ \mathrm{kJ\ mol^{-1}}$ の自由エネルギーが発生する。生物は，この自由エネルギーを利用して各種の生体活動を行っている。例えば，筋肉の運動や能動輸送による細胞内への物質の取り込みの際には，ATP が使われる。グルコースの代謝によって ATP を蓄え，必要なときにその化学エネルギーを利用しているわけである。ATP は，いわば生体内における

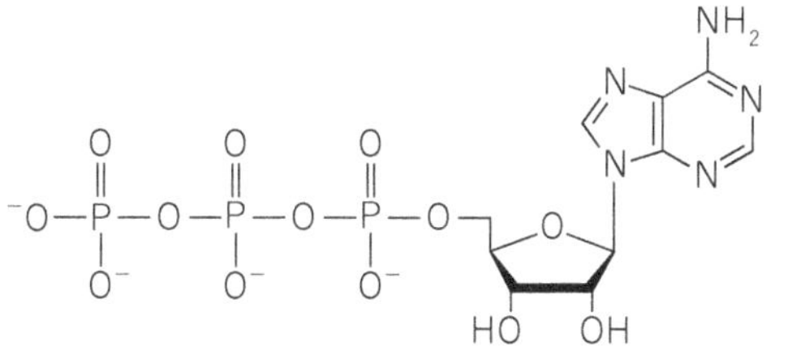

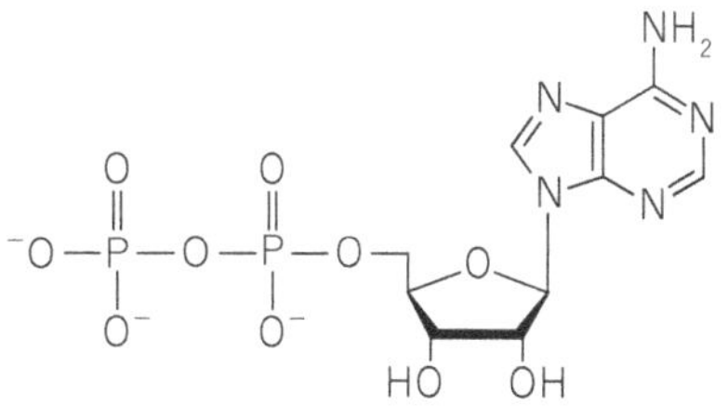

図4.14 ATP（左）とADP（右）の分子構造

自由エネルギーの通貨のような存在で、エネルギーを必要とするさまざまな場面で働いている。ただ、それぞれの場面で、ATPの化学エネルギーがどんな分子機構で他のエネルギーに変換されているのかは、まだ解明されていないものがほとんどである。

B. 生体膜を透過する輸送現象

生物の細胞は、生体膜を通して物質のやりとりをしている。細胞内で必要な物質は取り込み、不要となったものは排出する。必要なものを取り込むときは、たとえ内部のほうが濃度の高い状態であっても、取り込まなければならない。このような輸送を能動輸送と呼ぶが、この場合にはATPのエネルギーを使っている。低濃度側から高濃度側に物質が移動するのであるから、熱力学第二法則に従ってはいない。

一方、濃度の高いほうから低いほうへの移動は、エネルギーを必要とせず、自然に起こる。この輸送現象を受動輸送という。膜を隔ててはいるが、この現象の本質は拡散であり、エントロピーが増加することによって起こる。腎臓における老廃物の濾過や、肺における酸素の取り込みと二酸化炭素の排出などはこの例である。人工透析や人工肺が使用可能なのは、ATPの助けを必要としない熱力学第二法則に従う現象だからである。

4.4.7 宇宙のエントロピーは増大し続ける？

宇宙がもし孤立系であれば、宇宙のエントロピーは増加し続けることになる。なぜなら、宇宙の中で起こる現象には多かれ少なかれ、不可逆過程が含まれるからである。不可逆過程は必ずエントロピーの増加をともない、孤立系では外部からの物質やエネルギーの出入りが無いため、増加するエントロピーを減らす作用は不可能である。ではいつか宇宙は平衡状態に到達し、それ以後は何の変化も起こらない、いわば宇宙の死が訪れるのであろうか？　トムソン（ケルビン卿）は、そのような状態を"宇宙の熱的死"と言って人類を驚かせた。

しかし、上記の議論は、「宇宙がもし孤立系なら」という仮定の下で始まっている。宇宙が孤立系であるのかないのか、誰にもわからない。そもそも、宇宙の隅から隅まで、どこでも熱力学が成立するのかどうかすらわかっていない。例えば、ブラックホールなどという光すらも脱出できないような場所がある。ブラックホールの近くに、辛うじて光が脱

column

コラム 4.6　熱力学的安定／準安定／不安定状態

　「安定な状態」という言葉は，一般的には，長い時間変化しない状態のことを指す。しかし熱力学的安定には，厳密な定義がある。それは，その系の自由エネルギーが最も低い状態のことである。その様子について図を使って説明しよう。

　図の縦軸は自由エネルギー（ギブズの自由エネルギーでもヘルムホルツの自由エネルギーでもかまわない）で，横軸は系の状態を規定するパラメータである。このパラメータは，体積，密度，平均分子間距離など，何でもかまわない。ここでは，横軸のパラメータは体積としよう。さて，例として水と氷の安定性を取り上げる。**図 a** は 0℃ より低温における様子を示す。図中の青，黄，赤の丸は，それぞれ自由エネルギー曲線上の安定，準安定，不安定状態の位置を示す。0℃ より低温では，当然氷のほうが安定で，体積のより大きいほうに自由エネルギーの最も低い状態（氷）がある（氷のほうが水より体積が大きいことに注意！）。しかし，より体積の小さいほうにも，もう 1 つの自由エネルギーの極小が存在する。この極小は液体の水の位置を示しており，熱力学的準安定状態である。0℃ より低温まで過冷却した水が，この状態に相当する。最も安定な状態ではないので，何かの刺激（例えば，振動や結晶の種になる異物の存在）によって突然凍ることになる。準安定状態にある系が，なぜ直ちに安定な状態に移行しないで，準安定状態に留まることがあるのか？　それは，自由エネルギーの極小から最小の位置に落ちる途中に自由エネルギーの山（障壁）があるからである。この障壁が化学反応の活性化エネルギーと同じ働きをして，直ちに安定状態に移ることを阻害しているのである。そして，振動や結晶の種の存在が，この障壁を越えるのを助けているわけである。

　図 b は，0℃ より高温における自由エネルギー曲線である。今度は，液体の水の（より体積の小さい）状態が自由エネルギーの最小を与えている。今度は，氷が準安定状態である。

　熱力学的不安定状態は，自由エネルギー曲線の極小点の中間に位置する。いわば，自由エネルギー曲線の坂にへばりついている状態で，非平衡状態である。ガラス（非晶質）状態の水がこれに相当する。水の場合，ガラス状態を実際に作ることはたいへん困難であるが，不可能ではない。極低温（100 K 程度）に冷やした銅容器の壁に，ゆっくりと水蒸気を凝縮させると，ガラス状態の水が作製できることが知られている[*]。

　熱力学的安定状態は，自由エネルギーが最小の状態であるから，無限に（どんなに長時間が経過しても）安定である。しかし，熱力学的に安定でなくても，人間の生活時間に照らして事実上安定であるとみなせる状態（物質）はいろいろある。例えば，ダイヤモンド（準安定）や窓ガラス（不安定），透明な（非晶質の）PET（polyethylene terephthalate：不安定）などは，我々の生涯程度の時間では，安定状態の黒鉛，石英，結晶性 PET に変化することはない（第 1 章コラム 1.1 参照）。これらの場合は，変化する速度が非常に遅いので事実上安定であるという意味で，速度論的安定性と呼んでいる。コロイドの分散系も熱力学的不安定状態であるが，ファラデー（Michael Faraday）が作製した金コロイドは，今でも英国の王立研究所に安定なままで保存されているそうである。ペンキや化粧クリームなどの製品も，コロイド分散系で不安定状態であるが，実用上何の問題も無い程度に安定である。

[*]　M. Sugisaki, H. Suga, and S. Seki, *Bull. Chem. Soc., Japan*, **41**, 2591–2599（1968）

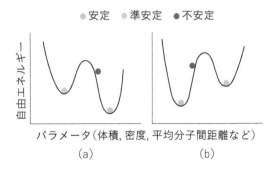

●安定　●準安定　●不安定

縦軸：自由エネルギー
横軸：パラメータ（体積，密度，平均分子間距離など）

（a）　　　（b）

図　**熱力学的安定，準安定，不安定状態の自由エネルギー曲線上の位置**

り中心に近いところでは，事象が存在しないことになる。このようなブラックホールで，地球上での経験則から導かれた熱力学が成立するかどうかなど誰も証明できないであろう。宇宙は膨張し続けているとも言われている。宇宙の外は不可知であるから，この膨張が何を意味するのかもわからない。宇宙はいつか熱的死を迎えるかどうかなどということは，考えても意味の無いことなのであろう。

　以上，本節では，身近な現象から生物や宇宙まで，さまざまな現象が熱力学第二法則によって説明できることを示した（宇宙は説明できるかどうか不可知であるが）。熱力学第二法則が熱力学の中心であり，それが森羅万象を説明できるツールであることを知ってもらいたかったからである。ここで述べた現象のうち，化学反応と相転移については，いずれそれらをもっぱら取り扱う章で詳しく述べる。

演習問題

4.1 地球に届く太陽光は，太陽表面の温度（〜6,000 K）に相当するスペクトルを有している。一方，地球から宇宙に放出される放射光（輻射熱）は，地表の温度（〜300 K）を反映している。もし地球を熱機関と仮定すれば，その最大効率はいくらか？

4.2 自動車のエンジン内部の温度は，高くても 2,000℃ 程度である。排気ガスを放出する大気の温度を常温（25℃ 程度）として，自動車エンジンの最大効率を計算しなさい。

4.3 下の表は，比較的身近にある物質の融点，融解エンタルピーの値を示したものである。これらの物質の融解エントロピーを計算して，右端の空欄に記入しなさい。

化合物	融点/K	融解エンタルピー/ $kJ\,mol^{-1}$	融解エントロピー/ $J\,K^{-1}\,mol^{-1}$
エタノール	159.00	4.931	
酢酸	298.69	11.72	
食塩	1073.8	28.16	

4.4 図 4.12 を使って，力で表現された表面張力（$f/(2l)$）は，自由エネルギー（仕事 w）で表現された表面張力を面積（S）で微分したものと同等であることを示しなさい。

4.5 コラム 4.6 で述べたように，透明な（非晶質の）PET（polyethylene terephthalate）は熱力学的に不安定な状態である。しかし，長期間置いても熱力学的に安定な結晶性 PET に変化することはない。この理由について考察しなさい。

4.6 熱力学的には安定状態ではないが，速度論的に事実上安定とみなされる例を，できるだけ多くあげなさい。

解答

4.1 式 (4.4) $\varepsilon = (T_1 - T_2)/T_1$ において，$T_1 = 6{,}000\,\mathrm{K}$，$T_2 = 300\,\mathrm{K}$ であるから，$\varepsilon = 0.95$ となる。このきわめて効率のよい太陽光を利用して，植物は光合成を行っている（第 11 章参照）。

4.2 まず，温度を絶対温度に変換すると，エンジン内部は〜2,300 K，大気は〜300 K である。これらの値を使って，問題 4.1 と同様に計算すると，$(2{,}300 - 300)/2{,}300 = 0.87$ となる。言うまでもないが，この値はすべての過程が可逆に行われた場合の最大値である。実際の自動車の効率（燃費）ははるかに低く，30％程度であると言われている。

4.3 融解エンタルピーを J 単位に変換してから，融点（絶対温度）で割り算して求めて，下の表を得る。

化合物	融点/K	融解エンタルピー/ $\mathrm{kJ\,mol^{-1}}$	融解エントロピー/ $\mathrm{J\,K^{-1}\,mol^{-1}}$
エタノール	159.00	4.931	31.01
酢酸	298.69	11.72	39.23
食塩	1073.8	28.16	26.22

4.4 図 4.12 の可動枠を Δx だけ右に引っ張ったとき，石鹸膜に Δw の仕事がなされたとする。$\Delta S = 2l\Delta x$（石鹸膜の表裏で面積が増加するから）で，$\Delta w = f\Delta x$（f は x に依存しないから）である。したがって，Δx を無限小にとれば，$\Delta w/\Delta S = \mathrm{d}w/\mathrm{d}S = f\Delta x/(2l\Delta x) = f/2l$。

4.5 一般に非晶質の高分子は，ランダムに屈曲した構造をとり，互いに絡み合った状態にある。一方，結晶性の高分子は一方向にまっすぐに伸びて配向し，分子は規則的に並んでいる。ランダムに屈曲して絡み合った分子が，互いにほぐれあいながら規則的に配列するには非常に長時間を必要とするからである。さらに，ガラス転移温度より低温の場合には，分子は凍結して事実上動かないので，なおさら長時間を要することになる。つまり，活性化自由エネルギーが非常に大きいのであるが，この場合の活性化自由エネルギーは大きな負のエントロピーである。

　高分子を結晶化させるためには，人為的に延伸するなどの操作をほどこし，強制的に並べる工夫が必要である場合が多い。

4.6 **準安定状態の例**：ダイヤモンド，室温における水素と酸素の混合ガス（反応して水になったほうが安定），タンパク質水溶液（加水分解してアミノ酸になったほうが安定），黄リン（赤リンが安定），室温における単斜晶系の硫黄（直方晶系が安定）など。

不安定状態の例：窓ガラス，透明 PET，シリカゲル，ファラデーの金コロイド，ペンキ，化粧クリームなど。

第5章

熱力学
第三法則

本章では，熱力学の最後の法則を取り扱う。**熱力学第三法則**(The third law of thermodynamics)は，ひとことで言うと，「エントロピーの絶対値は決められる」ということを示す法則である。他の二つの法則に比べると，その重要度はやや低い。第3章 3.1 節およびコラム 3.1 で述べたように，内部エネルギーやエンタルピーの絶対値は決まらず，熱力学では常にその差だけを問題にするのに対して，エントロピーは絶対値が求まる。その理由と求め方について解説しよう。

5.1 純物質のエントロピーの実測

エントロピーの絶対値がわかることによって，化学の研究上でどんな利点があるのだろうか。筆者の経験から言えば，次のような場合に役立つ。

(1) 化学反応にともなうエントロピー変化を予測できる（5.3 節参照）。

(2) 物質の状態（気体，液体，結晶，ガラス状態，液晶など）や分子の大きさによるエントロピーの差異を，大まかに把握することができる（5.3 節および表 5.3 参照）。

(3) 種々の結晶について秩序の程度を把握できる。特に，柔粘性結晶やガラス性結晶（いずれも内部に無秩序性を含む結晶）などの場合には，結晶でありながら大きなエントロピーを有することが理解できる。

読者自身も，将来，研究の場で新たな利点を見いだすことがあるだろう。

ある系へのエントロピーの出入りを実験的に求めるには，その系へ可逆的に熱量を出入りさせて，そのときの温度で割る（第 4 章式(4.4)）。一定圧力下における微小な熱量の出入り（$dQ = dH : H$ はエンタルピー）は，系の定圧熱容量を C_P として $C_P dT$ と表されるから，$dS = C_P dT/T$ である。したがって，絶対 0 度におけるエントロピーを S_0 として，ある任意の温度 T におけるエントロピー $S(T)$ は，次式で表される。

$$S(T) = \int_0^T \frac{C_P}{T} dT + S_0 \tag{5.1}$$

ある物質に対して，絶対 0 度から温度 T までの熱容量の測定値があれば，この積分はグラフ上で実行できる。もし途中の温度で相転移が生じ，その相転移点を T_1，転移エンタルピー（転移熱）を ΔH_1 とすると，式(5.1)の右辺に $\Delta H_1/T_1$ が加わる。相転移点が n 個存在すれば，式(5.1)は次式のようになる。

$$S(T) = \int_0^T \frac{C_P}{T} dT + \sum_{i=1}^n \frac{\Delta H_i}{T_i} + S_0 \tag{5.2}$$

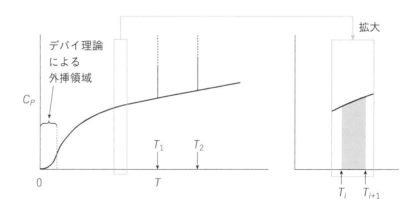

図5.1　**熱容量の温度変化の模式図（左）およびそのグラフを使ったエントロピーの計算（右）**

column

コラム 5.1　絶対 0 度には絶対に到達できない

　窒素や水素の気体を冷却して液化するために，ジュール・トムソン効果を利用することはすでに述べた(第 3 章 3.3.2C 項参照)。実在の気体には分子間引力が存在するため，断熱的に膨張すると温度が下がることを利用するのがこの原理である。しかしこの方法で温度を下げるのは，ヘリウム(沸点：約 4 K， −269℃)の液化までが限度である。なぜなら，ヘリウムは引力相互作用を有する最も小さい気体だからである。液化したヘリウムを減圧ポンプで蒸発させて，蒸発潜熱を奪うことによって 0.84 K まで下げることができる。しかしながら，これより低温を得るためには，まったく異なる原理を使う必要がある。その方法が，断熱消磁法(adiabatic demagnetization)である。

　下図に，断熱消磁法による冷却の原理を示す。常磁性物質(例えば，硫酸ガドリニウムや硝酸セリ

ウムマグネシウム)に等温的に磁場を印加すれば，電子スピンは同じ方向にそろう(図 a 右，図 b のピンク色矢印に相当)。このとき，電子スピンのエントロピーとエネルギーは下がり発熱するので，その熱を取り除く。次に断熱的に磁場を取り除くと(図 a 左)，エントロピーとエネルギーが増加して吸熱する。断熱条件によって外部からの熱の供給が無いので，系の温度が下がる(図 b の青色矢印に相当)。この操作を繰り返すと，系を冷却することができる(図 b)。この方法によって，1 mK 程度まで冷却できる。電子スピンよりエネルギーの小さい核スピン(例えば銅の原子核スピン)を利用すれば，10 μK 程度の低温まで冷却できることがわかっている。図 b から理解できるように，絶対 0 度に限りなく近づくことはできても，決してそこに到達することはできない。

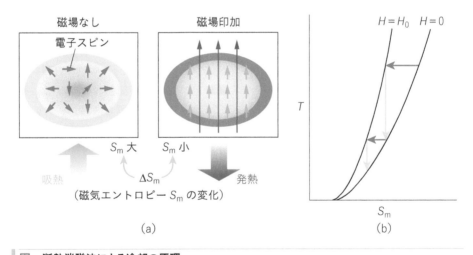

図　断熱消磁法による冷却の原理
決して絶対0度に到達することはない。

　ただし，式(5.2)中の積分は，0 K から T_1，T_1 から T_2，…，T_n から T までの領域に分けて行うものとする。図 5.1 に熱容量の温度変化の様子を模式的に示した。この図を使ってエントロピーの計算を行うには，図 5.1 の右図のように温度を一定の間隔で刻み，温度 T_i と T_{i+1} の間における熱容量曲線より下の部分の面積(青い部分)を求める。この面積は温度 T_i と T_{i+1} の間で系に加えられたエンタルピーであるから，それを $(T_i + T_{i+1})/2$ で除した量が温度 $(T_i + T_{i+1})/2$ におけるエントロピーである。

　この計算は，T_i と T_{i+1} の間隔を小さくとったほうがより正確な値に

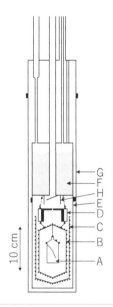

10 cm

図 5.2　極低温からの精密な熱容量を測定するための断熱型熱量計

A：試料容器（内部にヒーター，外壁に温度測定器が装備されている），B：内部ジャケット（リード線からの熱の漏れを防ぐため，試料容器との温度差を無くすように温度コントロールされている），C：外部ジャケット（内部ジャケットとの温度差を無くし，熱の漏れを防いでいる），D：銅ブロック（温度を一定に保つための熱浴として働く），E：内部真空缶（対流による熱の漏れを防ぐ），F：冷媒容器（液化窒素などの冷媒を保持する），G：外部真空缶（対流による熱リークを防ぐ），H：袖（冷媒容器の底に付着，リード線を巻き付けて熱の漏れを防ぐ）。

［M. Tatsumi *et al.*, *Bull. Chem. Soc. Japan*, **48**, 3060-3066 (1975) の Fig. 2 を改変］

なることは明らかである。実際には，70 K より低温領域では 1〜2 K 間隔程度で，それより高温領域では数 K 程度の間隔で測定している。上記の計算を絶対 0 度からある温度 T まで積算し，それに相転移エントロピーを加えた量が，この物質の温度 T におけるエントロピー（から S_0 を引いたもの）である。図 5.1 では，温度 T_1 と T_2 に相転移点が存在する。相転移点においては，潜熱のためにエネルギーを加えても温度は変化せず，熱容量は無限大になる。そのため，転移のエントロピーは別途 $\Delta H_1/T_1$，$\Delta H_2/T_2$ から求める必要がある。

　実験的には絶対 0 度に決して到達できないので（**コラム 5.1** 参照），絶対 0 度から熱容量を実測することは不可能である。そこで通常は，15 K 付近から低温部分の値に対しては，デバイ（Debye）の理論を使って外挿する（**コラム 5.2** 参照）。このような手順によって，純物質の任意の温度 T におけるエントロピー（から S_0 を引いたもの）を求めることができる。

　本節の最後に，極低温からの熱容量測定に使われる装置について述べておく。一例として，図 5.2 に精密な熱容量測定に使用される断熱型熱量計（adiabatic calorimeter）の概略を示す。その測定原理は，外部からの熱の出入りは可能な限り断ち，電流によるジュール熱で一定量のエネルギーを加え，そのときの温度上昇を精密に測定するというものである。

　断熱は次のような工夫によって達成される：（1）対流による熱伝導を防ぐために試料容器と外部を真空で隔てる（図 5.2 の E と G の部分を真空に保つ）。（2）放射熱を遮断するために試料容器（A）の外側表面とジャケット（B と C）の内側表面を金やクロムでメッキして反射率を向上させる。（3）ヒーターや温度測定のために外部とつながっている電線（リード線）による熱伝導を防ぐために，試料容器と内部ジャケットの間の温度差を可能な限り小さくする（実際には 0.5 mK 以下に抑える）。ジュール熱は，試料容器内に収められた薄い（0.2 mm）銅の内筒上に巻かれた加熱電線（コンスタンタン線）に通電することによって与えられる。温度は，白金抵抗温度計とサーミスターによって測定する。前者は正確な温度の測定に用い，後者はより小さな温度変化を精密に測定するために使用する。

　ヒーターにジュール熱が加えられた直後は，一時的に試料容器内に温度差が発生してそれが不可逆的に解消されるので，厳密には常に平衡状態が保たれているわけではない。しかし，試料容器やその中に収められたコンスタンタン線が巻かれた内筒に，熱伝導の良い銅を使用することによって可能な限り速く平衡に達するように工夫されている。

コラム 5.2 デバイの比熱理論

このコラムとコラム 5.5 を正確に記述するためには，並進(translation)，回転(rotation)，振動(vibration)などの分子運動に関する量子力学の計算結果と，本格的な統計力学の知識(分配関数の導入とその利用)を必要とする。それらの内容は本書のレベルを越えているので，ここでは基本的な考え方のみを伝えるに留める。

固体(結晶)の熱容量は極低温で著しく小さくなり，絶対 0 度では 0 に漸近する(図 5.1 参照)。熱容量が小さいということは，小さなエネルギーの付与で温度が大きく上昇することを意味する。極低温でなぜそのような現象が起こるのか？ 5.2.1 項で述べるように，絶対 0 度では結晶中の原子や分子はその動きを止める。0 K からほんの少し温度が上がったときには，エネルギーの小さいゆっくりした運動のみが可能である。それは，結晶全体に及ぶ大きな波長(小さな振動数)の振動運動(格子振動)だけが起こることを意味している。量子力学によれば，調和振動子(harmonic oscillator)*のエネルギーレベル(E_n)は，プランク定数を h，振動数を ν，n を 0 から始まる整数として，$E_n = h\nu(n + (1/2))$ と表される(図参照)。この式は，振動数の小さな運動はエネルギーレベルの間隔が狭く，

少しのエネルギーの付与で高いエネルギーレベル(大きな n の値)まで到達できることを意味する。このエネルギーレベルへの分布が温度を決める**ので，小さいエネルギーで大きな n にまで到達できるときは熱容量が小さいことになる。一方，振動数 ν が大きくてエネルギーレベルの間隔が大きいと，小さいエネルギーでは上のレベルに上がることができず，温度は変化しない。デバイ(Peter Joseph William Debye)は，上記の考えの下に理論を組み立て，極低温まで実験値と良く合う結果を得た。デバイの理論によれば，極低温(30 K 程度以下)で熱容量は絶対温度の三乗に比例することが知られている。つまり，$C_p = aT^3$ が成り立つ(a は定数)。

* バネやゴムのように，伸ばした距離(変位)に比例して引き戻す力が働く(フックの法則が成り立つ)力学系を調和振動子と呼ぶ。振幅が小さい場合には，たいていの振動子で近似的に成り立つ。

** あるエネルギーレベル E_n と，そのエネルギーを有する振動子の数 N_n の間には，$N_n = N_0 \exp[-E_n/(k_B T)]$ の関係がある(N_0 は E_0 の状態にある振動子の数で，k_B はボルツマン定数)。この関係をボルツマン分布という。この式から，エネルギーレベルの分布が温度を決めることが理解できるであろう。

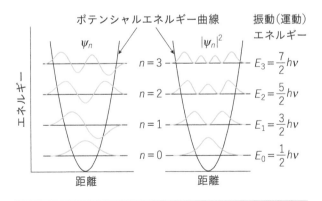

図 一次元調和振動子の振動エネルギー E_n と波動関数 ψ_n およびその二乗 $|\psi_n|^2$

| 絶対 0 度における完全結晶のエントロピー

温度 T における純物質のエントロピーを表す式(5.1)と(5.2)には，絶対 0 度におけるエントロピーの項 S_0 が含まれている。もしこの S_0 の値が物質によらず一定であれば，純物質のエントロピーの絶対値が求められることになる。本節では，この S_0 を決める問題を論じよう。

5.2.1　絶対0度における完全結晶のエントロピーは0である

絶対 0 度におけるエントロピー S_0 を決めるには，同じ物質で異なる結晶型を有する多形現象(polymorphism)を利用する。いま，ある物質が I 型と II 型の 2 種類の結晶型を有しているとする。これら 2 種類の結晶の熱容量を，絶対 0 度から温度 T の液体になるまで測定する。この過程に式(5.2)を適用すると，次の 2 つの式が成り立つ。

$$S^{\mathrm{I}}(T) = \int_0^{T_1} \frac{C_P^{\mathrm{I}}}{T}\mathrm{d}T + \frac{\Delta H_1^{\mathrm{I}}}{T_1} + \int_{T_1}^{T_m^{\mathrm{I}}} \frac{C_P^{\mathrm{I}}}{T}\mathrm{d}T + \frac{\Delta H_m^{\mathrm{I}}}{T_m^{\mathrm{I}}} + \int_{T_m^{\mathrm{I}}}^{T} \frac{C_P^{\mathrm{I}}}{T}\mathrm{d}T + S_0^{\mathrm{I}} \quad (5.3)$$

$$S^{\mathrm{II}}(T) = \int_0^{T_2} \frac{C_P^{\mathrm{II}}}{T}\mathrm{d}T + \frac{\Delta H_2^{\mathrm{II}}}{T_2} + \int_{T_2}^{T_m^{\mathrm{II}}} \frac{C_P^{\mathrm{II}}}{T}\mathrm{d}T + \frac{\Delta H_m^{\mathrm{II}}}{T_m^{\mathrm{II}}} + \int_{T_m^{\mathrm{II}}}^{T} \frac{C_P^{\mathrm{II}}}{T}\mathrm{d}T + S_0^{\mathrm{II}} \quad (5.4)$$

I 型と II 型の結晶は，それぞれ 1 回の結晶間相転移を生じ，次いで融解して液体になると仮定している。I 型の結晶から出発しようが II 型の結晶から出発しようが，液体の状態は同じであるから，液体の状態における $S^{\mathrm{I}}(T)$ と $S^{\mathrm{II}}(T)$ は同じ値のはずである。いくつかの化合物に対して，熱容量と融解を含む相転移点および転移エンタルピーをそれぞれ実測し，式(5.3)と式(5.4)の値を実験的に求めると，S_0^{I} と S_0^{II} が同じ値であることが結論される(次項の実例を参照)。熱力学的に証明できることはここまでで，絶対 0 度におけるエントロピーの値そのものは決定できない。ただ，この値を 0 とすれば，任意の温度におけるエントロピーの絶対値が求まることになる。

絶対 0 度におけるエントロピーの値が 0 であることの証明は，統計力学による考察から得られる。そのために，温度とは何かということを思い出していただきたい。温度とは，原子や分子の運動エネルギーの大きさの目安である。このことは，理想気体の運動エネルギーが絶対温度に比例するという事実(第 2 章 2.3.2 項および式(2.7))からも理解できるであろう。温度が下がるにつれて，原子や分子の運動はゆるやかになっていく。そして，ある温度でついに動かなくなる。それが絶対 0 度である。すべての原子や分子が動きを止めた状態は当然，気体や液体ではあり得ず，結晶状態である。規則的に配列した原子や分子が完全に動きを止めたとき，その状態は 1 種類しかない。統計力学的表現のエントロピー($S = k_B \ln \Omega$：第 1 章式(1.1))で，場合の数 Ω が 1 となる状態である[*1]。これが，絶対 0 度におけるエントロピーが 0 である理由である。第 1 章の冒頭で読者の皆さんに提出したクイズ(温度に上限はあるか？

＊1　本項のタイトルは「絶対0度における完全結晶のエントロピーは0である」で，"完全結晶"に限定している。その理由は，次の通りである。もし結晶に欠陥があり，例えばある原子が1個抜けているとすると，その抜け殻がいろいろな位置にありうるので，抜け殻の存在する位置に関する場合の数が存在することになる。そのため，エントロピーは0でなくなる。

下限はあるか?)の解答も,ここで提供したことになる。

5.2.2 絶対0度におけるエントロピーを決める実例

前項の一般論に引き続き,本項では,結晶多形を有する化合物に対して式(5.3)と式(5.4)を適用して,S_0^{I} と S_0^{II} が同じ値であることを証明した実例をあげよう。歴史的に初期に行われた2つの例,硫黄とホスフィン(水素化リン)を取り上げる。

A. 斜方晶(直方晶)系と単斜晶系の硫黄[*2]

単体の硫黄は,8個の原子が共有結合で環状につながった S_8 分子を形成している(図5.3a)。この分子が規則的に並ぶとき,その配列の違いによって,斜方(orthorhombic)硫黄と単斜(monoclinic)硫黄の2つの結晶型をとる。結晶の外観は図5.3b, c に示した通りである。

これら2つの結晶型のうち,室温付近で熱力学的に安定な結晶は斜方硫黄で,単斜硫黄は高温側で安定である。そして,斜方硫黄は368.5 K で単斜硫黄に転移する。転移エンタルピーは401.7 J mol^{-1} である。したがって,0 K から368.5 K までの温度領域では単斜硫黄は準安定な過冷却状態で存在することになる。これら2種類の結晶に対する熱容量のデータを使って,0 K から斜方硫黄の転移点368.5 K までのエントロピーを計算した結果および転移エントロピー($\Delta H_{\mathrm{t}}/T_{\mathrm{t}}$)の値を表5.1 に示す。斜方硫黄の転移点368.5 K における両結晶のエントロピー値は誤差の範囲内で一致しており,この結果から,絶対0度における両結晶のエントロピー値に差は無いことがわかる[*3]。

表5.1 斜方硫黄と単斜硫黄の転移点におけるエントロピーの比較

エントロピーに関与する項	エントロピーの測定値/J K^{-1} mol^{-1}	
	斜方硫黄	単斜硫黄
$\displaystyle\int_0^{368.5}\frac{C_P}{T}\mathrm{d}T$	36.86 ± 0.21	37.82 ± 0.42
$\Delta H_{\mathrm{t}}/T_{\mathrm{t}} = 401.7/368.5$	1.09 ± 0.01	—
合 計	37.95 ± 0.21	37.82 ± 0.42

B. ホスフィン[*4]

ホスフィン(phosphine:PH$_3$)は,常温において無色で強い毒性を示す気体である。融点は140 K で,沸点は186 K である。ホスフィンには,49.43 K より高温側で安定な結晶(仮に I 型と記す)と,低温側で安定な結晶(仮に II 型と記す)が存在する。II 型の結晶は49.43 K で I 型の結晶に転移する。I 型の結晶は,30.29 K に相転移点を有している。

I 型と II 型の結晶について,49.43 K におけるエントロピーの測定値を表5.2 に示す。前項の硫黄の場合と同様,ホスフィンの2つの結晶間でのエントロピーは非常によく一致しており,絶対0度におけるエントロピー値は等しいことがわかる。

*2 E. D. Eastman and W. C. McGavock, *J. Am. Chem. Soc.*, **59**, 145(1937)と E. D. West, *J. Am. Chem. Soc.*, **81**, 29(1959)の2つの論文の結果に基づく。

(a) 硫黄分子(S$_8$)

(b) 斜方硫黄

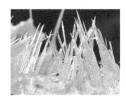

(c) 単斜硫黄

図5.3 (a)硫黄分子(S$_8$)の構造および(b)斜方硫黄,(c)単斜硫黄の結晶の外観

*3 前項では,多形の結晶が液体になるまで温度を上げる場合を示したが,今回の例では,途中で同じ結晶に転移するので液体状態まで昇温する必要はない。また硫黄の場合は,高温で単純な液体にはならず,硫黄原子が高分子状につながったゴム状硫黄になってしまうので,なおさらこの方法は使えない。

*4 C. C. Stephenson and W. F. Giauque, *J. Chem. Phys.*, **5**, 149–158(1937)の論文による。

表5.2　ホスフィンの I 型と II 型結晶の相転移点におけるエントロピーの比較

エントロピーに関与する項	エントロピーの測定値/J K^{-1} mol^{-1}	
	I 型結晶	II 型結晶
デバイ理論による外挿値	2.071	1.414
$\int_{15}^{30.29} \dfrac{C_P}{T} \mathrm{d}T$	9.142	—
$\int_{15}^{49.43} \dfrac{C_P}{T} \mathrm{d}T$	—	16.91
$\Delta H_t / T_t = 82.0/30.29$	2.707	—
$\Delta H_t / T_t = 777.0/49.43$	—	15.72
$\int_{30.29}^{49.43} \dfrac{C_P}{T} \mathrm{d}T$	20.08	—
合　計	34.00	34.04

5.3 | エントロピーの絶対値

＊5　例えば,『改訂6版 化学便覧 基礎編』(日本化学会 編, 丸善出版, 2021), pp. 796–806 に多数の化合物の値が示されている。なお, 重水の値については,『改訂5版 基礎編II』(2004), p. 294(液体), p. 295(気体)を参照されたい。

前節までで, 絶対0度におけるエントロピーは0であることを示した。これにより, 任意の温度におけるエントロピーの絶対値を測定することができる。通常, 標準状態(25℃, 1 気圧：298.15 K, 101,325 Pa)におけるエントロピーが標準エントロピー(standard entropy)として採用され, 表にまとめられている[*5]。その中から, 代表的な化合物や単体の値を表 5.3 にあげた。この表から, 一般的な傾向として, 次のような事

表5.3　代表的な化合物や単体の標準エントロピー(25℃, 1 atm)

化合物や単体		標準エントロピー/J K^{-1} mol^{-1}	化合物や単体		標準エントロピー/J K^{-1} mol^{-1}	化合物や単体		標準エントロピー/J K^{-1} mol^{-1}
固体(結晶)	Al(アルミニウム)	28.33	固体(結晶)	L−アラニン	129.21	気体	CO$_2$(二酸化炭素)	213.63
	Au(金)	47.4		L−グルタミン酸	188.20		H$_2$(水素)	130.575
	C(黒鉛)	5.74		尿素	104.26		HCl(塩酸)	186.799
	C(ダイヤモンド)	2.377	液体	H$_2$O(水)	69.91		H$_2$O(水蒸気)	188.723
	Cu(銅)	33.15		D$_2$O(重水)	75.94		D$_2$O(水蒸気)	198.227
	Fe(鉄)	27.28		Hg(水銀)	76.02		He(ヘリウム)	126.041
	Fe$_2$O$_3$	87.4		ベンゼン	173.26		N$_2$(窒素)	191.5
	KCl	82.59		シクロヘキサン	204.35		NH$_3$(アンモニア)	192.67
	NaCl	72.13		ヘキサン	296.06		O$_2$(酸素)	205.029
	Pt(白金)	41.63		酢酸	157.2		メタン	186.14
	Si(ケイ素)	18.83		メタノール	127.27		エタン	229.1
	SiO$_2$(石英)	41.84		エタノール	160.1		プロパン	270.2
	グリシン	103.51	気体	CO(一酸化炭素)	197.565		エチレン	219.21

柄が見て取れる。

　（1）固体のエントロピーは小さく，気体のエントロピーは大きい。

　（2）状態が同じなら大きな分子のほうがエントロピーは大きい。

これらの一般的傾向の理由については，読者の皆さんご自身で考えていただきたい。

　標準エントロピーの値を使って，これらの化合物間の化学反応にともなうエントロピー変化を計算で求めることができる。その方法は，標準生成エンタルピーから，各種化学反応のエンタルピー変化を求めるときと同じである。以下に実例を示す。

　① $H_2(g)$ ＋ $\frac{1}{2} O_2(g)$ ⟶ $H_2O(g)$

　　$188.723 - \{130.575 + (1/2) \times 205.029\} = -44.37\ J\ K^{-1}\ mol^{-1}$

この反応がエントロピーの減少する反応であること，および，それでも反応が進むのはエンタルピーの減少がそれを凌駕するためであることについては，すでに第4章4.4.4項で述べた。

　② ベンゼン(l) ＋ $3 H_2(g)$ ⟶ シクロヘキサン(l)

　　$204.35 - (173.26 + 3 \times 130.575) = -360.6\ J\ K^{-1}\ mol^{-1}$

この反応もエントロピーの減少する反応であるが，エンタルピーの減少がより大きいために反応が進む（第3章3.4.3項参照）。

　以上の実例は，標準状態（25℃，1気圧）における反応のエントロピー変化に関するものである。標準状態以外の温度における反応に関しては，エンタルピー変化の場合と同様の考察によって求めることができる（第3章3.4.4項参照）。つまり，下の図式で考える。"温度 T_1 のときの反応エントロピー変化が ΔS_{T_1} であるとして，温度が T_2 になったときの値（ΔS_{T_2}）はどうなるか？" という問題である。この問題に対する答えは単純で，温度が変化したときの反応物のエントロピー変化と，生成物の同様の変化の差が付け加えられるだけである。

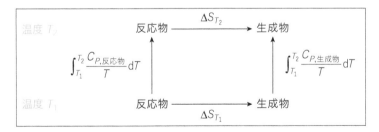

　温度が変化したときの生成物と反応物のエントロピー差は，$\Delta C_P = C_{P,生成物} - C_{P,反応物}$ として，次式で表すことができる。

$$\Delta S_{T_2} = \Delta S_{T_1} + \int_{T_1}^{T_2} \frac{\Delta C_P}{T} dT \tag{5.5}$$

反応物および生成物の熱容量のデータが存在すれば，5.1節で述べた方法によって計算できることになる。

5.4 残余エントロピー

前節までで，完全結晶の絶対 0 度におけるエントロピーは 0 であり，それを基準として任意の温度におけるエントロピーの絶対値を求める方法について述べてきた。しかし，完全結晶ではない（つまり何らかの乱れが存在する）ことによって，絶対 0 度におけるエントロピーが 0 でない場合がある。この絶対 0 度において残るエントロピー値を，**残余エントロピー**（residual entropy）と呼ぶ。本節では，各種の残余エントロピーの例をあげて，その理由と意味について考えよう。

5.4.1　ガラス状態

読者の皆さんは，グリセリンの結晶を見たことがないであろう。実は，筆者も見たことがない。しかし，グリセリンは 17.8℃ に融点をもち，それより低温では結晶が熱力学的安定相なのである。グリセリンの結晶にめったにお目にかかれないのは，融点以下の温度になっても過冷却しやすく，そのままガラス状態（glassy state）になってしまうからである。ガラス状態とは，分子の配列が液体状態のように乱れたままで，低温のために分子運動が凍結されてしまった状態なのである。

このように，グリセリンは，ガラス状態と結晶状態の 2 つの状態をとりうる。この 2 つの状態のエントロピーを，絶対 0 度から融点まで測定して比較すれば，絶対 0 度におけるガラス状態のエントロピー（残余エントロピー）を求めることができる。その測定結果は，23.4±0.4 J K^{-1} mol^{-1} となる。

ガラス状態になるものは数多く存在する。窓ガラス，瓶，コップなどのシリカを主成分とするガラスはその代表例である。エタノールも液体窒素中で急冷すると，透明な固体のガラス状態になる。温度が上昇してガラス転移点を超えると，透明なガラスの中にポツポツと白い結晶が析出してくる。しかし，これらのガラス状態と結晶状態とのエントロピー比較の実験例は無いので，残余エントロピーは不明である。

5.4.2　結晶の乱れ

ガラス状態では，分子の位置（配列）そのものが乱れているので，残余エントロピーが存在することは理解しやすい。しかし，分子の配列は規則的で結晶状態であるのに，絶対 0 度で残余エントロピーをもつ場合がある。いくつかの直線状分子，NO（一酸化窒素），CO（一酸化炭素），HNO（亜酸化窒素）や水（氷）がその例である。これらの結晶における残余エントロピーの原因について考えよう。

一酸化炭素の結晶においては，分子は CO・CO・CO…のように頭－尾（head to tail）の配向のほうが安定である。しかしながら，CO・OC と並んだ場合とのエネルギー差は小さい。その理由は，一酸化炭素分子の双極子モーメントが小さいことにある。そのため，結晶中では head to tail の配向と頭－頭（head to head：もしくは尾－尾（tail to tail））の配向がラ

column

コラム 5.3　絶対 0 度で液体の物質：ヘリウム

温度が下がると原子や分子の動きがだんだんと鈍くなり，絶対 0 度に近づくと，どこかの温度で固体（結晶）になる。気体や液体に比べて，結晶中の原子や分子は動かないからである。ほとんどすべての物質は上記の挙動をたどるが，たった 1 つだけ例外がある。ヘリウムである。ヘリウムは，絶対 0 度でも結晶にならず，液体のままである。

図にヘリウム（He[4]）の相図を示す。ヘリウムには 2 種類の液体 I と II が存在し，I は通常の，II は超流動を示す量子液体である。図からわかるように，絶対 0 度でも液体（液体 He II）のままであり，結晶にするには圧力をかける必要がある。ここには相図を示していないが，He[3] についても，絶対 0 度で液体であることは同様である。では，ヘリウムは絶対 0 度でもエントロピーは 0 にならないのだろうか？ ところが，液体であるにもかかわらず，ヘリウムの絶対 0 度におけるエントロピーは 0 なのである。

完全結晶のエントロピーは，絶対 0 度で 0 になると述べてきた。それは，完全結晶では原子や分子の位置が定まり，しかも動きを完全に止めた状態では，とりうる状態の数が 1 つしかないからであった。ヘリウムの場合の，液体であるにもかかわらずエントロピーが 0 になるというのはどう考えたらいいのであろうか？ この問題の原因は，量子力学における零点振動と零点エネルギーにあるとされている（コラム 5.4 参照）。ヘリウムの場合，零点エネルギー

が凝集エネルギーを上回り，そのため常圧では絶対 0 度でも液体のままである。また，この状態におけるヘリウム原子間の平均距離は，ヘリウムを波動として表現したド・ブロイ波の波長より小さくなる。これはヘリウム原子を古典的な粒子として扱えないことを意味している。つまり，絶対 0 度付近では，ヘリウム原子は系全体に非局在化している。これが液体であるという意味のようである。そして，このような液体を量子液体と呼ぶ。

上記の液体ヘリウム（系全体に非局在化したヘリウム原子のド・ブロイの波）全体にわたる（結晶における格子振動に相当する）振動は，すべて零点振動であるがゆえに，エネルギーレベルはすべて基底状態にある。つまり，振動の状態の場合の数は 1 つしかないことになる。これが液体であるにもかかわらずエントロピーが 0 である理由ということになっている。

上記のような説明は，直感的にはたいへん理解しにくい。そもそも粒子と波動が同時に成立するということ自体，筆者にはなかなか頭に入ってこない。量子力学は，直感的には理解しにくい学問である。

ヘリウムには，液体／液体相転移（λ 転移：図中の液体 I と液体 II 間の転移），超流動現象（液体 II が示す粘性 0 の流動）など，他の物質には無い異常な現象が存在する。これらのたいへん興味深いが不思議な現象は，すべてヘリウムが量子液体であることの帰結のようである。

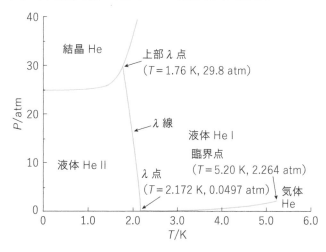

図　ヘリウム（He[4]）の相図

コラム 5.4　量子力学における零点振動と零点エネルギー

　量子力学における不確定性原理によれば，任意の粒子の位置と運動量は同時に確定できない。例えば，調和振動子を考えた場合(コラム 5.2 の図)，古典力学ではポテンシャルエネルギー最小の位置に粒子が留まるのがエネルギー最小の状態である。しかし，それでは位置と運動量(=0)の両方が同時に決まってしまうので，不確定性原理に反する。そのため，エネルギー最小の場合でもその値は 0 にはならず，$(1/2)h\nu$(h はプランク定数，ν は振動数)の大きさを有する。この運動を零点振動と呼び，このときの運動エネルギーを零点エネルギーと呼ぶ。

　ヘリウムは原子番号 2 で，電子が 2 個しか存在しないのでファンデルワールス引力は小さい。しかも閉殻の電子構造を有するので，化学結合も形成できない。そのため，ヘリウム原子間の引力相互作用は小さい。一方，質量が小さいので零点エネルギーは大きく(700 J mol^{-1} 程度)なる。その結果，零点エネルギーが凝集エネルギー(100 J mol^{-1} 程度)を上回る。これが，ヘリウム原子が(常圧では)絶対 0 度まで結晶にならない理由である。

　零点エネルギーが凝集エネルギーを上回った状態の液体は，量子液体と呼ばれ，通常物質の液体とはそのイメージが大きく異なる。通常物質の液体とは，分子という"粒"が動き回ってその位置が乱れている状態である。しかし量子液体の場合は，ヘリウム原子の"粒"はもはや存在せず，波動(ド・ブロイ波)が系(液体)全体にわたって存在する状態である。ヘリウムの液体 II の相(コラム 5.3 の図参照)とは，このようにイメージしなければならないようである。

ンダムに起こる。そのランダムな配向が，低温で凍結された結晶は残余エントロピーを有することになる。1 つの分子につき，CO の向きに並ぶか OC の向きに並ぶかの 2 つの場合がある。したがって，n 個の分子が配向する場合の数 Ω は 2^n である。よって，残余エントロピーは $S = k_B \ln \Omega = n k_B \ln 2$ となる。分子数がアボガドロ数(1 モル)であれば，$S = R \ln 2$(R は気体定数)であり，その値は 5.76 J K^{-1} mol^{-1} となる。実際に熱容量測定から求められた残余エントロピーは 4.18 J K^{-1} mol^{-1} でこれよりも少し小さい値を示す。一酸化炭素分子の配列は完全なランダムではなく，部分的に head to tail の配向領域が存在するためであると考えられる。

　他の直線状分子に関しても，NO，HNO，長鎖 1-アルケンなどで同様の残余エントロピーが観測されている。なお，残余エントロピーを有する結晶は，熱力学的に安定な平衡状態ではなく，分子配向に関する部分だけはガラス状態にあるといえる。このような結晶は，ガラス性結晶と呼ばれる。

　氷の結晶は，酸素原子を中心とする正四面体状の構造で，水素結合によりすべての水分子が結ばれている(図 5.4 左)。この構造は，ダイヤモンドと同じである。この水素結合上における水素原子の位置は 2 つあり，どちらも同じエネルギー状態にある(図 5.4 右)。したがって，水素原子は 2 つの位置をランダムにとりうる。この場合に，ある酸素原子が形成する 4 つの水素結合中で水素原子のとりうる位置の場合の数は $2^4 (= 16)$ である。しかし，各水素結合は隣の酸素原子と共有しているので，このままでは二重にカウントしていることになる。したがって，水分子 1 つあたりの水素結合の数は 2 本で，水素原子の位置の場合の数は 2^2 である。水分子が 1 モル存在すれば，水素原子の位置の場合の数は 2^{2N_A}(N_A：アボガドロ数)となる。

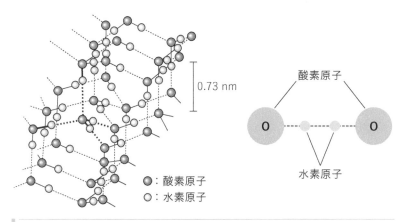

図5.4　氷の結晶構造(左)と水素結合における水素原子の位置(右)
2つの位置における水素原子は同じエネルギー状態にある。

上で計算した氷の結晶構造における水素原子の位置の場合の数のうち，いくつかは不適当な構造で省く必要がある。上の計算では，**図5.4右**に示した水素原子の位置はランダムであると仮定したが，中心の酸素原子から見て，2つの水素原子が自分に近く，2つは遠い位置にいることが必要である。そうでないと，酸素原子が荷電を有することになってしまうからである。16通りの配置のうち，10通りは中心の酸素原子が荷電をもつ構造になり，不適当な構造である。結果として，氷の結晶中で水素原子がとりうる位置の場合の数 Ω は，$\Omega = 2^{2N_A} \times (6/16)^{N_A} = (3/2)^{N_A}$ と計算される。したがって，氷の残余エントロピーは $S = R \ln(3/2) = 3.37\ \mathrm{J\,K^{-1}\,mol^{-1}}$ で，実験値($3.4\ \mathrm{J\,K^{-1}\,mol^{-1}}$)とよく一致している[*6]。

本項における残余エントロピーの説明を読まれて，読者の皆さんは不審に思われなかっただろうか？　グリセリンのガラス状態の場合は，絶対0度でエントロピーが0になる結晶が，比較する基準として存在していた。しかし，直線状分子や氷の残余エントロピーの場合には，その基準となる状態が存在しない。ではなぜ，これらの結晶が残余エントロピーを有すると結論できるのであろうか？　実は，気体状態のエントロピーの絶対値を理論的に計算する方法があるのである。その基準と比較して，熱容量測定から実験的に求めたエントロピー値が小さいことから残余エントロピーの存在が確認できる。気体状態のエントロピーの計算に関しては，**コラム5.5**を参照されたい。

5.4.3　固溶体

固溶体(solid solution)とは，結晶中で2種類以上の原子や分子が完全に混ざり合っている状態のことである。つまり，固体(結晶)の溶液である。純物質の結晶構造が同じで，原子の大きさや分子の形が似ている場合に形成されやすい。合金，分子形の似た有機物，ハロゲン化アルカリなどに多く見られる。

固溶体の状態が絶対0度まで維持された場合，当然，混合エントロピーが残余エントロピーとして残る。

*6　氷の残余エントロピーに関するこの理論は，ポーリングによる：L. Pauling, *J. Am. Chem. Soc.*, **57**, 2680–2684(1935)。水の水素結合中の水素原子の位置に起因する，氷の場合と類似の残余エントロピーの存在は，水和結晶である $Na_2SO_4 \cdot 10\,H_2O$ でも知られている。

column

コラム 5.5　気体のエントロピーの理論計算

　ある物質の気体状態のエントロピーの絶対値を，理論計算で求めることが可能である。この方法によって求めたある温度におけるエントロピーと，実験的に求めた値の比較から，直線状分子や氷の残余エントロピーの存在が確認されることは 5.4.2 項で述べた通りである。

　気体状態の分子は，並進，回転，振動の運動をしている。これらの運動には，すべてエントロピーがともなう。なぜなら，これらの運動には種々の状態（エネルギー状態）が存在し，分子がそれらのうちのどの状態をとるかという場合の数が多数存在するからである。量子力学によれば，すべての運動のエネルギーは飛び飛びに量子化されており，ある 1 つの分子がそれらのエネルギーレベルのどこにいて，次の分子がどこにいて，3 番目の分子が…といういろいろな場合が存在する。これがすべての運動にエントロピーがともなう理由である。以後，3 つの運動のエントロピーについて考察しよう。

・並進運動のエントロピー

　分子量 M の分子の並進運動のエントロピー s は，気体の体積を V（cm^3 の単位で表す），絶対温度を T，気体定数を R として次式で与えられる[a]。このとき，気体は理想気体としてふるまうと仮定している。

$$s = R\left(\ln V + \frac{3}{2}\ln T + \frac{3}{2}\ln M\right) + C \quad (1)$$

C は定数で，ボルツマン定数（k_B），プランク定数（h），アボガドロ数（N_A）を使って，次のように表される[b]。

$$C = R\left\{\frac{5}{2} + \frac{3}{2}\ln\left(\frac{2\pi k_B}{h^2}\right) - \frac{5}{2}\ln N_A\right\} \quad (2)$$

この定数は，統計力学によって得られる結果から，状態や物質による変数（V, T, M）を抜き出した後に残る部分で，普遍的な定数のみからなる。この定数は，量子力学では並進のエネルギーも量子化されること，粒子を互いに区別できないこと，などによって現れる項を含んでいる。なお，この定数部分はエントロピーの絶対値を問題にするとき以外は考慮する必要はない。なぜなら，2 つの状態間のエントロピー差を問題にする通常の熱力学的問題では，定数部分は常に相殺されるからである。

　（理想）気体は，より大きな空間（体積）中を動き回れるほうが大きなエントロピーを有することは容易に理解できるであろう（第 1 章 1.2.2B 項，図 **1.4a**，および第 4 章コラム 4.3 参照）。また，温度が高いほうが激しく動き回れるので，エントロピーは大きい（第 4 章式（4.14）参照）。上の式（1）中の第 1 項と第 2 項は，この状況を表している。しかし，第 3 項に分子量が現れる理由は何であろうか？　量子力学によれば，井戸型ポテンシャル中の粒子[c]の運動エネルギーレベル（E）は粒子の質量（m）に反比例する（$E = n^2 h^2 / (8ma^2)$：h はプランク定数，a はポテンシャル井戸の幅，n は整数の量子数）。つまり，質量の大きな粒子ほどエネルギーレベルは狭く，より多くの状態が存在するので，その状態をとりうる状態の数も多くなる。これが，気体のエントロピーの式中に分子量が入っている理由である。表に，標準状態における希ガスのエントロピー値を示した。理論計算値と実験値の一致はきわめて良いことがわかる。

・回転運動のエントロピー

　希ガスのような単原子分子は並進運動だけしか存在しないが，2 原子以上からなる分子には回転運動と振動運動が現れる。このうち，慣性モーメントが I の直線状分子の回転運動のエントロピー s_r は，式（1）と類似した次式で表される。

$$s_r = R(\ln T + \ln I) + C \quad (3)$$

定数 C は，ボルツマン定数（k_B），プランク定数（h），対称数（σ）を用いて，次のように表される[d]。

$$C = R\left[1 + \ln\left(\frac{8\pi^2 k_B}{h^2 \sigma}\right)\right] \quad (4)$$

対称数 σ は，非対称分子（CO, NO, HCl など）の場合は 1 で，対称分子（N_2, O_2, CO_2 など）では 2 である。式（3）を式（1）と比較すると，体積の項が無いこと，分子量の代わりに慣性モーメントが入っていることがわかる。分子の回転は気体の体積に依存しない運動であるから，体積の項が無いのは自然で

表 **標準状態(25℃, 1 atm)における希ガスのエントロピーの理論計算値と実験値の比較**

希ガス	$s°/\mathrm{J\,K^{-1}\,mol^{-1}}$ (at 298.15 K, 101325 Pa)	
	式(1)による計算値	実験値
He	126.05	126.041[*]
Ne	146.22	146.48±0.42[**]
Ar	154.73	154.843[*]
Kr	163.97	163.89±0.4[**]
Xe	169.58	170.29±1.3[**]

[*]日本化学会 編,『改訂6版 化学便覧 基礎編』, 丸善出版(2021), pp. 796–799, [**]K. S. Pitzer and L. Brewer, *Thermodynamics*, *2nd Edition*, McGraw-Hill(1961), p. 421

ある。また, 回転の運動方程式において, 慣性モーメントが並進運動の質量に相当することを考えると, 第2項の意味も理解できる。実際, 回転運動に対するエネルギーは $h^2 J(J+1)/(8\pi^2 I)$ (Jは回転の量子数)と表すことができ, 慣性モーメント I が分母に存在する。

並進と回転運動に関するエントロピーが類似の式で表すことができるのは, これらの運動のエネルギーレベルが観測温度(通常300 K付近)における熱エネルギーよりも十分に小さいことによっている[*e]。この事情は, 系へのエネルギーの流入が小さくても, それに比例して温度が上昇することを保証する。つまり, 熱容量が温度によらないのである。式(1)および式(2)中の $\ln T$ の項は, この事柄を反映している(第4章式(4.14)参照)。

非直線状の多原子分子に関しては, 文献[*f]を参照されたい。

・分子振動運動のエントロピー

分子振動のエネルギーレベルは, 並進や回転運動のそれよりも大きく, 300 K程度の温度の熱エネルギーと同程度である。そのため, 並進や回転運動のように一般的な式で取り扱うことはできず, 分子に固有の(赤外やラマン)吸収スペクトルのデータセットを必要とする。赤外やラマン吸収スペクトルのピークは, それぞれ振動エネルギーレベル間の遷移を反映している。したがって, スペクトルのデータから振動エネルギー準位を決定でき, それをもとに分配関数を定式化することができる。この定式化の過程は相当に厄介な計算であるが, 分配関数さえできれば, すべての熱力学関

数が求まる。当然, エントロピーも。

分子振動のエネルギーレベルの間隔が広いということは, それらの状態の数は少ないことを意味する。つまり, この運動のエントロピーへの寄与は小さい。実際, 2,000 Kにおける窒素ガスの有するエントロピーへの各運動の寄与を計算した結果によれば, 並進運動；約80％, 回転運動；約20％で, 振動運動は0.8％程度であった[*g]。

[*a] 式中の自然対数の変数(V, T, M)が, 単位を有する量であることに違和感を持たれた読者がおられるかもしれない。この式は, 統計力学から導かれた結果を, 取り扱いやすい体積, 絶対温度, 分子量で表現するために変形したもので, 統計力学で取り扱っているときには上記の問題はない。ここでは, V, T, Mは物理変数としてではなく, 単なる数値として取り扱って欲しい。この事情を詳しく知りたい読者は, 次の文献を参照していただきたい。K. S. Pitzer and L. Brewer, *Thermodynamics*, *2nd Edition*, McGraw-Hill(1961), pp. 635–639 & pp. 419–421 また は K. S. Pitzer, *Quantum Chemistry*, Printice-Hall(1953), pp. 108–115

[*b] この定数Cを実際に計算してみると, $-46.33\,\mathrm{J\,K^{-1}\,mol^{-1}}$ となる。この計算においては, ボルツマン定数, プランク定数をcgs単位系で表現する必要がある。それは, 式(1)中の体積を$\mathrm{cm^3}$の単位とし, 分子量($\mathrm{g\,mol^{-1}}$)を使用している都合による。

[*c] 体積V中に閉じ込められた理想気体の分子は, 井戸型ポテンシャル中の粒子である。

[*d] この定数Cを実際に計算してみると, 非対称分子に対して $743.3\,\mathrm{J\,K^{-1}\,mol^{-1}}$, 対称分子に対して $737.6\,\mathrm{J\,K^{-1}\,mol^{-1}}$ となる。

[*e] 300 Kにおける熱エネルギー(RT)は$\sim 2.5\,\mathrm{kJ\,mol^{-1}}$で, 窒素原子の並進および回転運動のエネルギーは, それぞれ$10^{-16}\,\mathrm{J\,mol^{-1}}$程度, $25\,\mathrm{J\,mol^{-1}}$程度である。

[*f] K. S. Pitzer and L. Brewer, *Thermodynamics*, *2nd Edition*, McGraw-Hill(1961), Chapter 27

[*g] K. S. Pitzer and L. Brewer, *Thermodynamics*, *2nd Edition*, McGraw-Hill(1961), p. 437

演習問題

5.1 表 5.3 を使って，次の化学反応の標準状態におけるエントロピー変化を計算しなさい。

(1) $CO(g) + \frac{1}{2} O_2(g) \longrightarrow CO_2(g)$

(2) $C_2H_5OH(l) + O_2(g) \longrightarrow CH_3COOH(l) + H_2O(l)$

(3) $C_3H_8(g) + 5 O_2(g) \longrightarrow 3 CO_2(g) + 4 H_2O(g)$

5.2 残余エントロピーとは何かを説明しなさい。また，その原因について考察しなさい。

5.3 コラム 5.5 の式(2)で与えられる定数 C を計算しなさい。その際，普遍定数(k_B, h, N_A)の単位は無視し，数値のみが意味をもつと考えなさい。また，その数値は cgs 単位系で表されるものを使用しなさい。

5.4 コラム 5.5 の式(1)を使い，標準状態(25℃, 1 atm)における He, Ar, Xe のエントロピー値を計算しなさい。

解答

5.1 (1) $\Delta S = 213.63 - 197.565 - (1/2)205.029 = -86.45\ J\ K^{-1}\ mol^{-1}$

分子数の減少する反応なので，エントロピーは減少する。エンタルピーの減少がエントロピーの減少を上回るので，反応は進む。

(2) $\Delta S = 157.2 + 69.91 - 160.1 - 205.029 = -138.0\ J\ K^{-1}\ mol^{-1}$

同じくエントロピーの減少する反応である。反応物の 1 つ(O_2)が気体であるが，生成物はすべて液体なのでエントロピーは減少する。

(3) $\Delta S = 3 \times 213.63 + 4 \times 188.723 - 270.2 - 5 \times 205.029 = 100.4\ J\ K^{-1}\ mol^{-1}$

反応物，生成物ともにすべて気体で，分子数が増加するのでエントロピーも増加する。

5.2 絶対 0 度で 0 にならず，有限の値として残るエントロピーのこと。次のような状態がその原因となる：(1)液体状態の乱れを残したまま分子の動きが凍結されたガラス状態，(2)分子の配向が最安定の状態に落ち着かず，ランダムなままで動きを止めた結晶状態(CO, NO, HNO, 長鎖 1-アルケンなどの直線状分子がこの状態になりやすい)，(3)水素結合の軸上で，水素原子が安定な 2 つの位置をランダムにとった状態(氷の残余エントロピーの原因である)，(4)混合エントロピーを有する固溶体を形成した結晶(合金，分子形の似た有機物，ハロゲン化アルカリなどに多く見られる)。

5.3 コラム 5.5 の式(2)に，$k_B = 1.38066 \times 10^{-16}$, $h = 6.6262 \times 10^{-27}$, $N_A = 6.0220 \times 10^{23}$ を代入して計算すると，$-46.33\ J\ K^{-1}\ mol^{-1}$ の値が得られる。エントロピーの単位は，気体定数の単位と同じになる。

5.4 本文中の内容を，読者自身で検算する問題である。計算の結果は，コラム 5.5 の表に与えた通りである。

第6章

相平衡と相転移

　前章までで，熱力学の三つの法則の説明が完了した。本章から後の章は，いわばその応用編である。これまでに述べてきたように，熱力学は森羅万象あらゆる現象に適用できる，たいへん応用分野の広い学問である。読者諸君の将来の仕事に役立てるため，各分野でどのように応用されているのか，じっくり学習していただきたい。

　相平衡（phase equilibrium）と相転移（phase transition）も，熱力学の応用が有効な典型的な分野である。ここでは，水や氷あるいは水と油といった異なる相間の物質移動による自由エネルギー変化を検討する。つまり，物質がどちらの相に移動したときに自由エネルギーが下がり，自然に進む方向はどちらかを問題にする。これまですでに，身近な現象に熱力学を適用する例として，水と氷の相転移（融解：第1章1.2.3A項および図1.8と図1.9），水と水蒸気の相転移（沸騰：第4章4.4.3項および図4.6）を取り上げてきた。本章では，少し違った角度から同じ問題を取り上げることになる。

6.1 化学ポテンシャル

　水と油といった 2 つの相の間を物質が移動するときや，水と氷のような 1 つの物質の液体相から固体相への変化など，物質量の変化にともなう自由エネルギーの変化量が**化学ポテンシャル**（chemical potential）である。自由エネルギーは，エンタルピーとエントロピーの項からなる。したがって，例えば水相の量が Δn モル増えると，水が有しているエンタルピーとエントロピーがその分増加することになる。また，もし水の相に油が少し移動したとすると，その油が有していたエンタルピーとエントロピー，および油の分子が水の分子と混ざることによる混合エントロピーが増加することになる。物質の相間移動にともなう自由エネルギー変化とはそういう意味である。したがって，化学ポテンシャルはある相におけるある物質についての物理量である。ある物質のある相における化学ポテンシャルが，別の相におけるその値より大きければ，その相から別の相へその物質は移動する[*1]。

6.1.1 一成分系（純物質）の化学ポテンシャル

　再び水と氷の平衡を取り上げよう。図 6.1 に 0℃，1 atm の下での水と氷の平衡を模式的に示す。水と氷の状態にある分子は，0℃ で互いに出入りをし，水から氷に移る量と氷から水に移る量は平衡状態であるので等しい。この状況の下で，水と氷の両相を含む系全体の自由エネルギーを G としよう。系全体の自由エネルギー G は，氷（相 I）の自由エネルギー（G^{I}）と水（相 II）の自由エネルギー（G^{II}）の和である。

$$G = G^{I} + G^{II} \tag{6.1}$$

　相 I および相 II 中の水分子の量が dn モル増加したとき，それぞれの相の自由エネルギー変化は $(dG^{I}/dn)dn$，$(dG^{II}/dn)dn$ と表すことができる[*2]。いま，相 II から相 I に dn モルの水分子が移動したとすると，そのときの自由エネルギー変化は次式で表すことができる。

$$dG = dG^{I} + dG^{II} = \left(\frac{dG^{I}}{dn} - \frac{dG^{II}}{dn} \right) dn \tag{6.2}$$

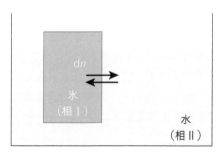

図6.1　化学ポテンシャルを説明する図（水と氷の平衡を例に）

column

コラム 6.1 「化学ポテンシャル」という命名の意味

ギブズによって導入され，彼によって命名された「化学ポテンシャル」という概念は，力学系におけるポテンシャルエネルギーと類似の機能をもつ。高い場所にいて重力のポテンシャルエネルギーの高い物体(質量)は，よりポテンシャルエネルギーの低い方向に移動しようとして低い場所に落ちていく。静電ポテンシャルの高い位置にいる電荷は，低い場所に向かって移動する。これらのポテンシャルエネルギーの作用と同様に，化学ポテンシャルの高い状態にいる化学物質はより低い状態に移動

する。どの物質が移動するかを指定する必要があるので，化学ポテンシャルは各物質に与えられる物理量である。

ポテンシャルエネルギーは示強変数である(第2章 2.2 節参照)。それに示量変数をかけるとエネルギーになる(第2章 2.2.3 項参照)。重力ポテンシャルに対する示量変数は質量，静電ポテンシャルに対しては電荷量である。化学ポテンシャルに対する示量変数は物質量(モル)で，かけ算した結果は自由エネルギーとなるのである。

なぜなら，相Iでは dn モルが増加し，相IIでは同量の水分子が減少するからである。この式から，$(dG^{I}/dn) = (dG^{II}/dn)$ のときは水分子の移動による自由エネルギー変化は無い。つまり，$dG = 0$ となり，平衡状態になる。この条件は，0℃のときに満たされる[*3]。

以上の考察より，(dG^{I}/dn)，(dG^{II}/dn) により相平衡の条件が決まることがわかる。これらの物理量が化学ポテンシャルであり(**コラム 6.1** 参照)，記号 μ^{I}，μ^{II} で表す。つまり，次式が化学ポテンシャルの定義である。

$$\mu^{I} = \frac{dG^{I}}{dn}, \quad \mu^{II} = \frac{dG^{II}}{dn} \qquad (6.3), (6.4)$$

平衡となる条件について，化学ポテンシャルを用いると，「2つの相の化学ポテンシャルが等しいときに平衡になる」と言える。

化学ポテンシャルの定義式(6.3)，(6.4)は，化学ポテンシャル μ^{I}，μ^{II} が相I(氷)，相II(水)の水分子 dn モルの有する自由エネルギーであることを表している。つまり化学ポテンシャルとは，各相の水分子1モルあたりの自由エネルギーを表している。氷と水の1モルあたりの自由エネルギーが等しいときに両相はつりあい，平衡に達する。「化学ポテンシャルが等しいときに平衡になる」とは，このように当たり前の事柄を表現しているにすぎない。

6.1.2 多成分系(溶液)の化学ポテンシャル

ここでも，例を使って説明しよう。図 **6.2** のように油(相I)と水(相II)の2つの相が接しており，その中に第3物質(a)が溶解している状態を考える。物質 a が2つの相を移動するときの自由エネルギー変化を問題にしよう。前項の場合と同様の考察により，次式が成り立つ[*4]。

$$dG = dG^{I} + dG^{II} = \frac{\partial G^{I}}{\partial n_{a}} dn_{a}^{I} + \frac{\partial G^{II}}{\partial n_{a}} dn_{a}^{II} \qquad (6.5)$$

[*3] 平衡の条件が満たされず，$(dG^{I}/dn) > (dG^{II}/dn)$ であれば $dG > 0$ となるため，この現象(相IIから相Iへの水分子の移動)は起こらない。逆に，相Iから相IIへの移動が起こる。この条件は，0℃より温度が高いときに満たされる。また，もし $(dG^{I}/dn) < (dG^{II}/dn)$ であれば $dG < 0$ となるため，この現象は起こる。この条件は，0℃より低温側で満たされる。

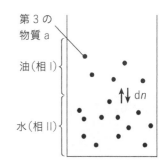

図6.2 多成分系における化学ポテンシャルを説明する図

物質aが相間を移動することによる自由エネルギーの変化が化学ポテンシャルである。

[*4] 式(6.2)の場合と異なり偏微分になっているのは，油，水，第3物質aの3つの変数のうち，油と水の量は一定に保ってaの量のみを変化させることを意味している。

相 I 中における物質 a の増加量は相 II 中の減少量であるから，$\mathrm{d}n_\mathrm{a}^\mathrm{I} = -\mathrm{d}n_\mathrm{a}^\mathrm{II}$ である。よって，式(6.5)は次式のようになる。

$$\mathrm{d}G = \mathrm{d}G^\mathrm{I} + \mathrm{d}G^\mathrm{II} = \left(\frac{\partial G^\mathrm{I}}{\partial n_\mathrm{a}} - \frac{\partial G^\mathrm{II}}{\partial n_\mathrm{a}}\right)\mathrm{d}n_\mathrm{a}^\mathrm{I} \tag{6.6}$$

この式から，次の事柄がわかる。

- $(\partial G^\mathrm{I}/\partial n_\mathrm{a}) > (\partial G^\mathrm{II}/\partial n_\mathrm{a})$ であれば $\mathrm{d}G > 0$ となるため，この現象（相 II から相 I への物質 a の移動）は起こらない。逆に，相 I から相 II に移動が起こる。
- $(\partial G^\mathrm{I}/\partial n_\mathrm{a}) < (\partial G^\mathrm{II}/\partial n_\mathrm{a})$ であれば $\mathrm{d}G < 0$ となるため，相 II から相 I への物質 a の移動は起こる。
- $(\partial G^\mathrm{I}/\partial n_\mathrm{a}) = (\partial G^\mathrm{II}/\partial n_\mathrm{a})$ であれば $\mathrm{d}G = 0$ となり，どちらの相にも物質 a は移動しない。つまり，平衡状態になる。

前項の場合と同様に，化学ポテンシャルを以下の式で定義する。

$$\mu_\mathrm{a}^\mathrm{I} = \frac{\mathrm{d}G^\mathrm{I}}{\mathrm{d}n_\mathrm{a}}, \quad \mu_\mathrm{a}^\mathrm{II} = \frac{\mathrm{d}G^\mathrm{II}}{\mathrm{d}n_\mathrm{a}} \tag{6.7), (6.8}$$

純物質の場合と異なり，多成分系の場合はどの物質の化学ポテンシャルを扱っているのかを明示する必要があるので，下付きの記号 a が追加される。この定義によって，相 I（油）および相 II（水）中の物質 a の平衡（物質 a がどちらの相にも移動しない）条件は，次式のようになる。

$$\mu_\mathrm{a}^\mathrm{I} = \mu_\mathrm{a}^\mathrm{II} \tag{6.9}$$

純物質の化学ポテンシャルは，ある相中のその物質 1 モルあたりの自由エネルギーであった。そして，その化学ポテンシャルが，その物質の相間移動を決める物理量であった。しかし多成分系の場合には，ある相中の物質 a の濃度も，a の相間移動を支配する。そのため，多成分系の化学ポテンシャルには濃度（モル分率 x_a）の項が追加される。結果として，相 I（油）および相 II（水）中の物質 a の化学ポテンシャルは以下のように表される[*5]。

*5　濃度の項が式(6.10)，式(6.11)の形で定式化される理由については，コラム6.2を参照のこと。

$$\mu_\mathrm{a}^\mathrm{I} = \mu_\mathrm{a}^\mathrm{I\circ} + RT\ln x_\mathrm{a}^\mathrm{I}, \quad \mu_\mathrm{a}^\mathrm{II} = \mu_\mathrm{a}^\mathrm{II\circ} + RT\ln x_\mathrm{a}^\mathrm{II} \tag{6.10), (6.11}$$

$\mu_\mathrm{a}^\mathrm{I\circ}$ と $\mu_\mathrm{a}^\mathrm{II\circ}$ は，それぞれ相 I（油）および相 II（水）中の物質 a の**標準化学ポテンシャル**（standard chemical potential）と呼ばれる。形式的には，モル分率 x_a^I と x_a^II が 1 のときの化学ポテンシャルという形になっており，純物質 a の 1 モルあたりの自由エネルギーのように見える。しかし，油相や水相中に溶けている物質 a のモル分率が 1 になることはあり得ない。標準状態および標準化学ポテンシャルについては，第 8 章で改めて論じる。ここでは，化学ポテンシャルに，濃度の項が式(6.10)や式(6.11)の形で入ってくることだけを理解しておいていただきたい。

モル分率 x_a^I と x_a^II は 1 より小さい量であるから，式(6.10)および 6.11 の第 2 項は常に負の値をもつ。そして，モル分率が小さいほど大きな負の値となり，化学ポテンシャルを小さくする。その結果，物質 a は化学ポテンシャルの大きな相から小さな相へ移動することになる。化学

コラム 6.2　多成分系の化学ポテンシャルの定式化

ある相の中のある物質の化学ポテンシャルが式(6.10)や式(6.11)のように表せることを示すためには，まず，（理想）気体の化学ポテンシャルを求めることから始める必要がある。第4章において，理想気体を使ったカルノー・サイクルについて解説した。そのときに得られた結果を利用して，本コラムの説明を始めよう。

・理想気体の化学ポテンシャル

理想気体を等温可逆的に体積 V_1 から V_2 に膨張させたときに系に取り込まれる熱量は $nRT \ln(V_2/V_1)$ である（第4章 4.2.1 項および図 4.2 参照）。したがって，この過程におけるエントロピーの増加は，上記の熱量を温度で除して $nR \ln(V_2/V_1)$ となる。また温度は一定なので，この過程における内部エネルギーの変化は無い（$\Delta U = 0$）。したがって，自由エネルギー変化は $\Delta G = \Delta U - T\Delta S = -nRT \ln(V_2/V_1) = -nRT \ln(P_1/P_2)$ である。最後の式の変換には，理想気体の状態方程式（$PV = nRT$）を利用した。上式は，状態 1（P_1, V_1）と状態 2（P_2, V_2）の自由エネルギーが，それぞれ $G_1 = nRT \ln P_1$ と $G_2 = nRT \ln P_2$ であると考えればよいことを示している。化学ポテンシャルは自由エネルギーを物質量（モル数 n）で微分した量であるから，理想気体の化学ポテンシャルは次式で与えられる。

$$\mu = \frac{dG}{dn} = RT \ln P \qquad (1)$$

・理想溶液の化学ポテンシャル

成分 a, b, $\cdots$, i, $\cdots$ からなる理想溶液（第8章で詳しく扱う）と平衡にある（理想）気相中の各成分の分圧 $P_a, P_b, \cdots, P_i, \cdots$ は，溶液中の各成分の濃度（モル分率：$x_a, x_b, \cdots, x_i, \cdots$）と $P_i = P_i^\circ x_i$ の関係にある（P_i° は成分 i の飽和蒸気圧）。これをラウールの法則という。溶液中の成分 i と気相中の成分 i は平衡にあるので，それぞれの化学ポテンシャルは等しい。よって次式が成り立つ。$\mu_i^{気相} = RT \ln P_i = RT \ln P_i^\circ x_i = \mu_i^{溶液}$。結果として，溶液の化学ポテンシャルは次のように書ける。

$$\mu_i^{溶液} = RT \ln P_i^\circ x_i$$
$$= RT \ln P_i^\circ + RT \ln x_i \equiv \mu_i^\circ + RT \ln x_i \quad (2)$$

ここで，μ_i° は $x_i = 1$，つまり純成分 i のモルあたりの自由エネルギーになっている。以上で，式(6.10)や式(6.11)が導出された。

ここでは理想気体と理想溶液の性質を使って溶液中の成分の化学ポテンシャルを導いたが，実在気体や実溶液に関しても本質的な考え方は同じである。定量的な議論を行う場合に，補正項を導入する必要が出てくるだけである。

ポテンシャルの右辺第2項（濃度の項）は，多成分系ゆえに現れる混合エントロピーの効果を表す項でもある。濃度の高いほうから低いほうへ物質が移動するとは，系全体のエントロピーが増加する方向に移動しているということと同義なのである。

6.2 | 相平衡

前節では，2つの相の中に存在する物質の化学ポテンシャルが等しいときに，両相間でその物質が平衡になることを示した。本節では，この原理をもう少し多くの現象に拡張してみよう。

6.2.1　気／液平衡

純物質の気体（相 I）と液体（相 II）が平衡になっているとき，その物質の気相と液相の化学ポテンシャルが等しい。つまり，$\mu^{I} = \mu^{II}$ である。気

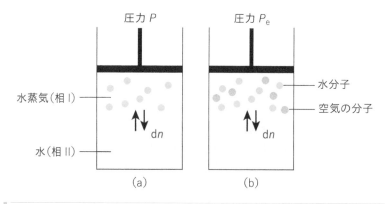

図6.3　気／液平衡（水と水蒸気を例に）
(a)水と平衡にある飽和水蒸気圧がP。(b)外圧がかかっている場合でも，水との平衡圧力はP。dnは水分子の移動を示す。

*6　大気圧下程度の希薄な条件では，実在気体も近似的に理想気体として取り扱うことができる。理想気体からずれる条件になって補正を行う必要のある場合については，第8章を参照されたい。

*7　水の飽和蒸気圧は100℃未満では1 atmより低いので，もし大気圧下で実験しているなら，ピストンは押すのではなく，逆に引っ張る必要がある。

相を理想気体と近似すると[*6]，$\mu^{\mathrm{I}}=RT \ln P$である（**コラム 6.2** 参照）。一方，液体の化学ポテンシャルは，$\mu^{\mathrm{II}}=\mu^{\mathrm{II}\circ}$（液体 1 モルあたりの自由エネルギー）である。したがって，平衡状態では次式が成り立つ。

$$\mu^{\mathrm{II}\circ}=RT \ln P \tag{6.12}$$

上式における圧力 P は，液体と平衡にある飽和蒸気圧である（**図 6.3a** 参照）。この圧力 P は，外部からピストンで押してつりあわせている[*7]。式(6.12)から，液体の化学ポテンシャルが大きいほど，平衡の蒸気圧も大きいことがわかる。化学ポテンシャルとは，物質をある相から移動させる駆動力であるから，その値が大きいほど気体側に移動する量が多く，蒸気圧が大きくなることは納得できるであろう。

　通常，大気圧下で実験をする場合には，図 6.3b のように，他の気体（大気圧下の場合は空気）も存在して外部圧力が P_{e} となることが多い。この場合でも，液体と平衡にあるのはあくまでその液体の蒸気圧であることに留意する必要がある。例えば 25℃，大気圧下における水と水蒸気の平衡の場合では，水蒸気圧は約 0.03 atm で 0.97 atm は空気が受け持っていることになる。水の蒸気圧が 1 atm になるのは，100℃ であることはよく知られている通りである。

6.2.2　融点（凝固点）降下

　固体と液体の相平衡に関する，格好の応用問題が融点降下である。融点効果とは，液体に何か別の物質が溶けたとき，その液体の凝固点（融点）が下がる現象のことである。例えば，水は 1 気圧下で 0℃ で氷になるが，水に何か溶けていると 0℃ より低温にならないと凍らない。海の水が，−2℃ 付近にならないと凍らないことはよく知られている通りである。

　融点降下はなぜ起こるのであろうか？　この理由を図 6.4 を使って説明しよう。図 6.4a は 0℃，1 atm で氷と水が平衡になっている状態を示している。その水側に何か他の物質が溶けると（図 6.4b），水の濃度が低下することになる。水の濃度が低くなると，水側から氷側に移動する

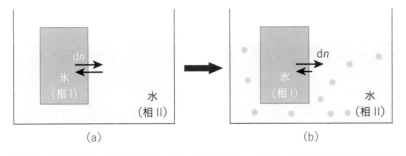

図6.4 融点降下を説明する図
(a)0℃, 1 atm で平衡状態にある氷と水。氷と水の間を移動する水分子の量は等しい。
(b)水側に何か別の物質が溶けたとき, 水側から氷に移動する水分子の量は減る。

水分子の量（移動速度）が減少する。この条件で再び平衡状態になるためには, 氷から水側へ移動する分子の量を減らす必要がある。これを実現するためには,（氷側には何も溶かすことができないので）温度を下げる以外に方法がない。これが融点降下の理由である。

融点降下の問題を, 相平衡の熱力学を適用して, 定量的に解いてみよう。水溶液（相II）中の水の化学ポテンシャルは, 次式で表される。

$$\mu_{\text{water}}^{\text{II}} = \mu_{\text{water}}^{\text{II}\circ} + RT\ln x_{\text{water}}^{\text{II}} \tag{6.13}$$

下付き記号の water は, 水の化学ポテンシャルであることを示している。一方, 氷側（相I）には何も溶けていないので, 水の化学ポテンシャルには濃度の項は含まれない。

$$\mu_{\text{water}}^{\text{I}} = \mu_{\text{water}}^{\text{I}\circ} \tag{6.14}$$

平衡状態ではこれら2つの化学ポテンシャルは等しいので, 次式が成立する。

$$\mu_{\text{water}}^{\text{I}\circ} = \mu_{\text{water}}^{\text{II}\circ} + RT\ln x_{\text{water}}^{\text{II}} \tag{6.15}$$

水のモル分率 $x_{\text{water}}^{\text{II}}$ は1より小さいので, 上式右辺の第2項は負である。つまり, 何か物質が溶けることによって, それだけ溶液側の水の化学ポテンシャルが下がったわけである。したがって, 0℃, 1 atm のままではこの式はつりあわず, 化学ポテンシャルのより大きな氷から水側へ分子がどんどん移動してしまう。化学ポテンシャルをつりあわせるためには, 左辺の氷の化学ポテンシャルが下がる必要がある。それでは, どれだけ温度が下がればよいのであろうか？　その計算のためには, 次式で表される自由エネルギーの温度依存性を与える**ギブズ・ヘルムホルツ**(Gibbs-Helmholtz)**の式**を使う必要がある。

$$\frac{\partial(\Delta G/T)}{\partial T} = -\frac{\Delta H}{T^2} \tag{6.16}$$

$\mu_{\text{water}}^{\text{I}\circ}$ と $\mu_{\text{water}}^{\text{II}\circ}$ は, それぞれ氷と水の1モルあたりの自由エネルギーであるから, 式(6.15)は次式のように書き直せる。

$$\Delta G^\circ_{\text{water}} = \mu^{\text{I}\circ}_{\text{water}} - \mu^{\text{II}\circ}_{\text{water}} = RT \ln x^{\text{II}}_{\text{water}} \tag{6.17}$$

この式にギブズ・ヘルムホルツの式を適用すると，次式が得られる。

$$R\left(\frac{\partial \ln x^{\text{II}}_{\text{water}}}{\partial T}\right) = \frac{\Delta H^\circ_{\text{water}}}{T^2} \tag{6.18}$$

式(6.16)にあった右辺のマイナス記号が消えているのは，ΔH を水のエンタルピーから氷の値を差し引いた融解エンタルピー($\Delta H^\circ_{\text{water}}$)に変換したからである。式(6.18)の積分は，次式のように行うことができる。

$$\int_1^{x^{\text{II}}_{\text{water}}} \mathrm{d} \ln x^{\text{II}}_{\text{water}} = \frac{\Delta H^\circ_{\text{water}}}{R} \int_{T_0}^T \frac{\mathrm{d}T}{T^2} \tag{6.19}$$

水のモル分率($x^{\text{II}}_{\text{water}}$)が 1 のときに純粋な氷の融点($T_0$)になるので，積分範囲は上式のようにとってある。この積分を実行すると，次式のようになる。

$$\ln x^{\text{II}}_{\text{water}} = \frac{\Delta H^\circ_{\text{water}}}{R}\left(\frac{1}{T_0} - \frac{1}{T}\right) \tag{6.20}$$

式(6.20)の左辺は，水のモル分率($x^{\text{II}}_{\text{water}}$)が 1 より小さいので負である。したがって，右辺も負になるためには T(溶液の融点)は T_0(純粋な氷の融点)より小さくなる必要がある。これで，融点降下の現象が定量的に証明できた。

　以上の説明からわかるように，融点降下現象は溶液側にその原因がある。何か別の物質を加えると結晶の融点が下がるので，加えた物質が結晶に作用して(例えば結晶中に混入して)結晶側に影響を与えるのだと誤解する人が多い。ここで，その誤解を払拭しておいていただきたい。さらに，水の濃度の減少が原因なので，溶ける物質は何でもよいことがわかる。溶質の個性は，融点降下現象の本質には関係が無いのである。

　普通，融点降下の式は溶質濃度で表されることが多い。本項の最後に，その表現に変換しておこう。溶質の濃度(モル分率)を x_1 とすると，$1 - x_1 = x^{\text{II}}_{\text{water}}$ である。通常，$x_1 \ll 1$ なので，$\ln(1 - x_1) \approx -x_1$ である[*8]。したがって，式(6.20)は次式のようになる。

$$-x_1 = \frac{\Delta H^\circ_{\text{water}}}{R}\left(\frac{1}{T_0} - \frac{1}{T}\right) \tag{6.21}$$

$T \approx T_0$ であることを考慮すると，融点降下($\Delta T = T - T_0$)を表す式として次式が得られる。

$$\Delta T = -\frac{RT_0^2}{\Delta H^\circ_{\text{water}}} x_1 \tag{6.22}$$

実際に溶質の分子量を融点降下実験から求める場合などに使用する式としては，この式(6.22)のほうが便利である。

6.2.3　分配平衡

　多成分系の化学ポテンシャルの説明(6.1.2 項)で例にあげた図 **6.2** は，実は，分配平衡の系である。本項では，分配平衡の理論を最後まで仕上げよう。油(相 I)と水(相 II)の 2 つの相に，物質 a が溶解しているとする。

*8　$x \ll 1$ のとき，関数 $f(x)$ は次のように近似できる(マクローリン展開)。

$$f(x) = f(0)$$
$$+ f'(0)x + \frac{1}{2!}f''(0)x^2 + \cdots$$

$f(x) = \ln(1-x)$ にこのマクローリン展開を適用し，右辺の第2項までとると，$f(0) = 0$，$f'(x) = -1/(1-x)$ だから，$\ln(1-x) \approx -x$ となる。

このとき，物質 a がどちらの相にも移動せず平衡になる条件は，両相中における a の化学ポテンシャル（式（6.10）と式（6.11））が等しいことである。つまり，平衡においては次式が成り立つ。

$$\mu_a^{\text{I}\circ} + RT \ln x_a^{\text{I}} = \mu_a^{\text{II}\circ} + RT \ln x_a^{\text{II}} \tag{6.23}$$

式を変形すると，次式が得られる。

$$\Delta G_a^\circ \equiv \mu_a^{\text{I}\circ} - \mu_a^{\text{II}\circ} = -RT(\ln x_a^{\text{I}} - \ln x_a^{\text{II}}) = -RT \ln(x_a^{\text{I}}/x_a^{\text{II}}) \tag{6.24}$$

または

$$\frac{x_a^{\text{I}}}{x_a^{\text{II}}} = \exp\left(-\frac{\Delta G_a^\circ}{RT}\right) \tag{6.25}$$

ΔG_a° の意味は，a が油相にいる場合と水相にいる場合の居心地の良さ（1 モルあたりの自由エネルギー）の差である。例えば，a が有機物で，油の相にいるほうが居心地が良いとすれば，$\mu_a^{\text{I}\circ}$ のほうが $\mu_a^{\text{II}\circ}$ より小さい。つまり，ΔG_a° は負である。したがって式（6.25）の右辺は 1 より大きく，油相中の a の濃度のほうが水中のそれより大きいことを示している。溶質 a は，油と水の居心地の良いほうに多く存在するわけである。

　第 3 物質 a は存在せず，油と水のみが接しているとき，油自身あるいは水自身の分配についても同様に書けることは言うまでもない。

6.2.4　浸透圧

　半透膜と呼ばれる面白い性質を有する膜がある。溶液中のある成分は通過させるが，他の成分は通さない膜（選択透過膜）である。最も一般的な半透膜は，溶媒分子は通すが大きな溶質分子（高分子）や粒子は通さない，サイズで選別する膜（限外濾過膜）である。しかしより広義に解釈すれば，イオンは通すが非電解質の溶質は通さない膜（イオン交換膜やモザイク荷電膜）や，水は通すが塩は通さない膜（逆浸透膜）なども，半透膜と考えられる。これらの半透膜を隔てて，溶液と溶媒が平衡になるとき，**浸透圧**（osmotic pressure）が発生する。

　図 6.5 のように，溶媒分子のみを通す半透膜を隔てて片方（右側）のシリンダーに溶媒（相 I）を，他方（左側）に溶液（相 II）を入れると，溶液側の溶媒濃度が低いので溶媒は左側に移動する。この溶媒が移動する現象を浸透（osmosis）と呼ぶ。この浸透の結果，左側のシリンダーの圧力が右

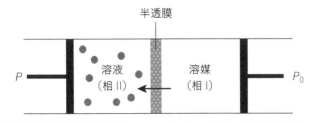

図6.5　浸透圧を説明する図
半透膜は溶媒分子のみを透過するので，溶媒側から溶液側に移動しようとして圧力差が発生する。その圧力差 $\Delta P (\equiv \pi)$ を浸透圧と呼ぶ。

側より高くなる。この圧力差分を，ピストンで左側から補うと平衡になる。

　この平衡状態では，半透膜の両側で溶媒の化学ポテンシャルが等しくなる。純溶媒（相Ⅰ）の化学ポテンシャルは $\mu_0^{\mathrm{I}} = \mu_0^{\mathrm{I}\circ}$（下付き記号 0 は溶媒に関する値であることを示す）である。一方，溶液側（相Ⅱ）の化学ポテンシャルは $\mu_0^{\mathrm{II}} = \mu_0^{\mathrm{II}\circ} + RT \ln x_0^{\mathrm{II}}$ であるが，このままでは μ_0^{I} とつりあうことはない。なぜなら，$\mu_0^{\mathrm{I}\circ}$ と $\mu_0^{\mathrm{II}\circ}$ はともに純溶媒のモル自由エネルギーで同じ値だからである。したがって，溶液側の圧力が大きいことによる自由エネルギーの増加分を相Ⅱの化学ポテンシャルに足す必要がある。モル自由エネルギーの圧力依存性を与える式は，溶媒のモル体積を $\bar{V}_0$ として次式で与えられる。

$$\frac{\partial G_0^{\mathrm{II}}}{\partial P} \equiv \frac{\partial \mu_0^{\mathrm{II}}}{\partial P} = \bar{V}_0 \tag{6.26}$$

液体の体積は圧力によって大きく変化することはないので，モル体積を一定と近似して積分すると，次式が得られる。

$$\Delta \mu_0^{\mathrm{II}} = \int_{P_0}^{P_0 + \pi} \bar{V}_0 \mathrm{d}P = \bar{V}_0 \pi \tag{6.27}$$

ただし，溶液側の圧力の増加分（これを浸透圧と呼ぶ）を π と表した。この化学ポテンシャルの増加分は，溶質が溶ける（溶媒の濃度が減少する）ことによって減った溶液側の化学ポテンシャル（$RT \ln x_0^{\mathrm{II}}$）とつりあうから，次式が得られる。

$$(\mu_0^{\mathrm{I}} =) \mu_0^{\mathrm{I}\circ} = \mu_0^{\mathrm{II}\circ} + RT \ln x_0^{\mathrm{II}} + \bar{V}_0 \pi = \mu_0^{\mathrm{II}} \tag{6.28}$$

$\mu_0^{\mathrm{I}\circ}$ と $\mu_0^{\mathrm{II}\circ}$ はともに溶媒のモル自由エネルギーで等しいので，式(6.28)から次式が得られる。

$$\bar{V}_0 \pi = -RT \ln x_0^{\mathrm{II}} \tag{6.29}$$

ここで溶質濃度 x_1 に変換（$x_0^{\mathrm{II}} = 1 - x_1$）し，融点降下の式を導いたときと同様に，再び $\ln(1 - x_1) \approx -x_1$ を使うと，次式が得られる。

$$\bar{V}_0 \pi = RT x_1 \tag{6.30}$$

いまは希薄な溶液を扱っているので，溶質のモル分率 x_1 は溶質のモル数（n_1）と溶媒のモル数（n_0）の比 n_1/n_0 にほぼ等しい。したがって，式(6.30)は次式のようになる。

$$\pi V = n_1 RT \quad \text{または} \quad \pi = CRT \tag{6.31}$$

ここで，C は溶質のモル濃度である。なぜなら，$\bar{V}_0 n_0$ は溶媒の体積で，それはほぼ溶液の体積 V に等しいからである。この式を**ファントホッフ**（van't Hoff）**の式**という。理想気体の状態方程式とまったく同じであり，溶媒中の（希薄な）溶質分子が理想気体のようにふるまうことを意味している。

　上述のように，溶液と溶媒が半透膜を隔てて接していると，溶媒が溶

液側に動く。その溶媒の移動は，溶質の浸透圧に原因がある。それなら，浸透圧より大きな圧力をかければ，逆に溶液側から溶媒側に溶媒分子は移動するであろう。これが逆浸透(reverse osmosis)といわれる現象である。塩は通さず溶媒である水だけを通す半透膜を開発して，この逆浸透現象を応用したのが逆浸透膜である。逆浸透膜は，海水の淡水化，ジュースの濃縮などに広く利用されている。

6.3 相転移

　前節では，2つの相の中に存在するある物質の化学ポテンシャルが等しいとき，その物質に関する相平衡が成り立つことを説明した。その相平衡の条件から少しでも外れると，化学ポテンシャルの大きいほうの相から小さい相へ物質が移動し，相転移が起こる。本節では，その相転移の特質と実例を解説しよう。

6.3.1　相転移とはポテンシャルエネルギーとエントロピーの変換

　相転移の特質を理解するため，再び氷と水の平衡(図6.1)を取り上げよう。氷と水が平衡になる条件は，$\mu^{I} = \mu^{II}$，すなわち$(dG^{I}/dn) = (dG^{II}/dn)$である。$(dG/dn) = (dH/dn) - T(dS/dn)$であるから，平衡時には次式が成り立つ。

$$\frac{dH^{I}}{dn} - T\frac{dS^{I}}{dn} = \frac{dH^{II}}{dn} - T\frac{dS^{II}}{dn} \tag{6.32}$$

この式を変形すると，次式が得られる。

$$\frac{dH^{II}}{dn} - \frac{dH^{I}}{dn} = T\left(\frac{dS^{II}}{dn} - \frac{dS^{I}}{dn}\right) \quad \text{すなわち} \quad \frac{d\Delta H}{dn} = T\frac{d\Delta S}{dn} \tag{6.33}$$

この式は，氷と水の間を水分子が移動したとき，エンタルピーの増加(減少)分をエントロピーの増加(減少)で補っていることを示している。水分子が氷から水に移動した場合には，水分子同士の水素結合が切れるなどによってポテンシャルエネルギー(つまりエンタルピー)は増加するが，その分に相当するエントロピー($T\Delta S$)が増加してつりあっているのである。これが0℃($T = 273.15$ K)，1 atmにあるときの状況である。

　さて温度が0℃より高くなれば，$T\{d(\Delta S)/dn\} > \{d(\Delta H)/dn\}$となり水側に分子が移動する。0℃より低くなった場合は，その逆の現象が起こる。これが氷と水の間の相転移である。つまり相転移とは，低温側の相が有していた低いポテンシャルエネルギーがエントロピーに変換される過程であると言うことができる。

6.3.2　高温安定相のエントロピーは必ず低温相より大きい

　固体(結晶)から液体に変化する転移(融解)では液体相のほうが，液体

から気体になる転移（沸騰）では気体相のほうがエントロピーが大きいことは明白である。つまり，高温安定相のほうがエントロピーは大きい。この事実は普遍的で，相転移の起こるときは必ず成り立つ命題である。なぜなら，転移点で $\{d(\Delta H)/dn\} = T\{d(\Delta S)/dn\}$ が成り立っていた条件が，温度が上昇して $T\{d(\Delta S)/dn\} > \{d(\Delta H)/dn\}$ に変化するためには，$\{d(\Delta S)/dn\}$，$\{d(\Delta H)/dn\}$ ともに正である必要があるからである。dn は高温相の物質増加を正にとってあるから，ΔS も正，つまり高温相のエントロピーのほうが大きくなる。固体間の相転移などでは，直感的にどちらの相のエントロピーのほうが大きいかわかりにくい場合もある。しかしどんな場合でも，高温安定相のほうが大きなエントロピーを有しているのである。

6.3.3　相転移現象の研究例

本節の最後に，いろいろな相転移の実例をあげておこう。これらの研究の例を知ることは，相転移に関する理解が深まるとともに，読者諸君の将来の仕事に役立つこともあろうと思われる。相転移にはいろいろな種類が存在するが，そのうち，氷⇔水，水⇔水蒸気についてはすでに述べた（第 1 章 1.2.3A 項図 **1.8** と図 **1.9**，第 4 章 4.4.3 項図 **4.6**）。ここでは，固体間相転移や溶液（二成分）系の相転移などについて述べることにしよう。

A．固体間の秩序／無秩序相転移

高温安定相のエントロピーは必ず低温相のそれよりも大きいという命題を示す最も典型的な例として，固体間の秩序／無秩序相転移（order-disorder phase transition）を取り上げよう。前章の図 **5.2** に示した熱量計と類似の装置で測定した，シアン化カリウム（KCN）の熱容量－温度曲線が図 **6.6** である。図には，82.9 K と 168.3 K にピークをもつ 2 つの山が観察される。熱容量－温度曲線における山（専門的には "熱異常

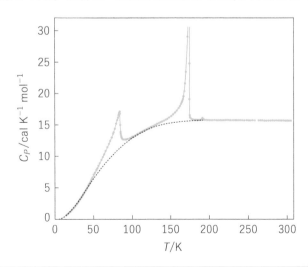

図6.6　シアン化カリウム（KCN）結晶の熱容量－温度曲線
[H. Suga *et al.*, *Bull. Chem. Soc. Japan*, **38**, 1115–1124 (1965), Fig. 2]

(thermal anomaly)"と呼ばれる)は，その温度で相転移が存在することを示している。氷が水に転移する融解時には，潜熱が存在するためにエネルギーを加えても温度は上昇せず，熱容量は無限大になることから類推して，熱異常が相転移の存在を示すことは理解していただけるであろう。82.9 K におけるピークは無限大には達していないが，その理由は，この転移がある一点の温度で起こるのではなく，広い温度領域でダラダラと起こるからである。168.3 K のピークは非常に急激に立ち上がっており，無限大に達していることをうかがわせる。このような場合には，もちろん，頂上付近の熱容量は測定できない。転移が完了するまでに加えたエネルギーによって転移エンタルピー（転移熱）を求めることになる。

　さて，上記の相転移の性質（意味）について以下に述べよう。168.3 K より高温の KCN 結晶は，図 **6.7** に示した構造（NaCl 型の立方晶）をしている。CN^- イオンは球形ではないが，高温安定相では回転しているために球状の場合と同じ結晶形になるのである。一方，82.9 K の転移より低温側の結晶は直方晶系に属し，CN^- イオンは b 軸上で同じ方向（head to tail 型）に並んでいる。つまり，最も規則的で秩序立った構造である。温度の上昇にともなって，CN^- イオンの配向は次第に乱れてきて，head to head（tail to tail）の配向が混ざってくる。この変化が，82.9 K にピークをもつ相転移の実態である。したがって，この転移より高温側（82.9 K〜168.3 K の間）の結晶では，CN^- イオンの配向は完全にランダムになっている。

　以上の説明からわかるように，低温側で秩序立った構造をしていた KCN の結晶は，温度の上昇とともに CN^- イオンの配向に乱れが生じてきて，最終的に回転の自由度を獲得して NaCl 型の立方晶に変化する。この変化に応じてエントロピーが増加していることは明らかで，高温安定相ほどエントロピーが大きいことを理解していただけたであろう。

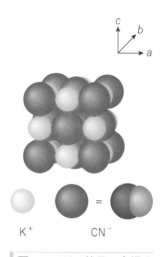

図6.7　KCN結晶の高温安定相の構造（NaCl型立方晶）

CN^- イオンは回転しているため，球状の場合と同じ結晶形になる。

B.　結晶/液晶/液体相転移

　氷が水に変化する場合は，結晶から液体に相転移している。しかし，物質によっては，その間に別の相が出現する場合がある。その相のことを，液体と結晶の中間という意味で液晶（liquid crystal）と呼んでいる。

　読者の皆さんは，液晶と聞くと液晶ディスプレイを思い出すであろう。テレビやパソコンのディスプレイに，液晶は広く利用されているからである。このようなディスプレイに利用されている液晶は，サーモトロピック液晶（thermotropic liquid crystal）と呼ばれる分類に属している。一方，サーモトロピック液晶とは別の，リオトロピック液晶（lyotropic liquid crystal）と呼ばれる種類がある。では，両者の違いは何であろうか？

　液晶とは，結晶の分子が並ぶという性質と，液体の流れるという性質をあわせもった状態である。結晶の規則的に並んだ分子を乱すのに，2種類の方法がある。一つは温度を上げて分子運動を盛んにすることであり，もう一つは溶媒を加えて分子間相互作用を緩めることである（図 **6.8** 参照）。前者の方法で結晶の秩序を崩した液晶がサーモトロピック液晶，後者によるものがリオトロピック液晶である。言葉の定義からわかるよ

うに，リオトロピック液晶には溶媒が含まれている。それが，リオトロピック液晶がエレクトロニクスのデバイスに使われない理由である。電子デバイスは，液体，特に水を嫌うからである。

　液晶を形成する分子には，特徴的な構造がある。サーモトロピック液晶を形成する分子は，細長い棒状の形をしている。図 6.9 にその代表的な化合物の例を示しておいた。棒状化合物が，規則的に並んだ結晶状態から，いきなり回転運動をともなうランダムな液体状態に移るには抵抗が大きいので，まず動きやすい長さ方向のすべり運動が起こる。その状態が液晶であると考えられる。液晶状態からさらに温度が上がると，今

結晶　　　　　　　　　液晶　　　　　　　　液体／溶液

結晶 ─（温度を上昇）→ サーモトロピック液晶 ──→ 液体
　　 ─（溶媒を添加）→ リオトロピック液晶 ──→ 溶液

図6.8　液晶の種類（サーモトロピック液晶とリオトロピック液晶）

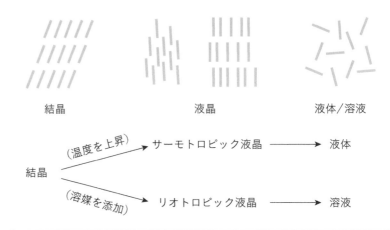

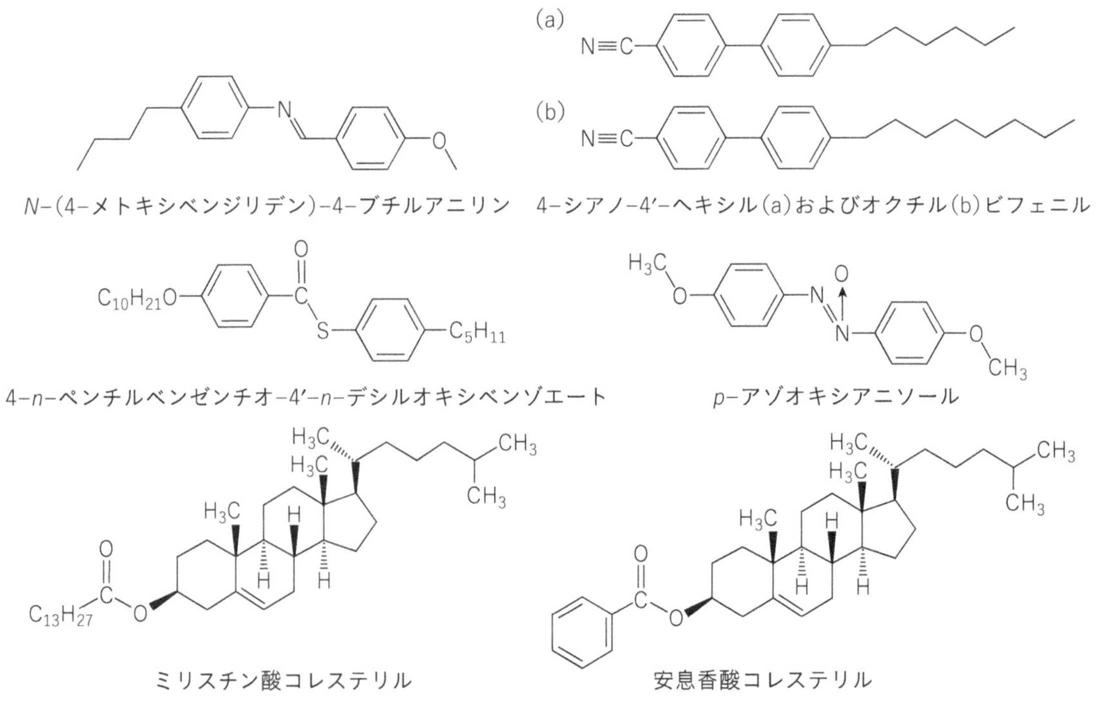

N−（4−メトキシベンジリデン）−4−ブチルアニリン

4−シアノ−4′−ヘキシル（a）およびオクチル（b）ビフェニル

4−*n*−ペンチルベンゼンチオ−4′−*n*−デシルオキシベンゾエート

p−アゾオキシアニソール

ミリスチン酸コレステリル

安息香酸コレステリル

図6.9　サーモトロピック液晶を形成する代表的化合物の分子構造

度は回転運動も可能になり，完全にランダムな運動をする液体状態に変化する。結晶 → 液晶 → 液体と変化する相転移でも，昇温に従って次第にエントロピーの大きい相に転移していくことがわかる。つまりこの場合も，高温安定相のエントロピーはより大きくなることがわかるであろう。

　液晶中の分子は，結晶中と同様にある方向に並んでいる。したがって，方向によって異なる性質を示す。この性質のことを異方性というが，特に，光学的な異方性は液晶の同定によく使われる。光学異方性を示す液晶を偏光顕微鏡で観察すると，構造に依存したきれいなテクスチャー（模様）が現れる。その独特のテクスチャーから，液晶構造を推定することができる。

C.　柔粘性結晶／ガラス性結晶の相転移

　柔粘性結晶（plastic crystal）と呼ばれる，一連の面白い結晶が存在する。結晶であるにもかかわらず，柔らかくて長い時間をかけると流動する性質がある。筆者自身は見たことはないが，学生時代に聞いた話では，底に結晶が溜まっている容器を逆さまにして置いておくと，翌朝には逆側の底に移動しているということであった。またこの結晶は，vapor snake phenomena と呼ばれる奇妙な現象を呈する（図 6.10）。液体状態から温度を下げて結晶化すると，結晶の中に蛇が動いたような孔が形成されるのである。この現象の理由については，いまだにわかっていない。

　柔粘性結晶の面白さは，上記の珍しい現象のみにあるのではない。図 6.11 と表 6.1 を使って，その面白さを説明しよう。図は，シクロヘキサノールの熱容量―温度曲線である。図 6.6 の場合と同様に，熱容量が無限大に発散している温度に相転移が存在する。まず最も高温側の相転移（$T_m = 299.09$ K）は，融点である。融点直下の結晶が I 型で，これが柔粘性結晶である。柔粘性結晶より低温側に別の II 型の結晶があり，II 型から I 型への相転移点が 265.31 K である。さらに準安定な結晶（III 型）があり，それと I 型との相転移点が 244.8 K である。柔粘性結晶の面

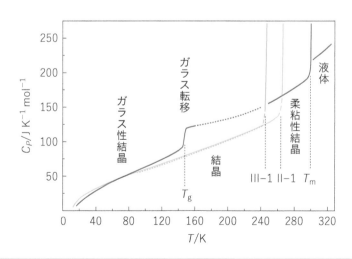

図 6.11　シクロヘキサノールの熱容量―温度曲線
［関 集三，分子集合の世界，ブレーンセンター（1995），p. 117 より転載］

図 6.10　柔粘性結晶の示す vapor snake phenomena

結晶（青色部分）中に蛇が這ったような空洞ができる。
［関 集三，分子集合の世界，ブレーンセンター（1995），p. 114 より転載］

表6.1　シクロヘキサノールの転移点，転移エンタルピーおよび転移エントロピー

相転移の種類	転移点 /K	転移エンタルピー/ $J\,mol^{-1}$	転移エントロピー/ $J\,K^{-1}\,mol^{-1}$
融解（結晶 I → 液体）	299.09	1,782	5.958
結晶 II → 結晶 I	265.31	8,827	33.27
結晶 III → 結晶 I	244.8	8,640	35.29

白さの一つは，これらの相転移の転移エンタルピーの大きさにある（表 6.1 参照）。柔粘性（I 型）結晶から液体になる融解エンタルピー（融解熱）は 1,782 J mol^{-1} であるが，II 型から I 型への転移エンタルピーが 8,827 J mol^{-1}，III 型から I 型への転移エンタルピーが 8,640 J mol^{-1} なのである。結晶間の転移エンタルピーのほうが，融解のエンタルピーよりも 5 倍ほども大きいことを示している。転移エントロピーで表現すると，それぞれ 5.958 J K^{-1} mol^{-1}，33.27 J K^{-1} mol^{-1}，35.29 J K^{-1} mol^{-1} となる。この事実は，柔粘性結晶とは，"ほぼ融けた状態"にあることを示している。"ほぼ融けた状態"とはどういう意味かと言うと，分子の位置は規則的に並んでいて結晶状態であるが，分子の配向は完全に乱れていて回転している。つまり，配向の自由度に関しては融解しており，位置だけが結晶状態のまま残っている状態なのである。したがって柔粘性結晶は，液晶の場合と同様に，結晶と液体の中間の状態であると考えられる。液晶が位置の規則性を失って配向の秩序のみを残した状態であるのに対して，柔粘性結晶はその逆である。

　柔粘性結晶相を有する物質としては，ネオペンタン，ペンタエリスリトール，ヘキサメチルジシラン，トリエチレンジアミン，硝酸アンモニウム，亜硝酸カリウムなど，多数知られている。

　柔粘性結晶のもう一つの面白さは，ガラス性結晶（glassy crystal）[*9] になりうることである。図 6.11 には，150 K 付近に T_g と記された熱異常（熱容量のジャンプ）が見られる。この熱異常は，I 型結晶を−6 K min^{-1} 程度の速度で急冷した場合に得られる。先述のように，I 型の柔粘性結晶は分子の配向が完全に乱れた状態にある。それが急冷されると，安定な配向に落ち着く前に分子が動けなくなり，乱れた配向のままで凍結されてしまう。つまり，分子配向の自由度だけがガラス状態[*9] になるのである。そして，温度が上昇して分子が再び動き出せるようになる点がガラス転移点[*10] である。図 6.11 中の T_g がその転移温度になる。ガラス状態は熱力学的に不安定な状態であるから，ガラス転移点より高温では安定な結晶状態に移行する。したがって，ガラス転移点の後では通常，発熱が見られる。図 6.11 で，ガラス転移点より高温部のデータがなく，破線で外挿されているのは安定な平衡状態（過冷却の I 型結晶）が得られないからである。また，ガラス性結晶のエントロピーは絶対 0 度でも 0 にはならず，残余エントロピーが存在することは，容易に理解していただけるであろう。

＊9　ガラス状態とガラス性結晶については，第5章の5.4.1項と5.4.2項においても言及した。参照されたい。

＊10　同じ"転移"という言葉が使用されるが，これまで述べてきた相転移とは性質が異なる。相転移は熱力学的な平衡状態間の転移であるが，ガラス転移は凍結状態が解ける温度のことで，速度論で議論すべき緩和現象なのである。

D. 溶液（二成分）系の相転移

これまで，純物質の相転移についてのみ述べてきた。本項の最後に，ちょっと毛色の異なる溶液（二成分）系の相転移について解説しよう。溶液系の相転移にもいろいろな種類が存在するが，ここでは界面活性剤水溶液における相転移とゲルの体積相転移を取り上げることにする。

・界面活性剤／水系の相転移

界面活性剤とは，1つの分子内に水になじむ親水基と水に溶けない疎水基を有する二重人格的な化合物の総称である。この化合物は，水の表面張力を劇的に低下させる，水と油が混ざるのを助ける，泡を安定化するなどの機能を有し，洗浄剤，化粧品／香粧品，食品などに広く利用されている。しかし，本書は界面活性剤の解説が目的ではないので，それらの機能については他書に譲り[11]，相転移に関する記述に絞ろう。

界面活性剤は，リオトロピック液晶（本項 B 参照）を作る典型的な化合物である。その代表的なものに，水溶液が形成するラメラ型液晶がある。ラメラ型液晶は，図 6.12c の模式図のような構造をしている。界面活性剤分子は薄い2分子の厚さの膜（二分子膜）を形成し，それが一定の距離をおいて重なっている構造である。二分子膜内では，界面活性剤分子はいわば液体状で，位置の規則性は無く，分子も屈曲したり回転したりして動き回っている。しかし温度が低下すると，二分子膜内の分子はまっすぐに伸び，位置の規則性も現れる。いわば，二次元の結晶状態である。ただ，回転の自由度は残っていて，分子の配向に関しては乱れている。この状態の外観は半透明で，溶液は固まって流れない。この相を，界面活性剤のゲル相と呼ぶ（図 6.12b）。そして，ゲル相と液晶相の間の転移をゲル／液晶相転移と呼び，その転移点を T_c と書き表すことが多い。さらに温度が下がると，今度は回転の自由度も失い，分子はあ

*11　界面活性剤の各種機能とその応用に関する単行本として，例えば次のようなものがある。K. Tsujii, *Surface Activity-Principles, Phenomena, and Applications*, Academic Press (1998)；辻井 薫，栗原和枝，戸嶋直樹，君塚信夫，コロイド・界面化学，講談社 (2019)，第7章。

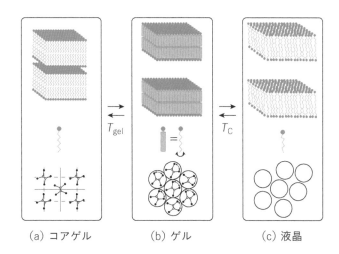

（a）コアゲル　　　（b）ゲル　　　（c）液晶

図6.12　界面活性剤のラメラ型液晶（c），ゲル（b），コアゲル（a）相の模式図
各相中の分子は，液体（液晶相），二次元結晶（ゲル相），三次元結晶（コアゲル相）状態である。

*12　通常の三次元の結晶をコアゲル相と呼ぶ理由は，ゲル相が変化して粗いゲル（coarse gel：coa-gel）になったという観察から来ている。つまり，界面活性剤研究の歴史的事情から命名されたもので，コアゲルとは通常の結晶だということが後でわかったというわけである。

る方向に配向する。そして，二分子膜間の距離も縮まり親水基間の水の量は結晶水程度に減少する。この状態をコアゲルと称する（図6.12a）。コアゲル相は，通常の三次元の結晶である*12。ゲル相の温度を下げて観察すると，半透明のゲルの中にポツポツと白いコアゲル相が出現するのが見られる。時間が経って全体がコアゲル状態になると，微結晶を含んだ液体であるから流動性が現れる。この界面活性剤水溶液の相転移においても，高温安定相になるほどエントロピーが大きくなることが理解できたであろう。

・高分子ゲルの体積相転移

　本項の最後に，ゲルの体積相転移について述べよう。この相転移の面白いところは，これまでのものと異なり，温度以外の条件変化による転移が見られることにある。まず，この分野になじみのない読者のために，ゲルとはどんな物質かを簡単に説明しておこう。皆さんは，「ゲル」という言葉から何を思い浮かべるであろうか？　ある人はジェリーやプリン（プディング）菓子を思い出すかもしれない。化粧品や香粧品のゲル製剤や，クラゲやカエルの卵のような生体物質を思い浮かべる人がいるかもしれない。どれも，ぶよぶよしていて液体っぽいのに流動しない，奇妙な物質だと感じておられることであろう。一般的には，ゲルはそのような物質群としてとらえられている。しかし，学問的には，きちんとしたゲルの定義がある。ゲルとは，何らかの網目状構造ができ，その網目のなかに媒体（水や有機溶媒）が閉じ込められて流れなくなった物体である。これが，学問的なゲルの定義である。通常，液体が90％以上も存在するにもかかわらず，流動性を失って，プリプリした固体のようなふるまいをする。網目構造を作る物質としては，高分子化合物や凝集したコロイドなどが知られている。このようなゲルは，ゼリー，こんにゃく，豆腐，口紅，グリースなど，身近にたくさん存在している。

　ゲルの応用として，量的に最も大きなものは吸水性ポリマーである。紙おむつや女性用ナプキンの吸水剤として利用されている。尿や血液を吸ってゲルとして固め，外に漏れたり，不快な思いをさせない効果がある。この吸水ポリマーは，高分子電解質（最も一般的なものはポリアクリル酸ナトリウム）が共有結合で架橋された構造をしている。すべての高分子鎖は架橋でつながっているので，いわば，ゲルを形成する高分子全体が一つの分子である。この高分子電解質の架橋ポリマーは，自重の数百倍もの水を吸うことができるが，なぜ高い吸水性を示すのかを説明したのが図6.13である。ポリアクリル酸ナトリウムを架橋したゲルでは，ナトリウムイオンはゲルの中で解離するが，ゲルの外には出ていけない。なぜなら，ポリマーの鎖には多数のマイナスイオン（カルボン酸イオン）が存在するので，ナトリウムイオンはそれらのマイナスイオンに引っ張られるからである（電気的中性条件の要請）。したがって，ゲル中の対イオン（Na^+）濃度はゲルの外の水中よりも高くなり，それを希釈するために水が浸入する。言い換えれば，ゲル内部の対イオンの浸透圧

column

コラム 6.3　高吸水性ポリマーの弱点

　高吸水性ポリマーは，本文中で説明したように，紙おむつや生理用ナプキンに使われている。このポリマーは，架橋ポリアクリル酸ナトリウムであり，純水なら自重の数百倍〜千倍の吸水力がある。しかし，紙おむつや生理用ナプキンが吸う液体は純水ではなく，尿や血液である。これらの液体は，濃い塩（電解質）を含むため，吸収量は自重の数倍〜数十倍に低下してしまう。対イオンの浸透圧が

駆動力となって吸水するポリアクリル酸ナトリウムのゲルでは，この塩が吸水の邪魔をするからである。ゲルの外に濃い塩が存在すると，ゲル内部の対イオンとの濃度差が小さくなり，浸透圧があまり働かなくなるのである。濃い塩の存在下でもその液体を吸う高吸水性ポリマーを開発できれば，上記の製品に画期的な進展が期待できるであろう。

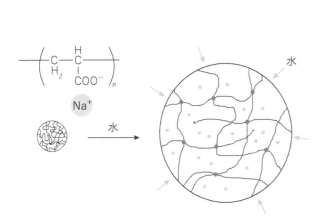

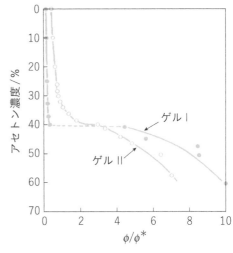

図6.13　高分子電解質のゲルが多量の水を吸収する理由を説明する図
ゲル内の対イオン（Na$^+$）による浸透圧が膨潤の原因である。

図6.14　ポリアクリルアミドゲルの体積相転移
ゲルIIは作製後3日後に，ゲルIは30日後に測定した結果。ゲルIには，加水分解によるアクリル酸が一部含まれる。
[T. Tanaka, *Phys. Rev. Lett.*, **40**, 820(1978)より転載]

がゲルを膨潤させる。この効果は非常に大きく，高吸水性ポリマーの機能は主としてこの原理によっている。対イオンの浸透圧によってゲルが膨潤した結果，高分子鎖は引き伸ばされる。膨潤前は自由に屈曲して大きなエントロピーを有していた鎖は，屈曲による配置のエントロピーを失う。小さくなったエントロピーを回復しようとして高分子鎖は収縮しようとする（エントロピー弾性：第1章 1.2.2B 項，**図1.7** 参照）。その収縮の圧力が浸透圧とつりあうところでゲルの膨潤は止まる。以上の説明からわかるように，ゲル外の水中に塩が溶けていれば，膨潤度は低下する。ゲル内外の浸透圧差が小さくなるからである（**コラム 6.3** 参照）。

　さて，以上の準備の下で，いよいよゲルの体積相転移である。**図6.14**は，アセトン／水混合溶媒中のポリアクリルアミドゲルにおけるポリマーの体積分率[*13]ϕ（ゲル作製時の体積分率 ϕ^* で規格化してある）を，溶媒中のアセトンの濃度に対してプロットしたものである。40%付近

＊13　実際には，ゲル調製時のモノマーの重量をゲルの体積で割った値。つまり，ポリマーの比重を1と近似している。

のアセトン濃度で，ゲルは急激に収縮している（ゲル中のポリマーの体積分率が大きくなっている）。これがゲルの体積相転移である。ゲル I では体積変化に不連続が見られ，より急激な相転移が起こっている。ゲル I とゲル II の違いは，ゲル作製から測定時までの時間である。作製から 30 日が経過したゲルは，アクリルアミドが一部加水分解を起こしてアクリル酸に変化していたことがわかっている。つまり，高分子鎖にイオン基が導入されたことによって，相転移がよりシャープに起こったのである。先述のように，対イオン（この場合は H^+）の浸透圧がゲルを大きく膨潤させるが，その解離はアセトン濃度の増加によって抑えられる。なぜなら，対イオンの解離度は媒体の誘電率の低下によって減少するからである。その結果として，対イオンの浸透圧による膨潤への寄与がなくなり，ゲルは収縮するのである。

　膨潤状態のゲル中で対イオンは溶液中を動き回ることができ，大きなエントロピーを有している。一方，アセトン濃度が増加して対イオンが結合してカルボキシ基になると，エントロピーが減少する代わりにプロトンの $-COO^-$ 基への結合によってエンタルピーも減少する。その 2 つの量がちょうどつりあうところが転移点（アセトンの転移組成）である。つまり，ゲルの体積相転移の場合でも，エントロピーとエンタルピーのつりあいで相転移が支配されているのである。

　上記のポリアクリルアミドゲルの相転移の例は，故田中豊一教授（当時 MIT）がゲルの体積相転移を初めて見つけられたときの結果である。その後，この体積相転移はいろいろな高分子ゲルで見いだされ，高分子科学の中に一つの研究分野を切り拓くことになった。相転移を誘導する変数（因子）についても，上記の溶媒組成だけではなく，温度，pH，界面活性剤や多価金属イオン濃度など，種々の環境変化によって相転移が起こることがわかっている。

演習問題

6.1 水と水蒸気の化学ポテンシャルに関して，次の問に答えなさい。なお，水蒸気は理想気体としてふるまうと仮定しなさい。

　（1）6.1.1 項の議論をなぞり，水と水蒸気の化学ポテンシャルの等しいときに平衡が成立することを示しなさい。

　（2）飽和蒸気圧より低い蒸気圧の場合には，水と水蒸気の化学ポテンシャルはどのような関係にあるか，考察しなさい。

6.2 融点降下の説明（6.2.2 項）を参考にして，水の沸点上昇を説明する熱力学式を導出しなさい。沸点上昇とは，水に何かの物質が溶けたときに，1 気圧下の沸点が 100℃ より高くなる現象のことである。

6.3 海水中の水の濃度は約 97 wt％で，凍結温度（凝固点）は−1.8℃ である。海水に溶けている溶質の平均分子量はいくらか計算しなさい。

6.4 6.3.3A 項で取り上げた KCN 結晶の相転移のうち，82.9 K にピークをもつ低温側の転移のエントロピー変化は 5.52 J K^{-1} mol^{-1} であった。このエントロピー変化の意味を，転移が CN$^-$ イオンの配向に関する秩序／無秩序転移であることから考察しなさい。

6.5 架橋ポリアクリル酸ナトリウムと水からなるゲルの体積相転移が，pH 変化やカルシウムイオンのような多価金属イオンの濃度変化によって引き起こされる理由を定性的に説明しなさい。

解答

6.1 （1）水蒸気（相 I）と水（相 II）の自由エネルギーをそれぞれ G^{I}, G^{II} とし，水蒸気と水を合わせた系全体の自由エネルギーを G とすると，$G = G^{\mathrm{I}} + G^{\mathrm{II}}$ である。相 I および相 II 中の水分子の量が dn モル増加したとき，それぞれの相の自由エネルギー変化は($\mathrm{d}G^{\mathrm{I}}/\mathrm{d}n$)d$n$, ($\mathrm{d}G^{\mathrm{II}}/\mathrm{d}n$)d$n$ と表すことができる。いま，相 II から相 I に dn モルの水分子が移動したとすると，そのときの自由エネルギー変化は次式で表すことができる。

$$\mathrm{d}G = \mathrm{d}G^{\mathrm{I}} + \mathrm{d}G^{\mathrm{II}} = \left(\frac{\mathrm{d}G^{\mathrm{I}}}{\mathrm{d}n} - \frac{\mathrm{d}G^{\mathrm{II}}}{\mathrm{d}n} \right) \mathrm{d}n$$

なぜなら，相 I では dn モルが増加して相 II では同量の水分子が減少するからである。この式から，($\mathrm{d}G^{\mathrm{I}}/\mathrm{d}n$) = ($\mathrm{d}G^{\mathrm{II}}/\mathrm{d}n$)であれば d$G$ = 0 となり，どちらの相にも水分子は移動しない。つまり，平衡状態になる。化学ポテンシャルの定義は $\mu^{\mathrm{I}} = (\mathrm{d}G^{\mathrm{I}}/\mathrm{d}n)$, $\mu^{\mathrm{II}} = (\mathrm{d}G^{\mathrm{II}}/\mathrm{d}n)$ であるから，両相の化学ポテンシャルの等しいときに平衡になることが証明できる。

（2）水蒸気は理想気体として扱えるので，水蒸気相中の水の化学ポテンシャルは，$\mu^{\mathrm{I}} = RT \ln P$ と表すことができる。温度 T における飽和蒸気圧を P_0 とすると，そのときに水と平衡状態にあるので $RT \ln P_0 = \mu^{\mathrm{II}} = \mu^{\mathrm{II}\circ}$（水の 1 モルあたりの自由エネルギー）となる。もし水蒸気圧が飽和蒸気圧より小さければ，$RT \ln P < RT \ln P_0$ であるから水の化学ポテンシャルのほうが水蒸気相の化学ポテンシャルより大きくなる。その場合には，水の相から水蒸気相へ水分子が移動する。その結果，飽和蒸気圧まで水蒸気圧が上昇し，平衡に達する。

6.2 水蒸気を相 I，水溶液を相 II とする。相 II 中の水の化学ポテンシャルは，次式で表される（式(6.13)）。

$$\mu^{\mathrm{II}}_{\mathrm{water}} = \mu^{\mathrm{II}\circ}_{\mathrm{water}} + RT \ln x^{\mathrm{II}}_{\mathrm{water}}$$

水蒸気側（相 I）には何も溶けていないので，水の化学ポテンシャルは飽和蒸気圧を P_0（= 1 atm）として，次式となる。

$$\mu^{\mathrm{I}}_{\mathrm{water}} = RT \ln P_0$$

平衡状態ではこれら 2 つの化学ポテンシャルは等しいので，次式が成立する。

$$RT \ln P_0 = \mu^{\mathrm{II}\circ}_{\mathrm{water}} + RT \ln x^{\mathrm{II}}_{\mathrm{water}}$$

水のモル分率 $x^{\mathrm{II}}_{\mathrm{water}}$ は 1 より小さいので，上式右辺の第 2 項は負である。つまり，何か物質が溶けることによって溶液側の水の化学ポテンシャルが下がったので，平衡蒸気圧も 1 atm より小さくなる。飽和蒸気圧を 1 atm に戻すためには右辺の $\mu^{\mathrm{II}\circ}_{\mathrm{water}}$ を上昇させる必要がある。自由エネルギーの温度依存性を与えるギブズ・ヘルムホルツの式（次式）を使ってそれを行う。

$$\frac{\partial(\Delta G/T)}{\partial T} = -\frac{\Delta H}{T^2}$$

$$\Delta G^\circ_{water} = RT\ln P_0 - \mu^{||\circ}_{water} = RT\ln x^{||}_{water}$$

この式にギブズ・ヘルムホルツの式を適用すると，次式が得られる。

$$R\left(\frac{\partial \ln x^{||}_{water}}{\partial T}\right) = -\frac{\Delta H^\circ_{water}}{T^2}$$

ΔH°_{water} は水のモル蒸発熱である。上式を積分すると，次式が得られる。

$$\int_1^{x^{||}_{water}} \mathrm{d}\ln x^{||}_{water} = -\frac{\Delta H^\circ_{water}}{R}\int_{T_0}^{T}\frac{\mathrm{d}T}{T^2}$$

水のモル分率 $(x^{||}_{water})$ が 1 のときに純粋な水の沸点 (T_0) になるので，積分範囲は上式のようにとってある。この積分を実行すると，次式となる。

$$\ln x^{||}_{water} = -\frac{\Delta H^\circ_{water}}{R}\left(\frac{1}{T_0} - \frac{1}{T}\right)$$

上式の左辺は，水のモル分率 $(x^{||}_{water})$ が 1 より小さいので負である。したがって，右辺も負になるためには T（溶液の沸点）は T_0（純粋な水の沸点）より大きくなる必要がある。これで，沸点上昇が証明できた。

6.3 融点降下を溶質のモル分率で表した式 (6.22) を使う。$\Delta T = -(RT_0{}^2)x_1/\Delta H^\circ_{water}$ に $\Delta T = -1.8$ K，$R = 8.314$ J K^{-1} mol^{-1}，$T_0 = 273.15$ K，$\Delta H^\circ_{water} = 6{,}015$ J mol^{-1} を代入して x_1 を計算すると，0.0175 が得られる。これが 3 wt％に相当するのであるから，海水に溶けている物質の平均分子量を y として次式が成り立つ。$18.01 \times 0.9825/(18.01 \times 0.9825 + y \times 0.0175) = 0.97$。この式から $y = 31.5$ が得られる。海水に溶けている溶質の大部分が塩化ナトリウムだとすると，原子量は Na$^+$ = 23，Cl$^-$ = 35.5 で，平均値が約 30 となり，計算式にかなり近い値となる。

6.4 低温側の結晶中で CN$^-$ イオンが完全に配向していて，この転移の後にランダムな配向になるとすると，この変化に対応するエントロピー変化は $R\ln 2$ のはずである。この値は 5.76 J K^{-1} mol^{-1} で，実測値の 5.52 J K^{-1} mol^{-1} に近いので，CN$^-$ イオンの配向の無秩序化がこの転移の本質であると考えられる。

6.5 架橋ポリアクリル酸ナトリウムのヒドロゲル（水を内部に閉じ込めたゲル）の膨潤の主たる原因は，対イオンであるナトリウムイオンの浸透圧である。したがって，対イオンの解離が抑制されれば収縮するはずである。pH を低下してカルボキシイオンをカルボン酸に変化させたり，解離しにくい多価金属イオンの塩にすることによって，ナトリウムイオンがゲル中に存在しなくなるとゲルは収縮する。これが，pH や多価金属イオンの添加によって相転移が起こる理由である。

第 **7** 章

相図と
その読み方

　前章で述べた相平衡と相転移を，一目で理解できるように描かれた
ものが**相図**(phase diagram)である。その意味で相図はたいへん有用
で，化学の研究においてもしばしば利用される。本章でその利用の仕
方を身に付けて，将来の仕事に役立てていただきたいと思う。

　本章には，多数の相図が例示されている。しかし，これらの相図を
覚える必要はまったくない。教科書や論文で相図に出くわしたとき，
それをどう読み解くかを解説するために取り上げた例である。相図の
読み方をよく理解していただき，自分で作成することも含めて，相図
を有効に活用していただきたい。

相図とはどんなものか？

　まず，相図とはどんなものかについて例を使って説明しよう。図7.1に水の相図を示す。横軸は温度で，縦軸は圧力である。この図は，それぞれの温度と圧力の下で，水はどの状態にあるのか（固体か，液体か，気体か）を示している。図中に描かれたAB，BC，BDの各線は，それぞれ気体と固体，液体と固体，気体と液体の境界線（共存曲線）である。この境界線上では2つの相は共存しており，それぞれの相における水の化学ポテンシャルは等しい。

　例えば，曲線BD上にある100℃，0.1 MPa（1気圧）の点では，水と水蒸気が平衡になっている（共存している）。しかし，1気圧下では，温度が100℃より下がると平衡の蒸気圧は0.1 MPaより低くなるので，水と水蒸気は共存できず，液体の水のみが存在する。一方，曲線BD上にある温度と圧力の条件ならば，どの条件でも水と水蒸気は平衡にある。曲線AB上では水蒸気と氷の化学ポテンシャルが等しく，曲線BC上では水と氷の化学ポテンシャルが等しい。このように，前章で述べた内容が，相図を眺めることによって一目で理解できる。

　相転移は，境界線（共存曲線）を横切るときに起こる。例えば0.1 MPa（1気圧）で，縦軸の位置から点線に沿って右へ移動すると，曲線BCを横切る温度（0℃）で氷は水に転移し，曲線BDを横切る温度（100℃）で水蒸気に転移する。このように，相転移も一目瞭然である。

　点B（0.01℃，611 Pa）は**三重点**（triple point）と呼ばれ，この条件においてのみ，水蒸気・水・氷が共存できる。つまり，3つの状態の化学ポテンシャルがすべて等しい。

　点Dは**臨界点**（critical point）で，この点で水（液体）と水蒸気（気体）の区別が無くなる。これについて説明すると，まず水から水蒸気への転移

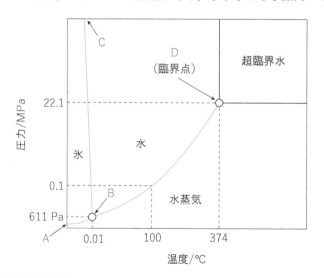

図7.1　水の相図

column

コラム7.1 超臨界流体

　臨界点とは，液体の凝集エネルギーが，ちょうど熱エネルギーと同じ大きさになる温度と圧力のことである。したがって，それより高温・高圧の条件では，熱エネルギーが凝集エネルギーを凌駕し，液体と気体の区別が無くなる。この状態が超臨界流体である。

　超臨界流体は，気体と同様に表面張力をもたない。なぜなら，表面張力とは，凝縮相（液体や固体）の表面における凝集エネルギーの過剰分だからである（第4章4.4.5A項とB項参照）。凝集エネルギーが消滅した状態にある超臨界流体に，表面張力は存在しない。

　超臨界流体は，圧力を高くしても液化はしないが，密度は高くなる。したがって，高密度の超臨界流体中に物質を溶解することができる。表面張力が0であることと，物質を溶解できることを利用して，超臨界二酸化炭素はしばしば抽出媒体として利用される。表面張力が0であるので毛細管現象は働かず，どんな細かい孔や細い溝にも浸入できる。これは，固体から何かの物質を抽出する際には格好の性質となる。また，抽出後の目的物の回収もきわめて容易である。通常の溶剤で抽出すれば，蒸留しなければ目的物を取り出せないが，超臨界流体であれば圧力を下げるだけで二酸化炭素が気化し，目的物だけが残るからである。超臨界二酸化炭素は，さまざまな物質を溶解できるため，この用途に広く利用されている。

（沸騰）は，曲線BDに沿って起こる。1気圧下では100℃で沸騰するが，圧力が高くなると沸点は高くなる。そして，沸騰により生じる水蒸気の密度は，高圧であるために高くなる。さらに圧力が高くなると，沸点はもっと高くなり，水蒸気の密度ももっと高くなる。このまま密度の増大が進んでいくと，沸騰の結果として生じる水蒸気の密度が液体の密度と同じになる。それが臨界点である。そのため，臨界点より高い温度と圧力の下では，もはや水と水蒸気の区別は無くなる。この状態の水を超臨界水（super critical water）と呼ぶ。一般的には，臨界点を超えた状態を超臨界流体（super critical fluid）と呼ぶ。「流体」という名称は，液体でも気体でもないという意味を強調している[*1]。

　2つ以上の成分を含む系の相図には，温度と圧力以外に物質組成（濃度）が変数に加わる。これらの相図からは，一様な溶液か相分離しているか，相分離している場合には各相の成分組成はいくらか，相の挙動が温度や圧力によってどう変わるか，などが一目でわかる。詳しい説明は7.4節と7.5節で行う。ここでは，相図の有効性と便利さを理解しておいていただければ十分である。

*1　超臨界流体には表面張力が存在しないという特徴があり，これを利用して抽出媒体に使われている（コラム7.1参照）。

7.2 ギブズの相律

7.2.1　相律とは何か？

　前節で取り上げた水の相図を，もう一度眺めてみよう（図7.2）。氷，水，水蒸気の状態にある各領域では，各領域内に赤の矢印で示したように，

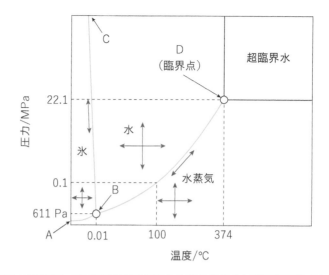

図7.2　相図上で自由に変えられる変数の数

氷，水，水蒸気の領域内では温度と圧力の両方を変えられるが，共存曲線上ではどちらか1つしか変化できない。

ある範囲内で温度と圧力をともに変えても状態を保つことが可能である。つまり，自由に変えられる変数の数（自由度）は2つある（温度と圧力）。しかし，共存曲線（曲線 AB, BC, BD）上では，温度か圧力のどちらかを決めれば，他は自動的に決まってしまう。つまり，自由度は1つしかない。

　このように，相図上で自由に変えられる変数の数（自由度）にはルールがある。そのルールのことを**相律**（phase rule：ギブズの相律ともいう）と呼び，系の成分の数 c，相の数 p，自由度 f の間に次の関係がある。

$$f = c - p + 2 \tag{7.1}$$

　図 **7.2** でこのことを確認してみよう。この相図の場合は，成分は水だけであるから $c = 1$ である。氷，水，水蒸気相の領域では，相の数 p も1である。したがって，$f = 1 - 1 + 2 = 2$ となる。つまり，温度と圧力の両方を変えることができる。AB, BC, BD の共存曲線上では，相の数は2になる。したがって，$f = 1 - 2 + 2 = 1$ となり，温度か圧力のどちらかしか変えられない。三重点では，相の数は3であるから $f = 0$ となる。2つ以上の成分を含む系に対する適用については，7.4 節と 7.5 節で取り上げる。

7.2.2　相律の導出

　相律が式(7.1)で表される理由について説明しよう。相の数が p で，各相に c 個の成分が存在すれば，温度と圧力の自由度2を加えて $f = c \times p + 2$ になるはずである。しかし，c と p の間には相関があり，まったく自由に変化できるわけではない。

まず，各相中における各成分の濃度（モル分率 $x_i : i = 1, 2, \cdots, c$）をすべて足したものは 1 になる必要がある。以下に示す各成分の濃度に関する制限式は p 個存在する。

$$x_1 + x_2 + \cdots + x_i + \cdots + x_c = 1 \quad （相 1 中で成立）$$
$$\vdots$$
$$x_1 + x_2 + \cdots + x_i + \cdots + x_c = 1 \quad （相 p 中で成立） \tag{7.2}$$

さらに，各相中の各成分は平衡にあるから，その化学ポテンシャルは等しい。以下に示す化学ポテンシャルに関する制限式の数は $c(p-1)$ だけある。

$$\mu_1^1 = \mu_1^2 = \cdots = \mu_1^i = \cdots = \mu_1^p \quad （成分 1 に関する平衡）$$
$$\vdots$$
$$\mu_c^1 = \mu_c^2 = \cdots = \mu_c^i = \cdots = \mu_c^p \quad （成分 c に関する平衡） \tag{7.3}$$

結果として，自由度は次式のようになる。

$$f = c \times p + 2 - p - c(p-1) = c - p + 2$$

これで，相律の式が導出できた。

7.3 一成分系（純物質）の相図

すでに 7.1 節で，水を例にあげて一成分系の相図について説明した。純物質の相図は基本的にこれと類似した図になるが，その中からいくつかの特徴的な相図を取り上げて説明しよう。

7.3.1 二酸化炭素の相図

図 7.3 に二酸化炭素の相図を示す。水の相図とほとんど同じであるこ

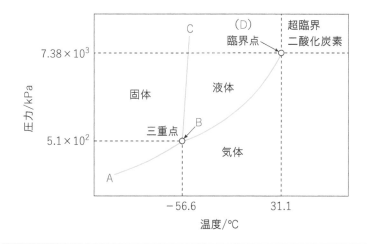

図7.3 二酸化炭素の相図

＊2　超臨界二酸化炭素は，コーヒーや多不飽和脂肪酸の抽出媒体としてよく利用されている（コラム7.1参照）。

とが理解できるであろう。しかし，詳しく観察すると多少違いもある。物質が違うのであるから，三重点や臨界点[＊2]の温度・圧力の値が異なるのは当然であるが，もう一つ，固／液共存曲線（曲線 BC）の傾きが異なることに気づかれたであろうか？　水の場合は左に傾いているが，二酸化炭素の場合は右に傾いている。これは，水の場合は圧力が高くなるほど融点が低くなり，二酸化炭素の場合はその逆であることを示している。氷が水の上に浮くことからわかるように，氷のほうが水よりも体積は大きい（密度は小さい）。高い圧力で押されたとき，より体積の小さい（密度の大きい）状態になろうとするが，氷の融点が圧力とともに低下するのはこうした理由である。通常は，固体のほうが液体よりも体積は小さい（密度は大きい）ので，二酸化炭素の場合と同様に，右に傾く相図がほとんどである。水は，例外的に珍しい物質なのである。

7.3.2　硫黄の相図

　次の例として，第 5 章（5.2.2A 項と図 5.3）で熱力学第三法則の証明に使った硫黄の相図を取り上げよう（図 7.4）。この図は水や二酸化炭素の相図とかなり違うように見えるかもしれないが，低温・高圧側に固体（結晶）相，高温・低圧側に気体相，高温・高圧側に液体相があることは共通である。

　すでに第 5 章で述べたように，硫黄には直方晶（斜方晶）系と単斜晶系に属する 2 種類の結晶が存在する。室温付近で安定な結晶は斜方硫黄で，常圧下では 95.5℃ 付近で単斜硫黄に転移する（曲線 BC）。さらに温度を上げると，単斜硫黄は 120℃ 付近で液体になる（曲線 EC）。単斜硫黄の温度を下げて転移点を過ぎても，斜方硫黄には容易に転移せず，0 K から 95.5℃ までの温度領域で準安定な過冷却状態で存在する。この事実を利用して，熱力学第三法則の証明に使ったことは第 5 章で述べた通りである。斜方硫黄も，転移点を急速に過ぎても単斜硫黄に転移せず，準安定な過熱状態で存在することがあり，114℃ で融解する。図中の破線 BHC にその様子を描いてある。

　以下に，硫黄の相図に特徴的な点をあげておこう。まず，圧力が高くなると単斜硫黄が斜方硫黄に転移することがわかる。これは，斜方硫黄の密度が単斜硫黄よりも大きいことを示している。つまり，斜方硫黄／単斜硫黄の共存曲線（BC）はわずかに右に傾いている（図ではわかりにくい）。単斜硫黄と液体との共存曲線（EC）も右に傾いている。液体のほうが密度は小さいからである。三重点が 3 つある（点 B, E, C）。それぞれ斜方硫黄／単斜硫黄／気体，単斜硫黄／液体／気体，斜方硫黄／単斜硫黄／液体が共存する点である。準安定な斜方硫黄と液体／気体が共存する三重点（点 H）も存在する。

7.3.3　炭素の相図

　図 7.5 に示す炭素の相図の最大の特徴は，温度・圧力ともに，これまでの例に比べると桁違いに大きいことである。これは，常温・常圧付近

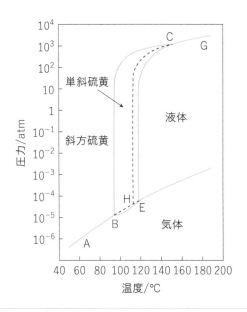

図7.4 硫黄の相図

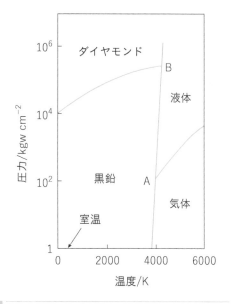

図7.5 炭素の相図

で安定な炭素の結晶（黒鉛：グラファイト）が，広い温度と圧力領域で安定であるためである。それでも，高温・低圧側に気体相，高温・高圧側に液体相が存在するところは，純物質の相図に共通の特徴を備えている。

低温側の結晶相には2種類ある。低圧側の安定相である黒鉛と，高圧側の安定相のダイヤモンドである。ダイヤモンドは，室温付近では10,000 kgw cm^{-2}（〜980 MPa）より高い圧力で初めて出現する。つまり，常温・常圧の条件では，ダイヤモンドは準安定である（第1章コラム1.1参照）。また，高圧側でダイヤモンドが現れるということは，黒鉛よりダイヤモンドのほうが密度が高い（重い）ことを示している。これは高圧になるほど体積の小さい相に変化するためである。

また，黒鉛とダイヤモンドの共存曲線は右上がりになっているので，黒鉛のエントロピーのほうがダイヤモンドより大きいことがわかる。なぜなら，ある適当な圧力（例えば1,000 MPa付近）下で温度を上げていくと，ダイヤモンドから黒鉛に相転移するが，その場合には高温相のほうがエントロピーは大きいからである（第6章6.3.2項参照）。炭素には2つの三重点が存在する。黒鉛／液体／気体の共存する点Aと，ダイヤモンド／黒鉛／液体の共存する点Bである[3]。

図7.6にダイヤモンドと黒鉛の結晶構造を示した。ダイヤモンドは，正四面体方向に伸びた炭素のsp^{3}混成軌道による共有結合が張り巡らされた構造をしている。一方，黒鉛は，sp^{2}混成軌道によって平面的にπ結合が無限に拡がった構造である。黒鉛のπ結合を形成する電子は，無限に拡がった平面を自由に動き回ることができる。この電子の非局在性があらゆる波長の光を吸収するため，黒鉛は黒い。そのため，エンピツの芯には黒鉛が使われる。また，黒鉛は電気を通す。自由電子は電気を運ぶ役割を演じるからである。黒鉛のエントロピーがダイヤモンドより

＊3　筆者の知る限り，臨界点を観測した結果は報告されていない。

119

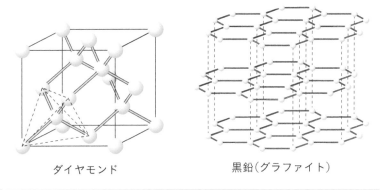

ダイヤモンド　　　　　　　　黒鉛（グラファイト）

図7.6　ダイヤモンドと黒鉛の結晶構造

大きい理由も，この自由電子の存在にあると考えられる。

7.3.4　ヘリウムの相図

　ヘリウムが絶対 0 度でも液体で存在することを示すために，第 5 章コラム 5.3 の図に He^4 の相図をあげた。もう一度，その相図を取り上げよう。すでに述べたように，この相図の最大の特徴は 0 K まで液体相のままであることである。固体（結晶）相は，圧力をかけて初めて現れる。この事実は，結晶のほうが密度が高いことを示している。結晶と液体 He II の共存曲線はほぼ水平で，温度による相転移が起こらないことを示している。これは同時に，結晶のエントロピーと液体 He II のエントロピーがほぼ等しいことを示していることになる。

　ヘリウムは液体であるにもかかわらず，絶対 0 度でエントロピーが 0 になるきわめて特殊な物質であるが，その特徴がここでも現れている。液体 He I と He II の間の転移は，λ 転移と呼ばれる連続的な転移なので，それぞれの液体は別の相とはみなせないかもしれない。もしそうであれば，図中に λ 点，上部 λ 点と書かれた点は，三重点とはみなせない。また，臨界点は 5.20 K, 2.264 atm に現れる。

7.4 ┃ 二成分系の相図

　二成分系の相図には，新しく成分の組成（濃度，モル分率）が変数として現れる。したがって，2 つの軸による相図を描くときには，組成と温度（圧力一定の条件）か，組成と圧力（温度一定の条件）を軸にとる。通常，1 気圧下で実験することが多いので，横軸に組成を，縦軸に温度をとった相図を描くことが多い。

　多成分系の相図は，当然のことながら，非常に数多く知られている。したがって，そのすべてを網羅することは，当然できない。本節では，比較的よく見られる相図を選び，その読み方を最初に説明して，その後に実例をあげることにする。この観点から，気／固平衡および固／固平

衡の二成分系の相図は省略した。ほとんど活用されることがなく，その
ため測定例もたいへん少ないからである。

7.4.1 固／液二成分系

A. 共融点を示す相図

　固／液二成分系の相図において，最もよく見られるのが**共融点**
（eutectic point）を示す場合である。**図7.7**にその模式図を示す。この
図は，AとBの二成分混合系の，温度と組成を変数とした相図である。
圧力は一定（例えば1気圧下）の条件で，横軸に組成（Bのモル分率），縦
軸に温度をとっている。温度の高い領域では，AとBはともに融解し
ており，かつどの組成でも完全に溶け合う。つまり，AとBの液体（溶液）
を形成している。温度が下がるとAやBの結晶が析出してくるが，そ
の様子を表したのがこの相図である。

　まず，純粋なAとBの融点は，それぞれ縦軸のT_A°とT_B°の位置にある。
それぞれの融点は，相手の成分が混ざることによって低下する。これが
融点降下現象（第6章6.2.2項参照）で，T_A°と共融点，および，T_B°と共
融点を結ぶ曲線が融解曲線である。

　さて，図中の点 a の組成と温度から，温度を下げていった場合を考
えよう。温度が融解曲線に達するところまで下がったとき，析出してく
る結晶は純粋なAの結晶である。図中に，左側の軸に向かって描いた
緑色の矢印（←）はその意味である。融点降下の式を導くとき，純粋な結
晶と液体中のその成分の化学ポテンシャルが等しいとした式（式（6.15））
から出発したことを思い出していただきたい。これはつまり，液体と平
衡にあるのは純粋な結晶であることを意味している。同様に，図中の点
b から温度を下げていった場合に析出する結晶は，純粋なBである。A
側からAの融点降下の曲線が，B側からはBの融点降下の曲線が延び

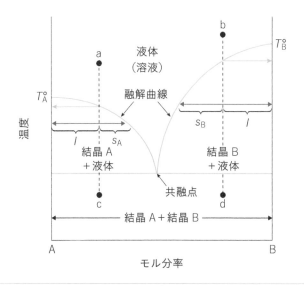

図7.7　共融点を示す固／液二成分系の相図の模式図

＊4　蛇足ながら，再結晶によって物質を精製する操作は，この相図上の挙動を利用したものである。

てきて，それら 2 つの曲線が交差する点が共融点である[*4]。

　点 a から温度を下げていき，A の結晶が析出し始めると，液体中の A の量は減少するので，液体の組成は右（B 側）に移動する。温度が下がるに従って A の結晶の量は増え，液体の平衡組成は融解曲線に沿ってさらに右に移動する。T_A° と共融点の間のある温度で，析出した A の結晶と残っている液体の量の比は，図中の $s_A : l$ になっている（証明は**コラム7.2** 参照）。さらに温度が下がって共融点に達すると，残りの液体（共融点における組成に達している）は一気に結晶化する。このときに生成する結晶も，純粋な A の結晶と純粋な B の結晶である。そして，全体の平均としての組成は，当然，点 a の組成である。点 b から出発して温度を下げていった場合も，類似の経過をたどる。

　共融点より低い温度（例えば点 c）では，純粋な A の結晶と純粋な B の結晶が混ざって存在している。この状態（点 c）から温度を上げていくと，共融点で融解し始める。純粋な A と B の結晶が存在しているのに，T_A° や T_B° ではなく，共融点で融け始めるとはどういうことだろうか？この一見矛盾した状況を理解するには，A と B の結晶の界面（接触面）から融解が始まると考えざるを得ない。そして，最初に現れる液体の組成は，共融点における組成である。液体のこの組成は，少ないほうの成分（B）がすべて融け終わるまで維持され，その後は融点降下の曲線に沿って変化して，最初の（点 a における）組成になって融け終わることになる。

　ここで，二成分系の相図に対して相律を適用してみよう。図 7.7 では圧力は一定に保たれているので，自由度 $f = c - p + 1$ である。高温部分の液体相では，$c = 2$，$p = 1$ なので $f = 2$ である。2 つの自由度とは，温度と A または B の濃度である。A と B の濃度（モル分率）を足せば 1 になるので，両方を変化することはできない。融解曲線より低温側で結晶が析出した領域では，$c = 2$，$p = 2$ で $f = 1$ である。自由度は温度のみで，結晶の組成（モル分率は 1）も液体の組成も温度が決まれば自動的に決まってしまう。この事情は，共融点より低温側でも同様である。

　共融点を示す固／液二成分系の相図の実例を，2 つあげよう。図 7.8にナフタレンとベンゼンの相図を示す。点 C がナフタレンの，点 D がベンゼンの融点であり，点 E が共融点である。これ以上の説明は，もはや不要であろう。

　もう一つの例は，身近な食塩（塩化ナトリウム）と水の相図である（図 7.9）。氷の融点（0℃）は右側の軸上の点 D に示されている。一方，塩化ナトリウムの融点は非常に高いので，この図には記されていない。曲線 DC は，塩化ナトリウムが溶解することによる氷の融点降下を表している。共融点は点 C で，−21.2℃ である。0℃ より低温側で析出する塩化ナトリウムの結晶には，2 分子の結晶水が含まれている。それより高温側では，純粋な NaCl が析出する。曲線 AB は NaCl の融点降下を表し，曲線 BC は $NaCl \cdot 2H_2O$ の融点降下を表している。

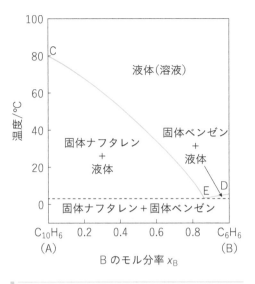

図7.8 ナフタレンとベンゼンの固／液二成分系の相図（$P=1$ atm）

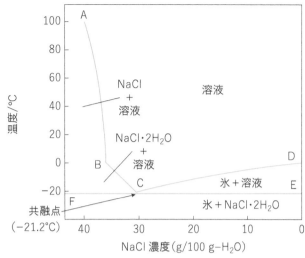

図7.9 塩化ナトリウムと水の固／液二成分系の相図（$P=1$ atm）

B. 固溶体を形成する相図

　共融点を示す系では，析出する結晶相は純粋な成分であった。これとは逆に，結晶相でも両成分が原子や分子のレベルで完全に混ざり合っている場合が，**固溶体**（solid solution）を形成する系である。固体の溶液という意味で固溶体と呼ぶ。2種類の化合物が固溶体を形成する場合の相図を図 7.10 に模式的に示す。純粋な A と B の融点は，それぞれ T_A° と T_B° である。T_A° と T_B° を結ぶ2つの曲線は，液体の組成を示す液相線と，固体の組成を示す固相線である。いずれも連続的に変化する。

　さて，点 a の温度と組成の位置から温度を下げていった場合に起こる変化を追ってみよう。温度が液相線に到達したときに結晶が析出し始めるが，最初に出てくる固体は点 b の組成を有している。結晶中の組成は，融点の高い（固体になりやすい）成分（B）が液相より多いことがわかる。さらに温度が低下すると，結晶中には B が多いので，液相の組成は A のほうに（例えば点 d の組成に）移動する。それに応じて，析出してくる結晶の組成も次第に A が多くなる（点 c）。

　ここで注意したいことは，最初に析出する固体と，後で析出する固体は組成が異なることである。熱力学では平衡状態を想定するので，本来ならば，無限に長い時間を待って平衡組成になった後の相図を描くべきであろう。しかし実際の実験では，無限に長い時間をかけることはできないので，組成の異なる結晶が混ざることになる[*5]。なお，線分 dc の温度における固相と液相の量比は，$s:l$ になっている。温度が固相線に達すると，残りの（点 e の組成を有する）液体はすべて一気に結晶化する。このときの結晶全体の組成は，平均的には点 a の組成になっている。しかし実際には，先述のように，組成の異なる結晶が混ざっていて，その平均が点 a の組成ということになる。

＊5　実際に相図を描く実験の場合，高温の溶液を観測温度まで一気に下げ，そこで析出する結晶を取得するので，その観測温度における平衡組成の結晶が得られる。異なる観測温度でこの実験を繰り返せば，結晶も平衡組成の相図を描くことができる。

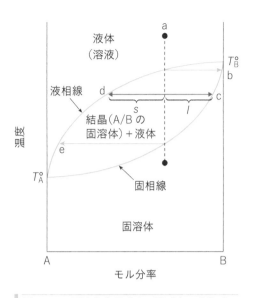

図 7.10　固溶体を形成する固／液二成分系の
　　　　　相図の模式図

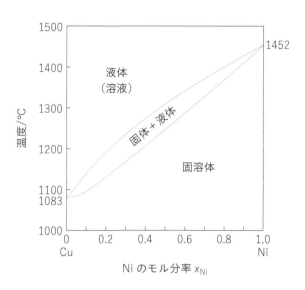

図7.11　銅とニッケルの固／液二成分系の相図

　図 7.11 に実例として，銅とニッケルの固／液二成分系の相図を示す。銅とニッケルは，固相中でも完全に混ざり合って合金をつくる。有用な合金であるコンスタンタン（銅 55 wt%，ニッケル 45 wt%）は，このような固溶体である。

　結晶中で原子・分子レベルで混ざり合う固溶体を形成するためには，2 つの成分がよく似ている必要がある。金属の場合には，原子半径が近ければ比較的混ざりやすい。しかし有機物の場合には，分子の形が似ている必要があるので，固溶体の形成は容易ではない。直鎖の炭化水素を有する界面活性剤で，鎖長の差が小さいときなどの例が知られている。

C.　分子間化合物を形成する相図

　混合する二成分の間に強い引力相互作用が存在し，成分 A と B の間で分子間化合物（addition compound）A・B が形成される場合には，図 7.12 のような相図が得られる。この図の場合には，A と B が 1:1 の分子間化合物を形成し，その化合物と A およびその化合物と B との間に共融点が現れている。図の左半分が A と化合物 A・B の，右半分が B と化合物 A・B の間の共融点を示す相図である。分子間化合物を形成する分子数の比が 1:1 であるとはかぎらず，また，化合物の融点が A, B 単独の融点より高いともかぎらないことは言うまでもない。

　図 7.13 にフェノールとアニリンの二成分混合系の相図を示す。フェノールは酸性を示し，アニリンは塩基性を示す物質なので，両者で塩を形成する。この塩が新しい第 3 の化合物としてふるまうので，分子間化合物を形成する相図を与える。

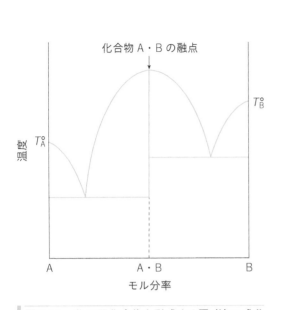

図7.12 分子間化合物を形成する固／液二成分系の相図の模式図

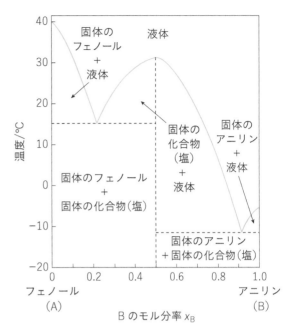

図7.13 フェノールとアニリンの固／液二成分系の相図

D. 典型的な相図が混ざり合ったやや複雑な相図

これまで，共融点を示す系，固溶体を形成する系，分子間化合物を形成する系という，3つの典型的な相図について説明してきた。しかし実際の系には，典型的な相図が部分的に混ざり合った，やや複雑な相図も存在する。ここではそうした例をあげ，やや複雑な相図の読み方を理解していただこう。

一例として，銅とアルミニウムの相図を取り上げよう。この系では，銅とアルミニウムの比が1:2のところに金属間化合物 $CuAl_2$ が形成される。その金属間化合物とアルミニウムの間の相図を描いたのが図7.14である。この相図では，アルミニウムと金属間化合物の間に共融点が現れる。単純な共融点を示す相図（図7.7）と異なる点は，アルミニウム相中に最大6%程度の銅が溶解すること（固溶体の形成），および $CuAl_2$ 中に最大3%程度のアルミニウムが溶解することである。つまり，共融点を示す系と固溶体を形成する系が部分的に混ざっているのである。アルミニウム中に銅が溶解した固溶体相を α 相，化合物中にアルミニウムが溶解した相を θ 相と呼ぶ。図中の点aと点bは，それぞれ，α 相と θ 相の融点で，点cは共融点である。α 相と θ 相の融点は，それぞれ曲線 ac と bc に沿って融点降下を起こしている。一方，曲線 ac と ad，bc と be は，葉巻状の形をした固溶体を形成する相図（図7.10）の一部を表している。

図中の点Xの位置からX′の位置まで温度を下げた場合の，系の変化を考えてみよう。点fの温度から結晶が析出し始めるが，そのときの結晶は α 相で，その組成は固相線上の組成（←の先）である。さらに温度

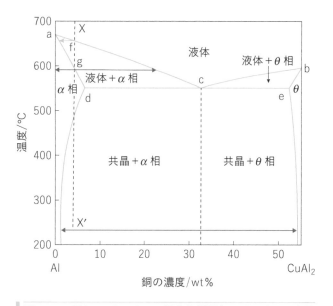

図7.14　銅とアルミニウムの部分的相図（アルミニウムと金属間化合物CuAl₂間の組成部分）

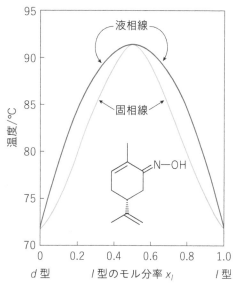

図7.15　*d*-carvoxime と *l*-carvoxime の固／液二成分系の相図

が下がって点 g に達すると，すべての液体が α 相に転移する。このときの α 相の平均組成は，当然，初期の点 X の組成（銅 4% 程度）であるが，初期に析出した結晶の組成とは異なり，十分に長い時間をかけないと平衡の組成には到達しないと考えられる。

　最後に，点 X から X′ に急冷した場合を考えてみよう。この場合には，まず，液体の組成の固溶体が準安定な結晶として形成される。時間の経過とともに，安定な平衡状態（銅 1% 程度の α 相と θ 相の共存：↔で示した組成）に移行する。この相分離の過程で，金属は硬くなることが知られている。この現象は時効硬化（age hardening）と呼ばれる。

　次の例は，図 7.15 に示す *d*-carvoxime と *l*-carvoxime の固／液二成分系の相図である。この系では，*d* 型と *l* 型が 1：1 の分子間化合物（ラセミ化合物）を形成し，この分子間化合物と *d* 型および *l* 型との間で固溶体が形成される。この相図に関して，これ以上の説明は不要であろう。

7.4.2　液／液二成分系

A.　上限臨界相溶温度（UCST）を示す相図

　液／液二成分系の相図で，最も一般的なものは**上限臨界相溶温度**（upper critical solution temperature, UCST）を示す相図である。その相図を模式的に図 7.16 に示す。釣り鐘のような形をした相図より上の部分は一様な A と B の液体で，釣り鐘の内部は 2 相の液体が分離した領域である。そして，分離した 2 相が一様な液体になる境界の温度（点 g）を臨界点（critical point）と呼ぶ。一般的に，温度が高いほど物質は溶け合いやすいことがよく知られているが，その事情が表現されているのがこの相図である。温度が高いほど，よりエントロピーの大きな状態が安定になるが，2 種類の液体が完全に混ざったほうが混合エントロピーが大きいの

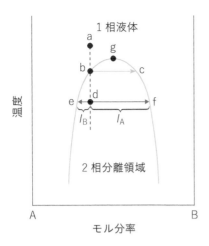

図7.16　上限臨界相溶温度（UCST）を示す液／液二成分系の相図の模式図

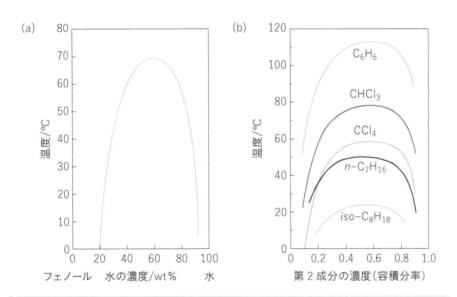

図7.17　水とフェノール（a）およびn-C_7F_{16}と各種第2成分（b）との液／液二成分系の相図

で，高温で溶け合いやすくなるのである。

　相図の意味を知るために，図7.16の点aから温度を下げていった場合の変化を考えよう。温度が点bに達すると一様な液体の中に別の相が分離し始めるが，その相は点cの組成を有している。よりBの濃い液体が分離するので，残った液体の組成は曲線beに沿ってAの多い組成へと変化していく。温度が点dに達したときの2つの液体の組成は，点eと点fのそれである。線分ef上では，どの位置でも分離した2つの液体の組成は点eと点fのそれであり，同じである。このような線分を**連結線**（tie line，タイライン）という。連結線上で位置が変わると，2つの液体の組成は同じであるが，量比が変化する。成分Aの多い液体量と成分Bの多い液体量の比は，$l_A : l_B$になる。この証明も**コラム7.2**に示しておいた。

　図7.17にこの型の相図の実例を示す。図7.17aは水とフェノールの，

column

コラム 7.2　相図から結晶量と液体量の比を求める

共融点を示す相図(**図7.7**)中の線分の長さ比$s_A : l$ が,析出した結晶量と残りの液体量の比を与えることを証明しよう(**図1**)。点 a における B のモル分率をX_B とする。いま,系内には A がm_A モルと B がm_B モル存在するとしよう。その合計をM モルと記すことにする。温度T のときの結晶量をm^s モル,液体量を(成分 A と B の両方を含む)m^l モルとすると,その合計も当然,M モルである。したがって,次の諸式が成り立つ。

$$m_A + m_B = M \qquad (1)$$

$$m^s + m^l = M \qquad (2)$$

$$\frac{m_B}{m_A + m_B} \equiv \frac{m_B}{M} = X_B \qquad (3)$$

また,液体中の B のモル分率をx_B^l と記せば,次式が成り立つ。

$$m^l(1 - x_B^l) + m^s = m_A \qquad (4)$$

なぜなら,上式の第1項は液体中の A の量で,結晶中には A のみが存在するので,第2項のm^s は A の量だからである。

上記の4つの式から,目的とする式を求めよう。

まず,式(4)を式(1)に代入して整理すると,次式が得られる。

$$m_B = M - m^l + m^l x_B^l - m^s \qquad (5)$$

このm_B を式(3)に代入して整理すると,次式となる。

$$M - m^l + m^l x_B^l - m^s = M X_B \qquad (6)$$

$M = m^s + m^l$ なので,これを式(6)に代入して整理すると,次式となる。

$$\frac{m^s}{m^l} = \frac{x_B^l - X_B}{X_B} \equiv \frac{s_A}{l} \qquad (7)$$

以上で目的とする式が誘導できた。最後の式にはm_A とm_B は含まれていないので,計算の方針としては,前提となる式(1)〜式(4)から,この2つの変数を消去するように式を誘導すればよい。

もう一つ,上限臨界相溶温度(UCST)を示す液/液二成分系の相図(**図7.16**)において,2種類の液体の量比が$l_A : l_B$ となることを証明しよう(**図2**)。相分離した2種類の液体のうち,成分 A が濃いほうを液体Ⅰ,B が濃いほうを液体Ⅱとする。そして,液体ⅠとⅡの(成分 A と B の両方を含む)モル数を,それぞれ,m^l, m^{ll} としよう。また,液

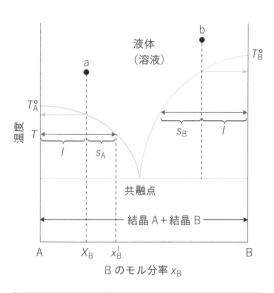

図1　図7.7の相図から結晶量と液体量の比を求めるための説明図

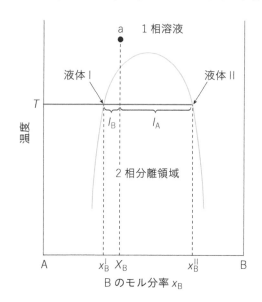

図2　上限臨界相溶温度(UCST)を示す液/液二成分系の相図において,分離した2種類の液体の量比が$l_A : l_B$ となることを証明する図

体Ⅰ中におけるAとBのモル分率をそれぞれ x_A^{I}, x_B^{I}, 液体Ⅱ中における同じ量を x_A^{II}, x_B^{II} と記すことにする。その他の量の符号については、先の共融点を示す系での計算の場合と同様とする。この定義の下で、次の諸式が成り立つ。

$$m^{\mathrm{I}}x_A^{\mathrm{I}} + m^{\mathrm{II}}x_A^{\mathrm{II}} = m_A \qquad (8)$$

$$m^{\mathrm{I}}x_B^{\mathrm{I}} + m^{\mathrm{II}}x_B^{\mathrm{II}} = m_B \qquad (9)$$

$$X_B = \frac{m_B}{m_A + m_B} \qquad (10)$$

この3つの式から m_A と m_B を消去すれば、目的

とする式が得られると考えられる。そこで、式(8)と式(9)を式(10)に代入する。

$$X_B = \frac{m^{\mathrm{I}}x_B^{\mathrm{I}} + m^{\mathrm{II}}x_B^{\mathrm{II}}}{m^{\mathrm{I}}x_A^{\mathrm{I}} + m^{\mathrm{II}}x_A^{\mathrm{II}} + m^{\mathrm{I}}x_B^{\mathrm{I}} + m^{\mathrm{II}}x_B^{\mathrm{II}}} \qquad (11)$$

この式を、$x_A^{\mathrm{I}} = 1 - x_B^{\mathrm{I}}$, $x_A^{\mathrm{II}} = 1 - x_B^{\mathrm{II}}$ であることを使って変形して整理すると、次式が得られる。

$$X_B = \frac{m^{\mathrm{I}}x_B^{\mathrm{I}} + m^{\mathrm{II}}x_B^{\mathrm{II}}}{m^{\mathrm{I}} + m^{\mathrm{II}}} \qquad (12)$$

この式を整理すれば、目的とする次式にたどり着く。

$$\frac{m^{\mathrm{I}}}{m^{\mathrm{II}}} = \frac{x_B^{\mathrm{II}} - X_B}{X_B - x_B^{\mathrm{I}}} = \frac{l_A}{l_B} \qquad (13)$$

図7.17b は $n\text{-}C_7F_{16}$ と図中に示した各種第2成分との液／液二成分系の相図である。両図ともに、上限臨界相溶温度を示している。フッ化炭素化合物は凝集エネルギー（ファンデルワールス引力）が小さいので、炭化水素化合物やB図中の第2成分と混ざり合わない。第2成分同士の引力のほうが大きいので、フッ化炭素化合物と混ざるよりも同じ仲間同士が集まっていたほうが安定になる。しかし、温度が上昇すると、混ざって混合エントロピーを獲得したほうが自由エネルギーが低くなるので、一様な溶液に変化する。

B. 下限臨界相溶温度（LCST）を示す相図

先述のように、一般的には温度が高いほど互いに溶け合いやすくなるが、なかには変わった系がある。つまり、低温側で一様な液体になり、高温になると分離する場合がある。図7.18 にその相図を模式的に示す。この図は、図7.16 と上下が逆になっているだけなので、点aから温度を上げていった場合に系がどのような変化をたどるかについて、もう説

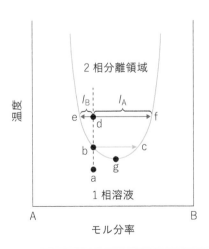

図7.18　下限臨界相溶温度（LCST）を示す液／液二成分系の相図の模式図

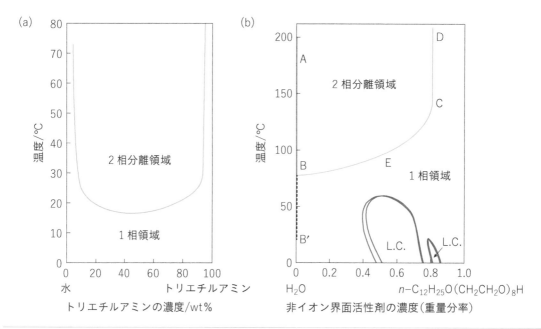

図7.19　下限臨界相溶温度を示す液／液二成分系の相図
(a)水とトリエチルアミン，(b)水と非イオン界面活性剤(n-C$_{12}$H$_{25}$O(CH$_2$CH$_2$O)$_8$H)。

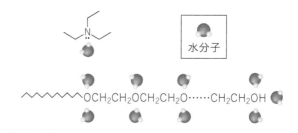

図7.20　トリエチルアミンと非イオン界面活性剤への水和の模式図

明は必要ないであろう。読者自身で確認していただきたい。

　図7.19に**下限臨界相溶温度**(lower critical solution temperature, LCST)
を示す液／液二成分系の相図の実例を示す。**図7.19a**は水とトリエチル
アミン，**図7.19b**は水と非イオン界面活性剤(n-C$_{12}$H$_{25}$O(CH$_2$CH$_2$O)$_8$H)
の混合系である。**図7.19b**の下方にある L.C. は液晶形成領域を示すが，
ここでの議論には関係がないので無視してほしい。これらの系で下限臨
界相溶温度の相図が出現するのは，トリエチルアミンや非イオン界面活
性剤の水への溶解機構に原因がある。これらの物質が水に溶けるのは，
窒素原子や酸素原子の孤立電子対(lone pair)に水が水和する(水素結合
する)ことによる(**図7.20**)。水和によるエンタルピーの低下が，溶解の
駆動力である。したがって，温度が上昇して水和が壊れる(脱水和する)
と，溶解できなくなって相分離するのである。

　水とトリエチルアミンの系(**図7.19a**)は，典型的な下限臨界相溶温度を
示す相図を与えている。しかし，水と非イオン界面活性剤の系(**図7.19b**)
は，著しく非対称な相図になっている。水への非イオン界面活性剤の溶

解度（図中の曲線 ABB′）はたいへん小さく，ほとんど水の軸にくっついている。臨界点（点 B 付近）も，水の軸に密接している。これは界面活性剤が単分子で水に溶ける濃度はたいへん小さいことを表しており，界面活性剤の溶解は会合構造（ミセルと呼ばれる）形成に由来するためである[*6]。一方，界面活性剤相の中に水はたいへんよく溶けることがわかる。"界面活性剤が水に溶ける"というよりは，"水が界面活性剤相に溶けることによって，界面活性剤相が分散する"という言い方がより実態に即した表現であろう。

　一般に，高温安定相のほうがエントロピーが大きい（第 6 章 6.3.2 項参照）。したがって，下限臨界相溶温度を示す系では，分離した状態のほうがエントロピーが大きい。溶液よりも相分離したほうがエントロピーが大きいというのは，直感的にわかりにくいかもしれない。それは，脱水和した水が自由になるからと考えるべきである。逆に言えば，溶けるときにはエントロピーは減少するが，エンタルピーがそれ以上に下がる（発熱する）ので溶解することになる。つまり，下限臨界相溶温度を示すという事実だけで，その物質の溶解はエンタルピー支配（発熱）の溶解であることがわかるのである。上記の物質以外にも，ポリ（N–イソプロピルアクリルアミド），メチルセルロース，ポリ酢酸ビニルの部分ケン化物などが，水との二成分系でこの型の相図を示すことが知られている。

C．上下に臨界相溶温度をもつ系の相図

　液／液二成分系の相図の最後に，珍しい例をあげておこう。図 **7.21** は水とニコチン，および，水とエチレングリコールモノブチルエーテル（n-and iso-$C_4H_9OCH_2CH_2OH$）の液／液二成分系の相図である。ともに 2 相分離領域は閉じた環に囲まれており，1 相液体はその外側に存在する。読者の皆さんは，この相図を見てすでに気づいておられるかもしれない。そう，この相図は，上限臨界相溶温度の相図と下限臨界相溶温度の相図が合体したものである。ニコチン分子には窒素原子が 2 個，エチレングリコールモノブチルエーテル分子にはエーテル酸素原子が 1 個とヒドロキシ基が 1 個存在する。そのため水分子と水素結合を結ぶことができ，これらの分子に水和が起こるのである。その水和が水への溶解の駆動力となるので，下限臨界相溶温度の相図が現れる。脱水和した水とニコチンやエチレングリコールモノブチルエーテルは相分離しているが，さらに温度が高くなると，今度はランダムに混ざって混合エントロピーの項が働くようになる。その結果，上限臨界相溶温度の相図が現れる。ほかにも，水とポリエチレングリコールの系も，同様の相図を示すことが知られている。

　以上の説明から推察できることは，下限臨界相溶温度の相図を示す系は，もっと温度を上昇させれば上下に臨界相溶温度をもつ系の相図になるのではないかということである。水とトリエチルアミン（図 **7.19a**），および水と非イオン界面活性剤（図 **7.19b**）の系も，その可能性を秘めているが確認はされていない。

＊6　界面活性剤のこのような挙動に関心のある読者は，次の文献を参考にされたい。K. Tsujii, *Surface Activity-Principles, Phenomena, and Applications*, Academic Press (1998)；辻井 薫，栗原和枝，戸嶋直樹，君塚信夫，コロイド・界面化学，第7章，講談社(2019)。

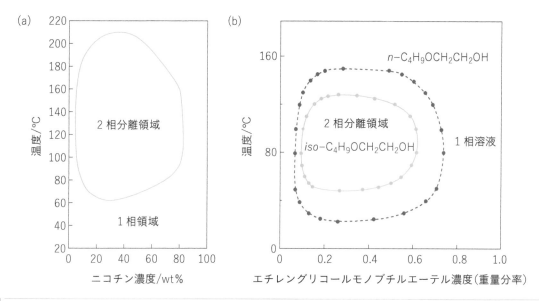

図7.21　水とニコチン(a)，および水とエチレングリコールモノブチルエーテル(b)の液／液二成分系の相図

7.4.3　気／液二成分系

A.　理想溶液に近い気／液二成分系の相図

　理想溶液に近い気／液二成分系の典型的な相図の模式図を図7.22に示す。この葉巻状の形をした図は，固溶体を形成する固／液二成分系の相図(図7.10)にそっくりである。それは，気体(蒸気)相も液体(溶液)相も完全に混ざり合う場合は，固溶体を形成する場合と同じ状況だからである。気体は常に完全に混ざり合って1相になるので，溶液側が混ざる場合のこの相図が，気／液二成分系の相図の典型になるのである。したがって，相図の見方も図7.10の場合とほとんど同じである。まず，純粋なAとBの沸点は，T_A°とT_B°である。T_A°とT_B°を結ぶ2つの曲線は，液体が沸騰する場合の沸点曲線(boiling-point curve)と，気体が凝縮する場合の凝縮曲線(condensation curve)である。

　さて，点aから温度を上げていった場合に起こる変化を追ってみよう。点aでは気体相は存在しないので，液体のみである(図7.23左)。温度が沸点曲線に到達した点bで蒸気相が出現する(図7.23中)が，最初の蒸気相は点gの組成を有している。液相より，沸点の低い成分(B)が多い。さらに温度が上昇すると，蒸気中にはBが多いので，液相の組成はAの方に移動する。それに応じて，蒸発してくる蒸気の組成も次第にAが多くなる。最初に蒸発する気体と後で蒸発する気体は組成が異なるが，(固体の場合と異なり)気体の場合はすぐに混ざり合うので，平衡組成の相図が描かれる。温度が点cに達したときの液相と気相の量比は，l(線分cf)：v(線分ec)になっている(図7.23右)。温度が点dで凝縮曲線に達すると，残りの液体はすべて一気に蒸発する。このときの気体全体の組成は，当然のことながら，点aの組成になっている。

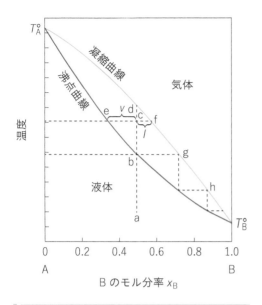

図7.22 気/液二成分系の相図の模式図（理想溶液に近い場合）

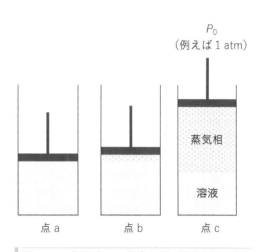

図7.23 相図上での温度上昇に対する系の変化に対するイメージ図

相図（図7.22）中の点a（左図），点b（中央図），点c（右図）の状態。ただし，溶液と蒸気相の体積比は現実とは異なる。

読者の皆さんは，蒸留操作によって物質を精製することはご存知であろう。気/液二成分系の相図は，この蒸留（distillation）の理論を与えるので，それを説明しよう。蒸留とは，ある組成（例えば図7.22中の点a）の液体を沸騰させ，その蒸気を凝縮させてより沸点の低い成分が多くなった液体を取り出す操作であり，点bで蒸発する気相が点gの組成を有していることを利用している。しかし1回の蒸留では，成分Bの純度はそれほど高くならない。そこで，点gの組成の気相をいったん凝縮させ，それをもう一度蒸留すれば，よりBの濃度の高い点hの組成のものが得られる。これを繰り返すと，十分に純度の高いBが得られる。これが多段の蒸留塔による，分別（精密）蒸留（fractional distillation）の技術である。この技術については，**コラム7.3**を参照されたい。

これまで，一定圧力の下で，温度と濃度（組成）を変数とした相図について説明してきた。それは，一般的に実験は大気圧下で行われることが多いためにこの相図の描き方が最もよく使われ，利用もしやすいからである。しかし，ここで1つだけ，圧力と濃度を変数とした相図をあげておこう。原理的には，温度と圧力のどちらを変数にとってもいいわけである。

図7.24に，一定温度の下で，圧力と濃度を変数にとった場合の，理想溶液に近い気/液二成分系の典型的な相図を模式的に示した。横軸の濃度は，溶液中のBの濃度である。この相図と温度を変数とした図7.22を比較すると，蒸気相と液体相の上下が逆になっている。それは，温度が高くなることと圧力が低くなることが，類似の効果を及ぼすからである。温度が高くなると分子運動が盛んになって平均分子間距離が大きくなるが，圧力が低くなっても分子同士が押し付けられる力が弱くなるの

column

コラム7.3　多段蒸留塔による分別(精密)蒸留技術

　7.4.3A 項において, 気/液二成分系の相図を使って蒸留の理論について説明した。1 回の蒸留では, 沸点の低い成分の濃度をそれほど大きくすることはできない。そこで, 一度蒸留した液体をもう一度蒸留すれば, より高い濃度の製品が得られる。しかし, 同じ蒸留操作を何度も繰り返すというのは能が無い。そこで実用的に使われる技術が, 多段蒸留塔による分別蒸留である。図に, 蒸留塔内部の構造の模式図を示す。塔の底部を加熱して液を蒸発させ, 原料の液体を塔の中段から注入する。上の段から落ちてくる液は, 下の段から上昇してきた蒸気に熱せられて, 低沸点成分が蒸発する。

同時に, 下から上昇してきた蒸気の高沸点成分は再び液化して下の段へ落ちる。次にこの蒸発した蒸気がより上の段の液に接してこれを熱するとともに, 蒸気内の高沸点成分は液化する。このようにして, 塔の中で自動的に蒸発と凝縮が繰り返され, 蒸留の回数が稼げることになる(左図を参照)。棚段を作る代わりに塔内に充填物を入れ, 充填物の表面で液の蒸発と蒸気の凝縮を起こさせる方法もある(右図)。このような蒸留塔の性能を表すのに理論段数が使われるが, それは得られた製品の低沸点成分の濃度が何回の蒸留に相当しているかによって決まる。その蒸留回数が理論段数である。

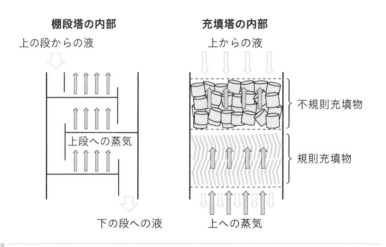

棚段塔の内部

上の段からの液

上段への蒸気

下の段への液

充填塔の内部

上からの液

不規則充填物

規則充填物

上への蒸気

> ▌ **図　多段蒸留塔による分別(精密)蒸留の説明図**
> 蒸留塔には, 棚段塔と充填塔の2種類がある。

で分子間距離が大きくなる。その結果, ともに気体になりやすくなる。液相線を与える圧力は, 純粋な A および B の蒸気圧 P_A° と P_B° を直線で結んだ値になっている。これは, 理想溶液においては, 成分 A の分圧は純粋な A の蒸気圧に溶液中のモル分率をかけた値であることを示すラウールの法則のあらわれである(詳しくは第8章参照)。

　濃度が X_2 で圧力が P_2(点 S の位置)のときは, 液体のみが存在している。圧力が下がって点 B に達すると蒸気相が現れ, その蒸気相の組成は点 A で与えられる。蒸気圧の高い成分(B)の濃度が高くなっている。さらに圧力が下がって点 D に達すると, 液相の組成は点 C に, 気相の組成は点 E に移動する。そして, 液相と気相の量比は, 線分 DE:CD の長さの比である。圧力が点 F まで下がったとき, 残ったすべての液体は気体になる。圧力によるこのような系の状態変化は, 温度変化の場

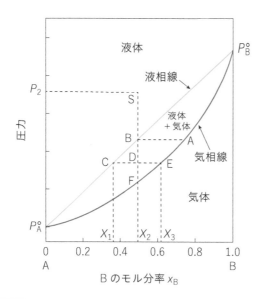

図7.24 圧力と組成を変数とした気/液二成分系の相図の模式図（理想溶液に近い場合）

温度は一定（例えば25℃）の条件。横軸は溶液中のBの濃度。

合と類似しているので，容易に類推できる。

B. 沸点に極大や極小が現れる気/液二成分系の相図

前項で述べた理想溶液に近い系の相図が，典型的な気/液二成分系の相図であるが，それから外れる場合の例をいくつかあげておこう。図7.25a と b はアセトンと二硫化炭素およびアセトンとクロロホルムの気/液二成分系の相図である。図7.25a では沸点に極小が，図7.25bでは極大が現れている。そして，極小（極大）点と純成分の沸点との間に，図7.22 と類似の葉巻状の相図が現れている。混合した2つの成分間の引力相互作用が小さい（あまり仲が良くない）と，互いに避けようとして気体になりやすくなるが，この場合に沸点は極小になる。逆に，2つの成分間の引力相互作用が大きい（仲が良い）場合には，互いに接しているほうが安定なので沸点は極大になるのである。

極小および極大の沸点では，液相と気相の組成（濃度）は同じになっている。したがって，蒸留過程で沸点が変化することもない。このような現象を**共沸**（azeotrope）と呼び，この沸点を**共沸点**（azeotropic point），共沸点における組成を共沸混合物（azeotropic mixture）という。共沸混合物になってしまうと，蒸留によって精製できないので，特別な工夫が必要になる。

C. 液体相が相分離する気/液二成分系の相図

ここまで，2種類の物質が完全に混ざり合う場合の気/液二成分系の相図を扱ってきた。本項の最後に，液体が相分離する場合の気/液二成分系の相図を取り上げよう。図7.26 は水とアニリンの気/液二成分系

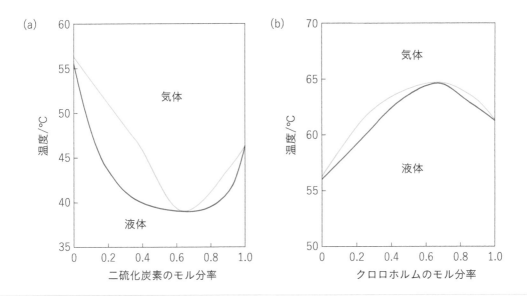

図7.25　アセトンと二硫化炭素(a)およびアセトンとクロロホルム(b)の気／液二成分系の相図

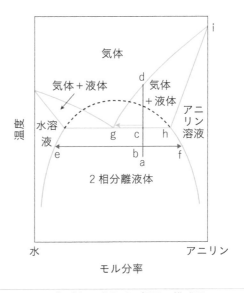

図7.26　水とアニリンの気／液二成分系の相図の模式図

の相図の模式図である。この図は，上限臨界相溶温度(UCST)を示す液／液二成分系の相図(図7.16)の上部に，葉巻状の気／液平衡図が2つ合体したものである。このように考えれば，複雑に見えるこの相図も，どのように読み取ればよいかが理解できるであろう。

　例によって，点 a から温度を上げていくときの系の状態を考えよう。点 b の温度では，点 e の組成と点 f の組成をもつ2種類の溶液が相分離しており，水溶液：アニリン溶液の量比は線分 bf：be になっている。点 c の温度に達したときに気相が現れるが，そのときの蒸気相は点 g(共沸点)の組成を有している。少ないほうの成分(水)がすべて蒸発するま

で共沸点の組成は変化せず，沸点も動かない。すべての水が蒸気相に移った後，溶液相は曲線 hi に沿って，蒸気相は曲線 gi に沿って移動し，点 d の温度ですべての物質は気相に転移する。

　以上で，二成分系の相図の説明を終える。一見複雑に見える相図も，基本の相図の組み合わせ（合体）であることを理解すれば，その読み方もおのずからわかるということを了解していただけたであろう。

三成分系の相図

7.5.1　三角相図における濃度の表し方

　三成分系では，各成分の濃度のみが変数になっている三角形の相図が最もよく使われる。つまり，温度と圧力は一定であると想定されている。まれに，温度や圧力の軸も加えて三次元で表現する場合もあるが，その図を用いなければ説明が困難であるなど，よほどの事情が無い限りは使われない。描くのも解釈するのも難しく，定量的な数値を読み取りにくいからである。しかし，参考までに後で例をあげる。

　図 7.27 に，三成分 A，B，C の三角相図における濃度の表し方を示した。三角形の各頂点にそれぞれの成分 100% をとる。例えば，上の A と記された頂点では A の濃度は 100% で，辺 BC 上では A の濃度は 0% である。頂点 B，C についても，同様のルールを適用する。

　図中の点 a の位置における各成分の濃度は，その点から各辺に垂線を下ろしたときの，その垂線の長さである。点 a から水平に（三角形の辺 BC に平行に）引いた線分 bc 上では，A の濃度は常に一定で，B と C の濃度が変化することは容易に理解できるであろう。また，頂点 A から点 a を通って辺 BC に至る直線 Ad 上では，B と C の濃度比は一定に保たれながら，A の濃度のみが変化する過程を表している。相図は，各

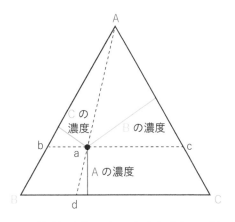

図 7.27　三成分系の相図における濃度の表し方（温度と圧力は一定）

成分がその濃度のときに系がどういう状態であるか(1 相の液体か, 2 相に分離しているか, 結晶か, 液晶か, など)を示している。

7.5.2　三成分系の相図の例

A.　液体三成分系の相図

　図 7.28 に水－フェノール－アセトン三成分系の相図を示す。図 7.28a は, 50℃, 1 atm 下で測定された場合の三角相図である。辺 AB 上は水とフェノールの二成分系の状態を表しており, 水の濃度が 90% 付近から 30% 付近の組成で 2 相に分離している(図 7.17a も参照)。アセトンは水ともフェノールとも完全に溶け合うので, 辺 AC と BC 上では相分離領域はない。この相図から, 水とフェノールの相分離領域は, 共通の溶媒であるアセトン濃度の増加により消滅している様子が見て取れる。また, 図中の yy′y″ で結ばれる直線は連結線(タイライン)で, この線上の組成の液体は常に y′ と y″ の組成をもつ 2 つの相が共存している(7.4.2A 項参照)。2 つの相の組成は同じであるが, その量が yy′y″ 上の位置によって変化する。なお, 連結線上の 2 つの相の組成は, 実験的に求める必要がある。

　水とフェノールの相分離領域は, 温度の上昇とともに小さくなる。図 7.28b にその様子を等温線によって示す(図 7.17a も参照)。この様子を, 温度を縦軸にとった三次元の相図にしたのが図 7.28c である。釣り鐘のような形の穴が見られるが, その内部が相分離領域で, その外側が一様な液体である。

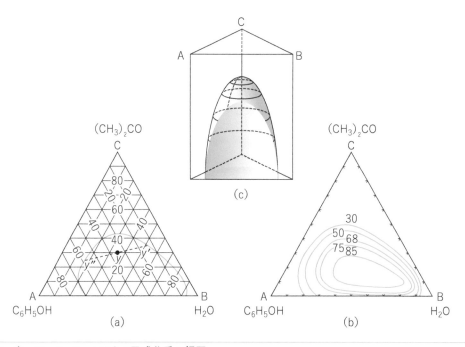

図 7.28　水－フェノール－アセトン三成分系の相図
50℃での測定(a), 温度による相分離領域の変化(b), 温度を縦軸にして三次元で表現した相図(c)。

このように，三次元の相図は全体の様子を概観するには便利であるが，例えば，ある組成の液体がどの温度で 1 相になるのかを定量的に知りたいときは読み取るのが難しいことがわかる。

三成分系の相図に対して，相律を適用してみよう。$f = c - p + 2$（式 (7.1)）で，$c = 3$ であるから，$f = 5 - p$ である。三角相図で表した場合には，温度と圧力を一定に保っているので，自由度が 2 つ減り，$f = 3 - p$ となる。

図 7.28a を使って自由度を求めてみよう。1 相液体の部分（閉じた曲線の外）では，$p = 1$ なので $f = 2$ である。その領域では 2 つの成分の濃度を自由に変化できることを意味している。成分は 3 つあるが，すべての成分の濃度を足せば 100% になるので，自由に動かせる濃度は 2 つである。相の数が 2 つある閉じた曲線の内側では，$p = 2$ なので $f = 1$ となる。つまり，3 つの成分のうちの 1 つの濃度だけが自由に変化できる。なぜなら，分離した 2 つの相中の成分の濃度は一定に保たれなければならず，そのためには連結線上で変化させる必要があるからである。連結線上では，1 つの成分の濃度を決めれば，他の 2 つの成分の濃度は自動的に決まる。7.2.2 項で相律を導出した際，すべての相中のある成分の化学ポテンシャルは等しいという条件を入れた（式 (7.3)）が，それは各相の各成分濃度は変化しないという条件になっている。

B. 固／液三成分系の相図

図 7.29 に水−塩化カリウム−塩化ナトリウム三成分系の三角相図を示す。温度と圧力は一定である。まず，三角形の各辺を見てみよう。

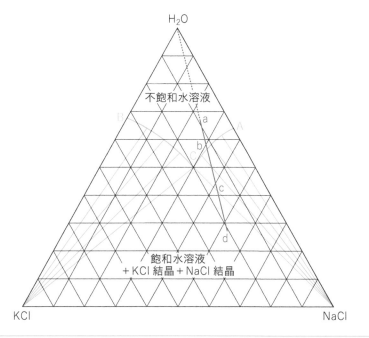

図 7.29　水−塩化カリウム−塩化ナトリウム三成分系の相図

H_2O―NaCl の辺上の点 A は，NaCl の水への溶解度を表している。つまり，点 A より NaCl 寄りの線上では，点 A の濃度の水溶液と固体の NaCl が共存している。H_2O―KCl の辺上の点 B も，同様に KCl の溶解度である。KCl―NaCl 辺上では，純粋な NaCl と KCl の結晶が混在する。

点 A の状態に KCl が添加されると，NaCl の溶解度は曲線 AC に沿って変化する。したがって，点 A―点 C―NaCl 100% の各点がつくる扇状領域内では，純粋な NaCl の結晶と（NaCl と KCl の）水溶液が共存している。

点 B からの KCl の溶解度は，曲線 BC に沿って変化する。したがって，点 C は NaCl と KCl の両方の溶解度である。C―KCl―NaCl のつくる三角形内では，両成分の飽和水溶液と純粋な KCl，NaCl の三相が共存していて，動かせる自由度はない。

さて，点 a の組成の溶液から出発して，水をゆっくり蒸発させて濃縮していった場合を考えよう。その場合には，H_2O の頂点から点 a に引いた直線上を，abcd とたどることになる。不飽和の水溶液である点 a から濃縮されて点 b に至ると，NaCl の溶解度に達するのでその結晶が析出してくる。NaCl の析出にともなって，溶液の組成は bC に沿って変化する。濃縮が点 c まで進むと，KCl の析出が始まる。点 c から点 d への移動では，溶液組成は点 C の位置に留まっており，NaCl と KCl の結晶の析出量が増えてくる。

本項の最後に，鉛（Pb）―ビスマス（Bi）―スズ（Sn）の固／液三成分系の相図を取り上げる（図 7.30）。この系は，三元共融点（ternary eutectic point）を示す例である。つまり，これら 3 種類の金属は部分的にも固溶体を形成することはなく，析出する固体（結晶）は常に純粋なそれぞれの金属である。

まず，Pb, Bi, Sn の融点はそれぞれ 327℃, 271℃, 232℃ である。図 7.30a の三角柱の各面には，2 種類の金属間の共融点が現れている。Pb/Bi, Bi/Sn, Pb/Sn の間の共融点は，それぞれ 127℃, 133℃, 182℃ である。それぞれの共融点に，第 3 成分が加わるとさらに融点降下を起こし，三元共融点の 96℃ にまで達する。三元共融点における組成は，Pb 32%, Bi 52%, Sn 16% である。図 7.30b は，図 7.30a の相図の各種温度における断面図を表している。300℃ では，鉛の濃度が非常に高い場合に限り，少量の Pb の結晶のみが析出し，大部分は 3 種類の金属の液体である。200℃ では，3 種類の金属のうち濃度が高い成分の（純粋な）結晶が析出している。100℃ まで温度が下がると，（仕込みの組成に依存して）どれか 2 種類の金属は結晶化しており，三元共融点の組成に近い液体が残っている。もし仕込み組成が上記の三元共融点の組成であるとすると，共融点の 96℃ まで結晶が析出することはなく，その温度で一気にすべての金属の純粋な結晶が析出することになる。このとき，3 種類の純粋な金属の微結晶が混在する状態になる。

ある組成の液体系が，温度低下にともなってどのように変化するか考えてみよう。例えば，図 7.30a 中の点 a（赤丸）の組成と温度から出発す

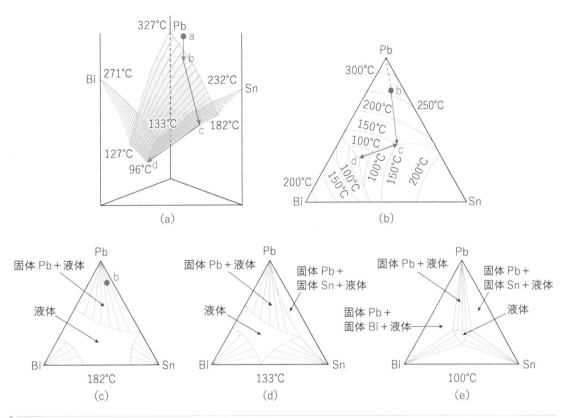

図7.30　鉛（Pb）－ビスマス（Bi）－スズ（Sn）の固／液三成分系の相図
温度を縦軸にした三次元の表現(a)，等温線で表現した三角相図(b)，および二元共融点出現温度(c)，(d)と三元共融点直前の相平衡の状態(e)。

る。赤い矢印で示したように温度が下がり，融点降下を示す面（三成分系なので線ではなく面になる）に出くわすと（点 b），純粋な Pb の結晶が析出し始める。液体側では Pb の濃度のみが低下するので，点 b の位置における Bi と Sn の濃度比が一定の線（図 **7.30c** に描かれている）に沿って組成が変化する。温度がさらに下がり，融点降下面の谷底（Pb と Sn の共融点から出発する谷）の点 c までたどり着くと，Sn の結晶が析出し始める。Pb と Sn の結晶が析出する結果，液体の組成は谷底を三元共融点（点 d）まで移動していく。三元共融点に到達したとき，すべての金属は結晶化する。析出したすべての（純粋な）金属の平均組成は，当然，出発したときの点 a の組成である。

　出発組成が別の場合にたどる変化も，一度読者自身で考えてみていただきたい。

演習問題

7.1 一成分系の相図において，気体と液体の共存曲線には臨界点が存在するが，固体（結晶）と液体の共存曲線上には存在しない。その理由を考察しなさい。

7.2 ギブズの相律を使って，次の状態にある系の自由度の数を示しなさい。また，その自由度を与える変数は何か？
(1) 水と氷が平衡になっている。
(2) 水と氷と水蒸気が平衡になっている。
(3) 食塩（NaCl）が水に飽和以上に投入されて，一部析出して溶液と平衡になっている。（この場合，NaCl，Na^+，Cl^- を三成分とみなす必要があるか？）
(4) 飽和濃度より低濃度の食塩水溶液。
(5) 飽和濃度より低濃度の食塩水溶液が氷と平衡になっている。

7.3 固溶体を形成する固／液二成分系の相図（下図）において，温度 T における結晶と液体の量比が線分の長さ s（線分 bd）と l（線分 dc）の比になることを証明しなさい。

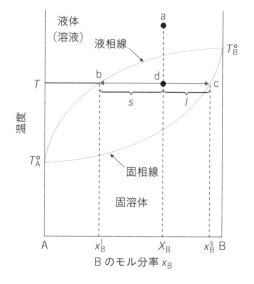

7.4 水／フェノール／アセトン三成分系の相図（図 **7.28a**）において，アセトン 100% の位置（上の頂点）から水とフェノールの濃度比を 2：1 に維持したまま，アセトン 0% まで変化するときの経路を相図上に → で示しなさい。また，そのときにたどる系の状態変化を記述しなさい。特に，線分 yy'y″ 上に到達したときの状態についても述べなさい。

7.5 鉛（Pb）－ビスマス（Bi）－スズ（Sn）の固／液三成分系の相図（図 **7.30**）において，7.5.2B 項でたどった温度変化（点 a から d）の逆コースをたどったときの系の状態変化を説明しなさい。

解答

7.1 固体（結晶）には，分子や原子の配列・配向に秩序があり，また結晶全体としての対称性が存在する。しかし，液体にはこれらの性質はともに存在しない。つまり，結晶と液体は質的に異なる。そのため，結晶と液体は常に明確に区別できる。一方，気体と液体ではいずれも，原子や分子は無秩序に動き回り，気体と液体を区別する指標は量的な密度だけである。したがって，圧力の増加によって密度が区別できなくなると，気体と液体も区別できなくなる。

7.2 ギブズの相律は $f = c - p + 2$ である。それぞれの系について成分数と相の数を決めれば，自由度は決まる。

(1) 成分は水だけなので 1，相の数は水と氷で 2 である。よって，自由度 $f = 1$。変化できる変数は温度か圧力のどちらか（どちらかが決まれば，他方は決まる）。

(2) $c = 1$，$p = 3$ で自由度 $f = 0$。

(3) $c = 2$，$p = 2$ で自由度 $f = 2$。変化できる変数は温度と圧力。NaCl，Na^+，Cl^- と 3 つの化学種は存在するが，それらの間には $NaCl \rightleftarrows Na^+ + Cl^-$ および $[Na^+] = [Cl^-]$ という 2 つの関係式が存在するので，成分数は 1 である。

(4) $c = 2$，$p = 1$ で自由度 $f = 3$。温度，圧力，食塩濃度をいずれも変化できる。

(5) $c = 2$，$p = 2$ で自由度 $f = 2$。圧力と濃度を変化できる。食塩の濃度が決まると，平衡になる温度は融点降下の式で決まる。

7.3 コラム 7.2 中の記号と式(3)を利用する。液相と固相中の A および B のモル分率 x_A^l, x_A^s および x_B^l, x_B^s について，次の 2 つの式が成り立つ。

$$m^l x_B^l + m^s x_B^s = m_B \qquad (ⅰ)$$

$$m^l x_A^l + m^s x_A^s = m_A \qquad (ⅱ)$$

式(ⅰ)と式(ⅱ)をコラム 7.2 の式(3)に代入すると，次式が得られる。

$$X_B = \frac{m^l x_B^l + m^s x_B^s}{m^l x_A^l + m^s x_A^s + m^l x_B^l + m^s x_B^s} \qquad (ⅲ)$$

$x_A^l = 1 - x_B^l$, $x_A^s = 1 - x_B^s$ を使って式(ⅲ)を変形して整理すると，次式のようになる。

$$X_B = \frac{m^l x_B^l + m^s x_B^s}{m^l + m^s} \qquad (ⅳ)$$

この式を書き直せば，目的とする式が次のように得られる。

$$\frac{m^s}{m^l} = \frac{X_B - x_B^l}{x_B^s - X_B} \equiv \frac{s}{l} \qquad (ⅴ)$$

7.4 アセトン 100% の位置から水とフェノールの濃度比を 2:1 に維持したまま，アセトン 0% まで変化するときの経路を相図（**下図**）上に赤い矢印で示した。この経路における系の変化は，次の通りである。アセトン 100% の頂点 C から相分離領域に入る点 a までは，三成分の一様な溶液である。点 a からアセトン 0% の辺 AB に達する点 c まで，常に 2 相に分離している。特に連結線 yy′y″ 上に到達した点 b では，2 種類の溶液は y′ と y″ の組成を有しており，それぞれの組成の溶液の量比は $l_1 : l_2$ になっている。アセトン 0% の辺 AB 上の点 c では，水が 90% 余りの溶液とフェノールが 70% 程度の溶液に分離している。

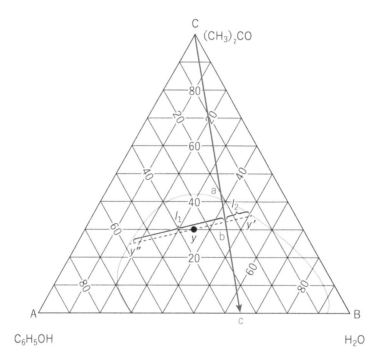

7.5 まず，三元共融点（96℃）より低い温度では，鉛（Pb），ビスマス（Bi），スズ（Sn）はそれぞれ純粋な金属として析出している。ただし，大きな塊としてではなく，微結晶の集合体になっている。三元共融点（点 d：96℃）に達すると，共融点の組成（Pb：32%，Sn：16%，Bi：52%）の液体が出現する。この温度で，Bi はすべて融解する。融点降下を示す面の谷底に沿って点 d から点 c まで温度が上昇するとき，Pb と Sn が徐々に融けて液体相に移動する。そのため，液体組成は Bi が希釈される方向に動く。点 c で Sn はすべて融解し，温度がさらに上昇すると点 c から点 b に向かって徐々に Pb の融解が続く。点 b で Pb も完全に融解し終えて，すべてが液体となる。このときの液体組成は当然，仕込み組成（点 a の組成）である。

第**8**章

溶　液

　　多種類の物質が原子や分子のレベルで混ざり合ったものを溶液（solution）という。その状態が気体であっても，液体であっても，固体であっても，溶液という。固体の溶液を固溶体と呼ぶことはすでに述べた（第7章7.4.1B項）。これまでにも，溶液を何度か取り扱ってきたが，溶液には独特の決まりや約束事があるので，本章でまとめて溶液の熱力学を取り上げる。

　　熱力学から見た溶液の本質は，混合エントロピーである。2種類以上の物質が混ざり合うことによって，原子や分子がとる位置（配置）の場合の数が著しく大きくなる。これが混合エントロピーである。そして，この混合エントロピーが，溶液を形成しようとする駆動力である。物質が混ざることによるエンタルピー変化（混合熱，溶解熱）は，この駆動力に付け加わる補正項にすぎない。

　　言うまでもなく，化学の研究においても溶液はたいへん重要である。溶液の熱力学的取り扱いを，本章で十分に身に付けてほしい。

8.1 分子間相互作用と溶液の種類

日常生活や産業プロセスの多くの場面で，溶液が利用される。煮物を調理する，洗濯する，コーヒーを淹れる，反応釜で化学反応を遂行する，牛乳からチーズを製造する，シャンプーを配合するなど，あらゆる場面で溶液が使われている。

溶液の本質は混合エントロピーで，その補正項が混合によるエンタルピー変化である[*1]。混合エンタルピーは，溶液を形成する分子間の相互作用に依存する。この補正項が 0 か有限かで，いろいろな溶液が定義される。ここでは，それらの溶液の種類について解説する。

図 8.1 に，液体 A と液体 B およびそれらの溶液の模式図を示す。分子 A 同士，分子 B 同士および分子 A/B 間の(引力)相互作用のエネルギー(凝集エネルギー)を，それぞれ W_{AA}, W_{BB}, W_{AB} とする。もし $W_{AA} = W_{BB} = W_{AB}$ ならば，A と B の混合によるエネルギーの出入りが無い(溶液の形成において発熱も吸熱も無い)ことは明白である。このように理想化された溶液を**理想溶液**(ideal solution)と呼ぶ。混合にともなうエネルギーの出入りが無い場合は，上記にかぎらない。$W_{AB} = (W_{AA} + W_{BB})/2$ を満たす場合も，同様に発熱も吸熱も無い[*2]。この場合を**無熱溶液**(athermal solution)と定義する[*3]。分子 A/B 間の相互作用のエネルギーが，分子 A 同士および分子 B 同士の相互作用エネルギーの算術平均にならない場合，2 つの成分の混合によって熱の出入りが発生する。その平均から外れるエネルギーを W と記し，次のように定義する。

$$2W = W_{AA} + W_{BB} - 2W_{AB} \tag{8.1}$$

W は，分子 A/B 間の(引力)相互作用が大きいときに負になり，分子 A 同士や分子 B 同士の相互作用より小さいときに正になる。つまり，W の大きさ(正か負か)は，混合時に発熱($W < 0$)するか吸熱($W > 0$)するかの目安であり，エンタルピー的に両者が混ざりやすいか混ざりにくいかを表現している。仮に W が 0 でなくても，その値が大きくなければ(例えば熱エネルギー RT 程度ならば)，A と B の分子はほぼランダムに混ざるであろう。このような溶液を**正則溶液**(regular solution)と呼ぶ[*4]。

*1　混合エントロピーについては，すでに第1章1.2.2項および図1.4B, 1.2.3B項および図1.10で取り上げた。

*2　ここでは，分子A同士と分子B同士の対が解けて，新たに2つの分子A/Bの対ができるときのエネルギーの出入りを問題にしている。分子A同士と分子B同士の対が解けるとき(分子間の距離が無限大になるとき)，系のエネルギー変化(吸熱)は $W_{AA} + W_{BB}$ である。一方，分子A/Bの対が新たに2つできるときのエネルギー変化(発熱)は $-2W_{AB}$ である。したがって，合計のエネルギー変化は $W_{AA} + W_{BB} - 2W_{AB} = 0$ となる。

*3　無熱溶液も含めて，理想溶液と定義する場合もある。また無熱溶液を理想溶液と定義し，$W_{AA} = W_{BB} = W_{AB}$ の場合を完全溶液(perfect solution)と呼ぶ場合もある。単行本や論文で，著者がどの定義を使用しているかに注意する必要がある。本書では，本文中に述べたように，理想溶液($W_{AA} = W_{BB} = W_{AB}$ の場合)と無熱溶液($W_{AB} = (W_{AA} + W_{BB})/2$ の場合)の呼称で統一する。

*4　正則溶液の，より正確な表現については後述する。

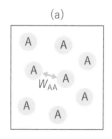

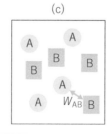

$W_{AA} = W_{BB} = W_{AB}$：理想溶液

$W_{AB} = (W_{AA} + W_{BB})/2$：無熱溶液

$W_{AB} \neq (W_{AA} + W_{BB})/2$：正則溶液
　　　　　　　　　　　　　実在溶液など

図8.1　分子間相互作用と溶液の種類
(a)液体A，(b)液体B，(c)AとBの溶液中における分子間相互作用。

表8.1 溶液の種類とそれらの要件

溶 液	分子間相互作用の要件	混合エントロピー	混合エンタルピー	その他の要件
理想溶液	$W_{AA} = W_{BB} = W_{AB}$	$\Delta S_{mix} = -R(x_1 \ln x_1 + x_2 \ln x_2)$	$\Delta H_{mix} = 0$	分子の大きさが同じ
無熱溶液	$W_{AB} = (W_{AA} + W_{BB})/2$	$\Delta S_{mix} = -R(x_1 \ln x_1 + x_2 \ln x_2)$	$\Delta H_{mix} = 0$	分子間会合などは無い
正則溶液	$W_{AB} \neq (W_{AA} + W_{BB})/2$	$\Delta S_{mix} \approx -R(x_1 \ln x_1 + x_2 \ln x_2)$	$\Delta H_{mix} \neq 0$	分子間会合などは無い
実在溶液	$W_{AB} \neq (W_{AA} + W_{BB})/2$	$\Delta S_{mix} \neq -R(x_1 \ln x_1 + x_2 \ln x_2)$	$\Delta H_{mix} \neq 0$	無し

実在溶液(real solution)では，W が正や負の大きな値になることがある。大きな正の値になる場合には，ある値以上で溶液は相分離する。逆に，大きな負の値になる場合には，両成分間で会合体や分子間化合物を形成したりすることがある。分子会合体を形成するような特殊な溶液（組織体溶液）については，8.6 節で取り上げる。分子間相互作用と溶液の種類の関係を表 8.1 にまとめた。

混合エントロピーの定式化

本章の冒頭で，混合エントロピーが溶液の本質であると述べた。ここでは，その混合エントロピーをどう記述するかについて説明する。

図 **8.2a** は，理想気体 A と B が隔壁のある容器に分けて入れられている様子を示している。それぞれの気体が入っている容器の体積は V_A, V_B で，気体の量は n_A, n_B モルである。また，温度と圧力は共通で T, P であるとする。容器中の隔壁を取り除くと気体は混ざり合って，やがて図 **8.2b** のようになるであろう。このとき，気体 A（緑色の丸）の獲得するエントロピーは $n_A R \ln\{(V_A + V_B)/V_A\}$ で，気体 B（黄色の丸）の獲得するエントロピーは $n_B R \ln\{(V_A + V_B)/V_B\}$ である（第 1 章 1.2.2A 項および演習問題 1.2，第 4 章 4.2.3 項参照）。したがって，気体 A と B が混合する過程におけるエントロピーの増加分（混合エントロピー）ΔS_{mix} は，次式で表される。

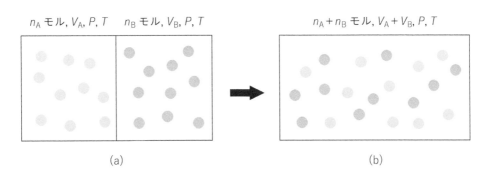

n_A モル, V_A, P, T　　n_B モル, V_B, P, T　　　　　　$n_A + n_B$ モル, $V_A + V_B$, P, T

(a)　　　　　　　　　　　　　　　　(b)

図8.2 混合エントロピーを説明する図

$$\Delta S_{mix} = n_A R \ln\left(\frac{V_A + V_B}{V_A}\right) + n_B R \ln\left(\frac{V_A + V_B}{V_B}\right) \tag{8.2}$$

いまは理想気体を取り扱っているので，体積は気体の量（モル数）に比例する[*5]。そのため，式(8.2)は次式のように書き直せる。

$$\Delta S_{mix} = n_A R \ln\left(\frac{n_A + n_B}{n_A}\right) + n_B R \ln\left(\frac{n_A + n_B}{n_B}\right) \tag{8.3}$$

モル分率 x_A と x_B の定義は，$n_A/(n_A + n_B)$ および $n_B/(n_A + n_B)$ であるから，式(8.3)は次式のようになる。

$$\Delta S_{mix} = -n_A R \ln x_A - n_B R \ln x_B \tag{8.4}$$

モル分率 x は 1 より小さいので，$\ln x$ は負である。したがって，混合エントロピーは，当然のことながら正になる。

ΔS_{mix} を混合気体（理想気体）1 モルあたりのエントロピーとして表現すると，右辺を $(n_A + n_B)$ で割ることになるので，次式が得られる。

$$\Delta S_{mix} = -x_A R \ln x_A - x_B R \ln x_B = -R(x_A \ln x_A + x_B \ln x_B) \tag{8.5}$$

混合エントロピーに関するこの式は，成分 i を含む（理想気体の）「溶液」について一般的に成り立つので，最終的に次式が得られる。

$$\Delta S_{mix} = -R \sum_{i=1} x_i \ln x_i \tag{8.6}$$

　ここまで，議論をわかりやすくするために理想気体を取り扱ってきた。しかし，理想溶液であれば液体であっても固体であってもまったく同じ議論が成り立つ。なぜなら，理想溶液には，各成分の分子の大きさが同じという要件があるからである。分子の大きさがどの成分も同じであれば，体積と分子数（モル数）は比例するから，上記の議論はそのまま成立する。

　無熱溶液には分子の大きさが同じという要件はないが，やはり混合エントロピーは同じ式で表される。それは，最終的に得られた混合エントロピーの式(8.5)や式(8.6)が，分子が完全にランダムに混ざり合う場合に成立するからである。分子間相互作用エネルギー W が 0 でない正則溶液や実在溶液では，分子は完全にランダムには混ざり合わない。しかし正則溶液では相互作用は小さく，ほぼランダムに混ざることが仮定されている。

　実在溶液の場合は相互作用が大きく，混合エントロピーに補正が必要になる。例えば W が負の場合は，A と B の引力相互作用が大きいので，分子 A のまわりには分子 B が比較的多くなる。分子 B のまわりの分子 A に関しても同様である。このような場合には，完全にランダムな混合は起こらない。理想溶液からのずれに関する補正については，8.4 節を参照いただきたい。

8.3 | 理想溶液の自由エネルギーと化学ポテンシャル

前節では，理想溶液の混合エントロピーについて述べた。本節では，その延長として，理想溶液の自由エネルギーと化学ポテンシャルについて述べる。これらの量は，相平衡や化学平衡などの議論で最もよく利用される。

8.3.1 自由エネルギーと化学ポテンシャルの定式化

再び，図 8.2 の過程を考えよう。前節ではこの過程のエントロピー変化を取り扱ったが，今回は自由エネルギー変化を考える。溶液状態（混合状態，図 8.2b）の自由エネルギーを G_{A+B}，混合前の純粋な A と B の 1 モルあたりの自由エネルギーをそれぞれ G_A°, G_B° とすると，混合過程における自由エネルギー変化 ΔG_{mix} は次式のようになる。

$$\Delta G_{mix} \equiv G_{A+B} - (n_A G_A^\circ + n_B G_B^\circ) = \Delta H_{mix} - T\Delta S_{mix} \tag{8.7}$$

いまは理想溶液を考えているので，$\Delta H_{mix} \equiv H_{A+B} - (n_A H_A^\circ + n_B H_B^\circ) = 0$ である。また，ΔS_{mix} は式(8.4)で与えられている。したがって，式(8.7) は次式のようになる。

$$\Delta G_{mix} \equiv G_{A+B} - (n_A G_A^\circ + n_B G_B^\circ) = RT(n_A \ln x_A + n_B \ln x_B) \tag{8.8}$$

1 モルあたりの自由エネルギー G_A°, G_B° とは，純粋な A および B の化学ポテンシャルのことであるから，それぞれ μ_A°, μ_B° と書ける。したがって，溶液状態（混合状態）の自由エネルギー G_{A+B} は次式で表される。

$$G_{A+B} = n_A \mu_A^\circ + n_B \mu_B^\circ + RT(n_A \ln x_A + n_B \ln x_B) \tag{8.9}$$

化学ポテンシャルの定義（第 6 章 6.1.2 項参照）により，溶液中の成分 A および B の化学ポテンシャル μ_A, μ_B は次のように表される。

$$\mu_A \equiv \frac{\partial G_{A+B}}{\partial n_A} = \mu_A^\circ + RT \ln x_A \tag{8.10}$$

$$\mu_B \equiv \frac{\partial G_{A+B}}{\partial n_B} = \mu_B^\circ + RT \ln x_B \tag{8.11}$$

これらの式は，第 6 章で導いた式と同じである（コラム 6.2 の式(1)と(2)参照）。

8.3.2 理想溶液における気/液平衡

前項で，理想溶液中のある成分の化学ポテンシャルを定式化した。それを利用して，図 8.3 に示すような理想溶液における気/液平衡を求めよう。液相中の分子 A と B のモル分率を x_A, x_B とし，そのときの気相の圧力を P，その中の A と B の分圧を P_A, P_B とする。当然，$P = P_A + P_B$ である。まず，分子 A に対する気/液平衡を考える。気相中の A の化学

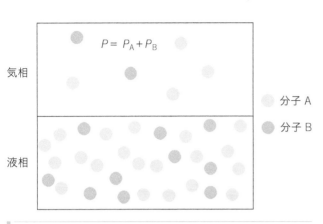

図8.3　理想溶液の気／液平衡

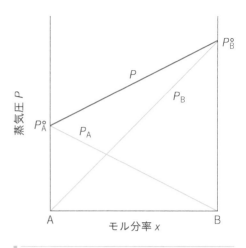

図8.4　ラウールの法則を説明する図
理想溶液中の各成分の分圧はモル分率に比例するので，全圧は各成分の飽和蒸気圧を直線的に結んだ値となる。

ポテンシャルは $RT \ln P_A$ で，液相中のそれは $\mu_A^{\circ} + RT \ln x_A$ である。平衡状態では両者は等しいので，以下の式が成り立つ。

$$RT \ln P_A = \mu_A^{\circ} + RT \ln x_A \tag{8.12}$$

$$RT(\ln P_A - \ln x_A) = RT \ln(P_A/x_A) = \mu_A^{\circ} \tag{8.13}$$

$$\ln(P_A/x_A) = \frac{\mu_A^{\circ}}{RT} \tag{8.14}$$

ここで，$x_A = 1$ のときの P_A を考えると，純粋な A の液体の気相の圧力であるから，A の飽和蒸気圧 P_A° であり，したがって $\ln P_A^{\circ} = \mu_A^{\circ}/(RT)$ となる。つまり，$\ln(P_A/x_A) = \ln P_A^{\circ}$ となり，最終的に次式が得られる。

$$P_A = P_A^{\circ} x_A \tag{8.15}$$

　理想溶液中のある成分と平衡にある気相中の分圧は，その成分の飽和蒸気圧に溶液中のモル分率をかけた値になる。これを**ラウールの法則**（Raoult's law）と呼ぶ。**図 8.4** にラウールの法則について示した。理想溶液中の各成分の分圧はモル分率に比例するので，全圧は各成分の飽和蒸気圧を直線的に結んだ値となる。コラム 6.2 では，ラウールの法則は（実験的に）正しいものとして，逆の過程をたどって理想溶液中の成分の化学ポテンシャルを定式化した。ここでは，ラウールの法則の熱力学的導出を行ったことになる。

理想溶液からのずれとその補正

8.4.1 活量と活量係数

混合(溶液形成)にともなうエンタルピー変化が 0 である理想溶液では，式(8.7)から出発して，式(8.8)以降の式を導くことができた。しかし，$\Delta H_{\mathrm{mix}} \neq 0$ である(分子間相互作用エネルギー W が 0 でない)場合には，8.3.1 項で行った定式化はできなくなる。ΔH_{mix} が n_{A}, n_{B} の関数として表されていれば，式(8.8)以降に進むことも可能であるが，一般的にはどのような関数であるか不明である。ここでは，8.1 節で述べた正則溶液を取り上げ，その場合の ΔH_{mix} に関する表式を使って定式化を行う。

正則溶液の場合には，n_{A} モルの分子 A と n_{B} モルの分子 B が混合する場合のエンタルピー ΔH_{mix} は次式で表される[*6]。

$$\Delta H_{\mathrm{mix}} = \frac{z n_{\mathrm{A}} n_{\mathrm{B}}}{n_{\mathrm{A}} + n_{\mathrm{B}}} W \tag{8.16}$$

ここで，z は定数で，溶液中のある分子のまわりに配位する他の分子の数に依存する。式(8.7)の ΔH_{mix} に式(8.16)を代入して，それ以降の式を導いてみよう。溶液(混合系)の自由エネルギー(式(8.9))は，次式のように変更される。

$$G_{\mathrm{A+B}} = n_{\mathrm{A}} \mu_{\mathrm{A}}^{\circ} + n_{\mathrm{B}} \mu_{\mathrm{B}}^{\circ} + \frac{z n_{\mathrm{A}} n_{\mathrm{B}}}{n_{\mathrm{A}} + n_{\mathrm{B}}} W + RT(n_{\mathrm{A}} \ln x_{\mathrm{A}} + n_{\mathrm{B}} \ln x_{\mathrm{B}}) \tag{8.17}$$

正則溶液ではほぼランダムに混ざるので，エントロピー変化には理想溶液の場合と同じ表式を使っている。

つづいて，化学ポテンシャルは以下のように表される。

$$\mu_{\mathrm{A}} \equiv \frac{\partial G_{\mathrm{A+B}}}{\partial n_{\mathrm{A}}} = \mu_{\mathrm{A}}^{\circ} + \left(\frac{n_{\mathrm{B}}}{n_{\mathrm{A}} + n_{\mathrm{B}}}\right)^2 zW + RT \ln x_{\mathrm{A}} = \mu_{\mathrm{A}}^{\circ} + zW x_{\mathrm{B}}^2 + RT \ln x_{\mathrm{A}} \tag{8.18}$$

$$\mu_{\mathrm{B}} \equiv \frac{\partial G_{\mathrm{A+B}}}{\partial n_{\mathrm{B}}} = \mu_{\mathrm{B}}^{\circ} + \left(\frac{n_{\mathrm{A}}}{n_{\mathrm{A}} + n_{\mathrm{B}}}\right)^2 zW + RT \ln x_{\mathrm{B}} = \mu_{\mathrm{B}}^{\circ} + zW x_{\mathrm{A}}^2 + RT \ln x_{\mathrm{B}} \tag{8.19}$$

ここで，分子間相互作用(混合によるエンタルピー変化)の存在によって現れる項(zWx^2)を以下のように置き換える。

$$RT \ln \gamma_{\mathrm{A}} = zW x_{\mathrm{B}}^2 \tag{8.20}$$
$$RT \ln \gamma_{\mathrm{B}} = zW x_{\mathrm{A}}^2 \tag{8.21}$$

この置き換えを行うと，化学ポテンシャルは次のように書ける。

$$\mu_{\mathrm{A}} = \mu_{\mathrm{A}}^{\circ} + RT \ln \gamma_{\mathrm{A}} x_{\mathrm{A}} \equiv \mu_{\mathrm{A}}^{\circ} + RT \ln a_{\mathrm{A}} \tag{8.22}$$
$$\mu_{\mathrm{B}} = \mu_{\mathrm{B}}^{\circ} + RT \ln \gamma_{\mathrm{B}} x_{\mathrm{B}} \equiv \mu_{\mathrm{B}}^{\circ} + RT \ln a_{\mathrm{B}} \tag{8.23}$$

このようにして導入された量 a_{A}, a_{B} を，それぞれ成分 A および B の

[*6] 分子 A 同士と分子 B 同士の対が解けて，新たに分子 A/B の対ができるときのエネルギーが W である。したがって，溶液全体のエンタルピーの出入りを計算するには，溶液中で分子 A/B の対がどれだけできるかを考える必要がある。正則溶液では，分子はほぼランダムに混ざることが仮定されているので，ある分子 A のまわりに分子 B がくる確率は $n_{\mathrm{B}}/(n_{\mathrm{A}} + n_{\mathrm{B}})$ である。分子 A は溶液中に n_{A} モル存在するから，溶液中で分子 A/B の対ができる数は $n_{\mathrm{A}} n_{\mathrm{B}}/(n_{\mathrm{A}} + n_{\mathrm{B}})$ に比例する。比例定数を z とすれば，式(8.16)が得られる。比例定数 z は，分子 A のまわりに(配位して)いる平均的な分子の数に関係する値であることは理解できるであろう。

活量(activity)と呼び,混合エンタルピーが 0 でない場合の濃度のように扱う。実際の濃度(モル分率)とはもちろん異なるが,熱力学的な各成分の働き(作用)としては,モル分率のごとくふるまう。また,実際のモル分率と活量との係数である γ_A と γ_B は,それぞれの成分の**活量係数**(activity coefficient)と呼ばれる。

式(8.17)〜式(8.21)を導くときには,正則溶液の場合を仮定した。しかし,最後に示された式(8.22)と式(8.23)は,実在溶液にも適用される。活量および活量係数を,理想溶液からのずれの補正として一般的に扱うわけである。ただしその場合には,活量係数は式(8.20)と式(8.21)では表せない。

8.4.2 活量の濃度依存性

分子 A/B 間の(引力)相互作用が大きいとき,式(8.1)の W は負になり,分子 A 同士や分子 B 同士の相互作用より小さいときには正になる。W が負の場合には,式(8.20)および式(8.21)から,活量係数は 1 より小さくなる。これは,成分 A の活量 a_A(溶液中における成分 A の有効濃度)が実際の濃度 x_A より小さくなることを意味する。擬人的に言えば,分子 A が B によって引っ張られるために,A が単独でいる場合ほど活発には動けないことを表している。W が正で,$\gamma_A > 1$ のときはその逆である。

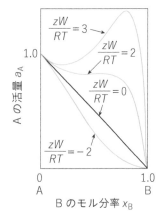

図 8.5 に溶液中で実際に働く活量(有効濃度)a_A と組成(B のモル分率)の関係を示した。W が 0 のときは理想溶液(もしくは無熱溶液)であるから,モル分率と活量は同じで,直線的に変化する。図からわかるように,W が正である程度より大きいと,a_A が 1 より大きくなってしまう領域が出現する。活量とは有効な濃度(モル分率相当)であるから,1 より大きいことはあり得ない。このような場合,溶液はもはや 1 相では存在し得ず,2 相に分離する。1 相で存在しうるか,2 相に分離するかの境界は $zW = 2RT$ である。

最後に,W が負で非常に大きい特別な場合について考えておこう。この場合には,分子 A/B 間の引力が非常に強く,溶液中で分子 A/B 対が常に存在するようになる。このようなとき,A,B 両分子は分子間化合物もしくは付加化合物を形成する。例えば,モル比 1:1 の分子間化合物が形成されたとすると,そのモル比の組成においては A・B という新しい化合物のみが存在し,A も B も単独では存在しない。したがって,A の有効濃度 a_A は 0(つまり $\gamma_A = 0$)となる。このような場合について形式的に式(8.20)を適用すると,$W = -\infty$ となってしまう。分子間化合物が形成されるような強い相互作用の存在する系に,正則溶液の理論は当てはまらないので,$W = -\infty$ というのは無意味である。しかしながら,分子間化合物が形成されるような系では,W が負で非常に大きな値をもつのだということは,定性的に理解できる。

図の縦軸: A の活量 a_A
図の横軸: B のモル分率 x_B
図中: $\dfrac{zW}{RT} = 3$, $\dfrac{zW}{RT} = 2$, $\dfrac{zW}{RT} = 0$, $\dfrac{zW}{RT} = -2$

図8.5 種々の分子間相互作用の下における,成分Aの活量 a_A と組成(成分Bのモル分率)の関係

column

コラム 8.1　溶解度パラメータ

理想溶液や無熱溶液では，二成分の混合によるエンタルピー変化が無いので，溶液形成は混合エントロピーの支配によって決まる。この場合には，2つの成分はどのような割合にでも混ざり，溶解度は存在しない。溶解度が存在するのは，成分間に相互作用が存在するからである。分子 A/B 間の（引力）相互作用が，分子 A 間や分子 B 間相互作用より小さいときに相分離が起こり得て，溶解度が存在する（8.4.2 項参照）。したがって，溶解度を予測するためには，この分子間相互作用を見積もる方法があればよい。その一つが溶解度パラメータ（solubility parameter）を使う方法である。

いま，液体 A と液体 B から形成される二成分の溶液を考える。このとき，分子 A 同士および分子 B 同士の相互作用エネルギー（8.1 節における W_{AA}，W_{BB} に相当）を，A および B の蒸発エネルギー（の符号を逆にした量）とするのは妥当な考えであろう。1 モルあたりの A と B の蒸発エネルギーを ΔE_A^v，ΔE_B^v とし，分子 A/B 間の相互作用エネルギー（ΔE_{AB}^v）を次式のように仮定する[a]。これは，正則溶液を仮定することと同義である。つまり，この方法では正則溶液が想定されていることになる。

$$\Delta E_{AB}^v = \sqrt{\Delta E_A^v \Delta E_B^v} \tag{1}$$

さて，これらの近似の下に，この溶液の溶解（混合）エンタルピーを計算してみよう。

n_A モルの分子 A と n_B モルの分子 B から，$n_A + n_B$ モルの溶液ができる場合を考える。分子 A と分子 B は大きさが異なり，それぞれの 1 モルあたりの体積を V_A および V_B とする。分子 A 同士と分子 B 同士の接触が部分的に消滅して，新たに分子 A/B の接触ができるときのエネルギーが $-\Delta E_{AB}^v$ である。したがって，溶液全体のエンタルピーの出入りを計算するには，溶液中で，分子 A 同士および分子 B 同士の接触がどれだけ残り，新たに分子 A/B の接触がどれだけできるかを考える必要がある。

正則溶液では，分子はほぼランダムに混ざることが仮定されているので，ある分子 A が分子 B と接触する確率は，分子 A のまわりの分子 B の体積

分率 $n_B V_B / (n_A V_A + n_B V_B)$ に比例するであろう。分子 A は溶液中で $n_A V_A$ の体積を占めるから，溶液中で分子 A/B が接触する確率は $n_A V_A n_B V_B / (n_A V_A + n_B V_B)$ に比例する[b]。同様に，この溶液中で分子 A 同士が接触する確率は $(n_A V_A)^2 / (n_A V_A + n_B V_B)$ で，分子 B 同士が接触する確率は $(n_B V_B)^2 / (n_A V_A + n_B V_B)$ である。

以上で準備が整ったので，いよいよ混合エンタルピーを計算しよう。溶液中で分子 A 同士が接触することによる凝集エネルギーは，$-(\Delta E_A^v / V_A) \times (n_A V_A)^2 / (n_A V_A + n_B V_B) = -n_A^2 V_A \Delta E_A^v / (n_A V_A + n_B V_B)$ となる[c]。同様に，分子 B 同士の接触に対して $-n_B^2 V_B \Delta E_B^v / (n_A V_A + n_B V_B)$ が得られる。分子 A/B が接触することによる凝集エネルギーは，$-\Delta E_{AB}^v / (V_A^{1/2} V_B^{1/2}) \times 2 n_A V_A n_B V_B / (n_A V_A + n_B V_B)$ となる[d]。これら 3 種類の凝集エネルギーの和から，純粋な A および B の凝集エネルギー $-(n_A \Delta E_A^v + n_B \Delta E_B^v)$ を差し引けば，溶液の形成による混合エンタルピー変化 ΔH_{mix} が求まる。つまり，次式が成り立つ。

$$\begin{aligned}
&\Delta H_{mix} \\
&= \frac{-n_A^2 V_A \Delta E_A^v - 2 n_A n_B V_A^{1/2} V_B^{1/2} \Delta E_{AB}^v - n_B^2 V_B \Delta E_B^v}{n_A V_A + n_B V_B} \\
&\quad + n_A \Delta E_A^v + n_B \Delta E_B^v \\
&= \frac{n_A V_A n_B V_B}{n_A V_A + n_B V_B} \left(\frac{\Delta E_A^v}{V_A} - 2 \frac{\Delta E_{AB}^v}{V_A^{1/2} V_B^{1/2}} + \frac{\Delta E_B^v}{V_B} \right)
\end{aligned} \tag{2}$$

この式中の ΔE_{AB}^v に近似式(1)を代入すると，次式に変換できる。

$$\Delta H_{mix} = \frac{n_A V_A n_B V_B}{n_A V_A + n_B V_B} \left\{ \left(\frac{\Delta E_A^v}{V_A} \right)^{1/2} - \left(\frac{\Delta E_B^v}{V_B} \right)^{1/2} \right\}^2 \tag{3}$$

ここで，$(\Delta E_A^v / V_A)^{1/2}$，$(\Delta E_B^v / V_B)^{1/2}$ を溶解度パラメータと呼び，それぞれ δ_A，δ_B と記す。このように定義すると，ΔH_{mix} は次式のように書ける。

$$\Delta H_{mix} = \frac{n_A V_A n_B V_B}{n_A V_A + n_B V_B} (\delta_A - \delta_B)^2 \tag{4}$$

この式から，次の事柄が理解できる：(1)溶解度パラメータは物質固有の値として与えられる（がしか

し，温度依存性はある），（2）混合にともなうエンタルピー変化は負になることはない，それは成分間に会合や水素結合のような強い相互作用の存在を想定しない正則溶液を扱っているからである，（3）溶解度パラメータが互いに近い値であるほどよく溶け合う。なぜなら，（正の）エンタルピーが小さいので混合エントロピーの項が支配的に働くからである。

溶解度パラメータによる取り扱いでは，溶液中の A/B 二成分間の相互作用エネルギーが式（4）で表されるのであるから，8.4.1 項における式（8.17）〜式（8.21）は次のようになる。

$$G_{A+B} = n_A\mu_A^\circ + n_B\mu_B^\circ + \frac{n_A V_A n_B V_B}{n_A V_A + n_B V_B}(\delta_A - \delta_B)^2 \\ + RT(n_A\ln x_A + n_B\ln x_B) \qquad (5)$$

したがって，化学ポテンシャルは次のように表される。

$$\mu_A \equiv \frac{\partial G_{mix}}{\partial n_A}$$
$$= \mu_A^\circ + V_A\left(\frac{n_B V_B}{n_A V_A + n_B V_B}\right)^2(\delta_A - \delta_B)^2 + RT\ln x_A$$
$$= \mu_A^\circ + V_A\phi_B^2(\delta_A - \delta_B)^2 + RT\ln x_A \qquad (6)$$

$$\mu_B \equiv \frac{\partial G_{mix}}{\partial n_B}$$
$$= \mu_B^\circ + V_B\left(\frac{n_A V_A}{n_A V_A + n_B V_B}\right)^2(\delta_A - \delta_B)^2 + RT\ln x_B$$
$$= \mu_B^\circ + V_B\phi_A^2(\delta_A - \delta_B)^2 + RT\ln x_B \qquad (7)$$

上の 2 つの式中の $n_A V_A/(n_A V_A + n_B V_B)$ と $n_B V_B/(n_A V_A + n_B V_B)$ は，それぞれ A および B の体積分率であるから，それらを ϕ_A，ϕ_B と記した。また，活量係数は次式のように表される。

$$RT\ln\gamma_A = V_A\phi_B^2(\delta_A - \delta_B)^2 \qquad (8)$$
$$RT\ln\gamma_B = V_B\phi_A^2(\delta_A - \delta_B)^2 \qquad (9)$$

以上の溶解度パラメータによる取り扱いは，対象が液体であること，正則溶液が仮定されていることなどの制約はあるが，会合したり水素結合を結んだりしない系では役に立つ。例えば，ある物質を溶かす溶媒を探したいときなどは，溶解度パラメータの近い液体を試してみることは有効である。溶解度パラメータの求め方や，多くの溶解度パラメータのデータは文献[*e] に詳しいので参考にされたい。

[*a] 分子 A/B 間の相互作用エネルギーが，分子 A 同士および分子 B 同士の相互作用エネルギーの幾何平均で近似できるという仮定は，分子間相互作用の種類がすべて同じ場合にはかなり正確に成り立つ。もし分子 A および分子 B が極性基をもたない炭化水素であれば，それらの分子間に働く相互作用はファンデルワールス力のみであるので，上記の近似は妥当なものである。逆に言えば，溶解度パラメータの取り扱いは，この近似が成り立つ正則溶液のみに適用できる方法である。

[*b] 欄外注[*6]中の議論では，モル体積は考慮されていない。つまりそれは，8.4.1 項と欄外注[*6]の議論では，暗に同じ大きさの分子が仮定されていることになる。同じ正則溶液の仮定の下での議論であるが，分子の大きさを考慮しているかいないかの違いがある。

[*c] 凝集エネルギーをモル体積で割った値（$-\Delta E_A^v/V_A$）を使っているのは，溶液を（モル分率ではなく）体積分率で議論しているため，単位体積中のエネルギー量を用いる必要があるからである。

[*d] ある分子 B が分子 A と接触する確率は，分子 B のまわりの分子 A の体積分率 $n_A V_A/(n_A V_A + n_B V_B)$ に比例する。分子 B は溶液中で $n_B V_B$ の体積を占めるから，溶液中で分子 A/B が接触する確率は $n_B V_B\, n_A V_A/(n_A V_A + n_B V_B)$ となる。本文中の分子 A 側からの計算と合わせて，$2n_A V_A\, n_B V_B/(n_A V_A + n_B V_B)$ が得られる。

[*e] 篠田耕三，改訂増補・溶液と溶解度，丸善（1974），第 7 章：J. H. Hildebrand and R. L. Scott, *The Solubility of Nonelectrolytes*, Dover Publishing（1964），Chapter 23 & Appendix I

8.5 | 標準状態と標準化学ポテンシャル

これまで，化学ポテンシャルを第 6 章の式（6.10）や式（6.11），本章の式（8.10）や式（8.11）のように書いてきた。標準化学ポテンシャル（例えば，μ_A°）は，形式的には，成分 A のモル分率が 1 のときの化学ポテンシャル（つまり純物質 A の 1 モルあたりの自由エネルギー）という表現になっている。この表現は，理想溶液や無熱溶液の場合には，成分 A に対し

ても，もう1つの成分Bに対しても成立する。しかも，あらゆる組成領域（モル分率xのあらゆる値）で成り立つ。

　しかし，実在溶液の場合には，この表現に不都合が生じる場合が出てくる。例えば，砂糖（ショ糖）の水溶液の場合を考えると，水の濃度の高い領域における水の化学ポテンシャルに関しては，上記の表現に問題はない。しかし，砂糖が濃い領域では固体の砂糖が析出してしまい，砂糖のモル分率1の状態を標準状態とすることはできない。このような場合には，標準状態と標準化学ポテンシャルに別の表現（意味）を与える必要がある。それを次項で説明しよう。

8.5.1　希薄溶液の標準状態と標準化学ポテンシャル

　モル分率が1の純物質を標準状態にとるのとはまったく逆に，希薄な溶液中の無限希釈状態にある溶質を標準状態にとる方法がある。図8.6の右側は，純物質を標準状態にとるこれまでの方法を示したものである。分子Aの周囲の環境は，純物質（右上の枠内の状態）と溶液内の状態でそれほど変わらない。両状態ともに，分子Aは基本的に同じ分子Aに接して存在している。そのため，純物質状態のときと溶液状態のときの間でエネルギーの出入りはほとんど無い。濃厚な状態の溶媒分子は，理想溶液や無熱溶液のようにふるまう。化学ポテンシャル中の混合エントロピーの項を$RT \ln x_A$とモル分率で書ける（活量に変更する必要がない）のはそのためである。

　一方，図8.6の左側には，分子Aの希薄な溶液状態を描いた。この場合には，Aのまわりの分子はほとんどすべてBである。したがって，もし純粋なAを溶液に移した場合には，大きなエネルギーの出入り（溶解熱）が発生するであろう。つまり，混合エントロピーの項は活量で表

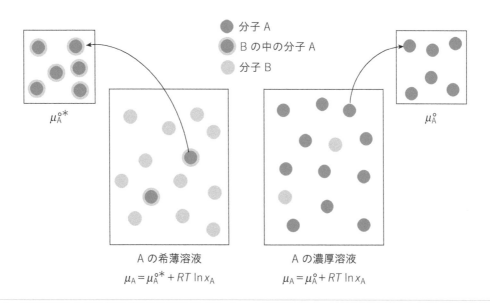

分子A
Bの中の分子A
分子B

$\mu_A^{\circ *}$

μ_A°

Aの希薄溶液
$\mu_A = \mu_A^{\circ *} + RT \ln x_A$

Aの濃厚溶液
$\mu_A = \mu_A^{\circ} + RT \ln x_A$

図8.6　希薄溶液における標準状態と標準化学ポテンシャルを説明する図
分子Bに取り囲まれたエネルギー状態の分子A（●）ばかりを1モル集めた（仮想）状態の標準化学ポテンシャルが$\mu_A^{\circ *}$である。

現する必要があり，しかも活量係数は大きい値になると考えられる。もしAが液体物質ならば，この考えを貫く方法もありうる。しかしAが砂糖のように固体の場合には，もはやこの考え方はできない。そこで，まわりを分子Bに取り囲まれたエネルギー状態の分子A（図 8.6 中に黄色の環を巻いた青い丸で示した）を考え，その状態の分子Aばかりを1モル集めた仮想の状態を考える（左上の枠内に示した状態で，標準化学ポテンシャルは $\mu_A^{\circ *}$ と記す）。この仮想的な状態を標準状態とすれば，標準状態の分子Aと溶液中の分子Aは同じエネルギー状態にあるのでエネルギーの出入りはほとんど無い。よって，混合エントロピーの項は再びモル分率で表現できる。これが，希薄溶液の標準状態と標準化学ポテンシャルの取り扱いである。ただしこの表現は，分子A同士が接触するような高い濃度まで達すると成立しなくなり，やはり活量と活量係数が必要になることは当然である。

　前述の説明からわかるように，希薄溶液における標準化学ポテンシャル $\mu_A^{\circ *}$ には分子 A/B 間の相互作用エネルギーが含まれている。正則溶液の場合を例にとって考えてみよう。式(8.18)をもう一度ご覧いただきたい。8.4.1 項における議論では，相互作用の項 zWx_B^2 を活量係数として（式(8.20)），濃度の項に含ませた（式(8.22)）。これは，Aの濃度が高い領域（$x_B \ll 1$）では相互作用項は小さく，活量係数も1に近くて大きな補正を必要としないからである。しかしAの濃度が希薄な領域（$x_B \approx 1$）では，相互作用項は大きく，濃度の補正（活量係数）も大きくなってしまう。それならば，相互作用項を標準化学ポテンシャルに含ませてしまったほうが，各種の議論が簡単になるであろう。そのような考えに従って，新しい標準化学ポテンシャル $\mu_A^{\circ *}$ を次式のように定義する。

$$\mu_A^{\circ *} = \mu_A^{\circ} + zWx_B^2 \qquad (8.24)$$

このように定義すると，Aの化学ポテンシャルは次式で表現できる。

$$\mu_A = \mu_A^{\circ *} + RT \ln x_A \qquad (8.25)$$

つまり，希薄状態を新しく標準状態に採用することは，相互作用エネルギーを活量係数ではなく，標準化学ポテンシャルに入れてしまうことである。標準化学ポテンシャルに入れてしまうことによって，混合エントロピーの項を理想溶液の場合と同じにして，式の取り扱いをしやすくしたと考えればよい。

　本項の最後に，希薄溶液を標準状態に採用した場合の気／液平衡と，そこから導かれるヘンリーの法則について触れておこう。ともに揮発性の二成分の溶液において，片方の成分が希薄な場合のその成分の蒸気圧を問題にする。8.3.2 項でラウールの法則を導いたときと同様に，蒸気相中のAの化学ポテンシャルは $RT \ln P_A$ で，溶液相中のそれは $\mu_A^{\circ *} + RT \ln x_A$ である。平衡状態では両者は等しいので，以下の式が成り立つ。

$$RT \ln P_A = \mu_A^{\circ *} + RT \ln x_A \qquad (8.26)$$

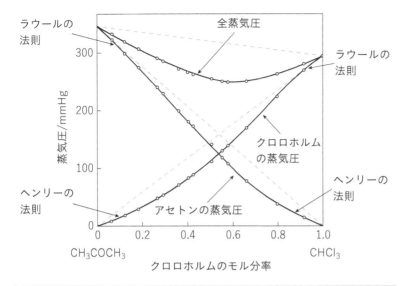

図8.7 アセトン／クロロホルム溶液の各成分の分圧と全圧
各成分が濃厚な領域ではラウールの法則が，希薄な領域ではヘンリーの法則が成り立つことがわかる。

$$RT(\ln P_A - \ln x_A) = RT\ln(P_A/x_A) = \mu_A^{\circ *} \tag{8.27}$$

$$\ln(P_A/x_A) = \frac{\mu_A^{\circ *}}{RT} \tag{8.28}$$

8.3.2 項で取り扱った理想溶液の場合には，A の飽和蒸気圧を P_A° として $\ln P_A^{\circ} = \mu_A^{\circ}/(RT)$ とおくことができた。しかし今回の標準化学ポテンシャル $\mu_A^{\circ *}$ は飽和蒸気圧とは結びつけることができず，次式のようになる。

$$P_A = \exp\left(\frac{\mu_A^{\circ *}}{RT}\right) \cdot x_A \equiv K x_A \tag{8.29}$$

ここで，$K (= \exp[\mu_A^{\circ *}/(RT)])$ は定数である。希薄溶液を標準状態に採用した場合も，A の分圧がそのモル分率に比例することは同じである。これを**ヘンリーの法則**（Henry's law）という。しかしその勾配が，理想溶液におけるラウールの法則とは異なる。

　図 8.7 に，アセトン／クロロホルム溶液の各成分の分圧と全圧の実例を示す。各成分が濃厚な領域ではラウールの法則が，希薄な領域ではヘンリーの法則が成り立っていることがわかる。濃厚な領域（図 8.6 の右側）では，その成分の活量係数はほぼ 1 であるから，理想溶液と同様のふるまいをする。一方，希薄な領域では，図 8.6 の左側のような状況にあり，ヘンリーの法則に従う。

　図 8.7 からわかるように，実在溶液においては，ラウールの法則もヘンリーの法則もともに各成分の濃厚領域と希薄領域に限られている。中央付近の濃度領域では，どちらの法則からも外れている。それは，成分間の相互作用エネルギー（正則溶液であれば zWx_B^2 や zWx_A^2 の項）が大きくなり，どちらを標準状態にとっても濃度の補正（活量係数）が必要になるからである。

8.5.2　濃度の単位が異なる場合の標準状態と標準化学ポテンシャル

　ここまで，溶液中の成分の濃度としてモル分率を採用してきた。溶液中の両成分の組成が全領域にわたる実験を行うとき，濃度としてモル分率を使うことは合理的である。しかし，1 つの成分が溶媒として存在し，他の溶質が希薄な場合の溶液を取り扱うことはよくある。特に化学の実験では，そのような場合がたいへん多い。このようなとき，モル分率よりも他の濃度単位を使用したほうが便利である。濃度の単位は人が勝手に決めたものであるから，熱力学の法則が濃度の単位によって変わることはない。本項では，それを理解していただこう。

　化学の分野などで最もよく使われる濃度単位に，容量モル濃度（molarity）がある。溶液 1 L 中に存在する溶質のモル数を濃度として採用した単位で，$mol\ L^{-1}$ または記号 M で表すことが多い。A/B 二成分溶液における A のモル分率 x_A と容量モル濃度 c_A の間には，溶液の密度を ρ，A と B の分子量をそれぞれ M_A, M_B として，次の関係式が成り立つ。

$$x_A = \frac{c_A}{c_A + (1000\rho - c_A M_A)/M_B} \tag{8.30}$$

いまは A に関する希薄溶液を扱っているので，$c_A M_A$ は 1000ρ に比べて十分に小さく，また溶液の密度は溶媒の密度 ρ_0 にほぼ等しい。したがって，式(8.30)は次式で近似できる。

$$x_A = \frac{c_A M_B}{1000\rho_0} \tag{8.31}$$

ここで，式(8.30)中の分母にある c_A は $1000\rho_0/M_B$ に比べて小さいので無視した。式(8.31)を見ると，容量モル濃度 c_A はモル分率 x_A に比例することがわかる。これが，希薄溶液では，濃度単位を変更しても熱力学の法則が成り立つ理由である。式(8.31)を式(8.25)に代入すると，化学ポテンシャルは次のように書ける。

$$\begin{aligned}\mu_A &= \mu_A^{\circ *} + RT \ln x_A = \mu_A^{\circ *} + RT \ln[M_B/(1000\rho_0)] + RT \ln c_A \\ &= \mu_A^{\circ *\prime} + RT \ln c_A\end{aligned} \tag{8.32}$$

ここで，再び新しい標準化学ポテンシャル $\mu_A^{\circ *\prime}$ を導入した。この新しい標準化学ポテンシャルには，分子間の相互作用エネルギーに関する項と，単位の変換にともなう定数がともに含まれている。濃度単位の変更によって熱力学の法則は変化しないが，標準化学ポテンシャルの値は変わることは，よく理解しておいていただきたい。

　化学の分野で日常的に使われる濃度単位としては，他にも重量モル濃度（molality：溶媒 1 kg 中に溶けている溶質のモル数で，記号 m で表す），重量百分率（溶液 100 g 中の溶質の g 数で，記号 wt％で表す），容量百分率（溶液 100 mL 中の溶質の mL 数で，記号 vol％で表す），重量分率（溶液中の各成分の重量の割合），容積分率（溶液中の各成分の容積の割合で，記号 φ で表されることが多い）などがある。いずれも，希薄溶液を扱っ

ている限り，モル分率を使った場合と同じ法則が使える。

8.6 組織体溶液—混合エントロピーが本質的でない溶液

ここまで，混合エントロピーが溶液形成の駆動力である場合について述べてきた。溶液が形成される本質は，分子が混ざり合うことによって，配置の場合の数が著しく増加することにある。しかし，分子がランダムに混ざるということとはまったく原理を異にする溶液がある。それらの溶液には，溶質分子が配向したり会合したりして組織化され，構造をもちながら溶液中に存在するという特徴がある。この一連の溶液を組織体溶液（organized solution）と呼んでいる。本節では，このちょっと変わった，しかし重要な溶液について解説しよう。

8.6.1 高分子の組織体溶液

組織体溶液のイメージを理解していただくために，一つ例をあげよう。図8.8はポリ酢酸ビニル部分ケン化物／水系の相図である。この高分子は，水に不溶の酢酸ビニルと可溶のビニルアルコールの共重合体である[*7]。この系は，下限臨界相溶温度を示す（第7章 7.4.2B 項参照）。この相図はきわめて非対称な形をしており，臨界点（B）はほとんど水100%の軸に接している。この事実は，2相分離している溶液の片方は，ほとんど純粋な水であることを意味している。つまり，水にこのポリマー

[*7] 実際には，ポリ酢酸ビニルを部分的にケン化（加水分解）して合成する。ビニルアルコールモノマーは不安定なので，酢酸ビニルモノマーと共重合することはできない。

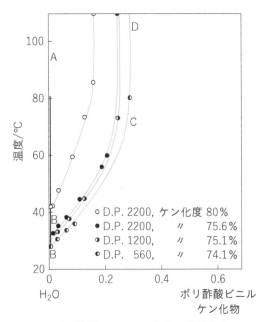

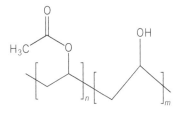

ポリ酢酸ビニル部分ケン化物
（酢酸ビニル部分とビニルアルコール部分は
ランダムに結合している）

ポリ酢酸ビニルケン化物の重量分率

図8.8 ポリ酢酸ビニル部分ケン化物（右図）／水系の相図
D.P.は試料の重合度で，ケン化度はポリビニルアルコールのモル%。
［篠田耕三，改訂増補・溶液と溶解度，丸善(1974)，p. 175 & p. 177の図に補正を加えて引用］

はほとんど溶けないのである。一方，ポリマーの中には水は良く溶けて，ケン化度 74.1％の試料では水の重量分率が 0.7 付近（溶解度曲線 CD），80％の試料では 0.8 を超える付近にまで達している。

　この高分子に水分子は溶けて，ヒドロキシ基に水和（水素結合）する。水和した水分子は，さらに次の水分子を引き込む。このようにして，水は高分子の中に溶けていく。高分子の中に水が増えてくると，水に不溶の酢酸ビニル基部分は水と接しないように内側に入り，周囲をビニルアルコール基が取り囲むような構造をとるであろう。温度が臨界点より高い場合には，この水の侵入は溶解度で止まる。しかし臨界点より低温側では水和はどんどん進み[*8]，やがて水和層同士がつながって高分子を分散させてしまうと考えられる。この最終的な状態は，水が連続相でその中に高分子が分散しており，水の中に高分子が“溶けている”と言えるであろう。このように，ポリ酢酸ビニル部分ケン化物の水への溶解は，高分子自身の構造形成（組織化）によって成り立っている。これが組織体溶液と命名される所以である。また組織体溶液が，混合エントロピーを駆動力とするランダムな分子混合の溶液（理想溶液，無熱溶液，正則溶液など）と対照的な位置にあることも理解していただけたであろう。

　ポリ酢酸ビニル部分ケン化物の水への溶解機構が，上記のようなものであることを示す決定的な実験結果を図 8.9 に示す。横軸をモル分率で表した全体図では，水の活量（溶液の蒸気圧の純粋な水の飽和蒸気圧に対する比）は，高分子濃度 0 付近で急激に低下している。この結果は，

＊8　下限臨界相溶温度を示す系では，水和によるエンタルピーの減少が溶解の駆動力であることを思い出していただきたい（第7章7.4.2B項および図7.20参照）。この水和は温度上昇とともに壊れ（脱水和し）始める。水和と脱水和がつりあう温度が臨界点である。

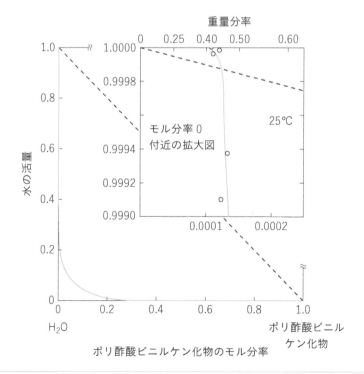

図8.9　ポリ酢酸ビニル部分ケン化物／水系における水の活量（25℃）
試料の高分子は重合度2200，ケン化度75.6％。破線はラウールの法則に従う場合の直線である。
［篠田耕三，改訂増補・溶液と溶解度，丸善(1974)，p.175 & p.177の図に補正を加えて引用］

高分子と水の分子量が著しく異なることによる。横軸を重量分率で表した拡大図では，0.4 付近まで水の活量はほぼ 1 にとどまっている。2 相分離している領域（図 8.8 の相図）では，一方の溶液はほぼ純粋な水なので，この結果は妥当である。重量分率 0.25 付近までの分離したポリマー相中の水は，ほぼ純粋な水と平衡にあるので，やはり活動度は 1 に近いことも理解できる。しかし図 8.9 の結果を見ると，重量分率 0.25〜0.4 付近の領域でも活量はほぼ 1 で，ポリマー相中の水はバルクの水（いわゆる自由水）に近い状態にあることになる。

　図 8.8 からわかるように，この試料の臨界点は 30℃ 付近にあり，25℃ では 1 相溶液になっている。すでに一様な溶液になっているにもかかわらず，重量分率 0.4 付近まで水の活量はほぼ 1 であるということは，溶液構造は（熱力学的には）相分離状態に酷似していることを意味している。またその溶液構造は，高分子 1 つ 1 つが水分子とランダムに混合しているというよりは，水和した高分子の相が水の中に分散しているという状態に近いことを示している。

　高分子自体の構造形成（組織化）によって水に溶けるという意味では，水溶性タンパク質の溶解機構も同様である。逆に，水溶性タンパク質の場合のほうが，先のポリ酢酸ビニル部分ケン化物よりも，はるかに巧妙であるというべきであろう。α ヘリックスや β シートのような二次構造をうまく利用しながら，疎水性のアミノ酸を内側に埋め，親水性のアミノ酸を外側に出して水に溶けている。そのため，何かの理由で内側の疎水性アミノ酸が外に出てくると，水溶性を失って沈殿してしまうことになる。日常的によく経験するこの例は，卵白アルブミン（図 8.10）である。このタンパク質は，卵白中でもそれを水で希釈した溶液中でも溶けているが，熱を加えたり圧力を加えたりすると溶けなくなる。タンパク質が変性して，疎水性アミノ酸が外に出てくるためであると言われている。卵焼きやゆで卵の場合は熱で，加圧卵[*9] の場合は圧力によって変性す

*9　生卵に 700 MPa 程度の圧力をかけると，ゆで卵のようにゲル化する。卵のタンパク質は，加熱の場合だけではなく，加圧によっても変性するからである。この加圧卵は，次のような点で，ゆで卵と違っている：(1) 黄身の色は鮮やかで，ゆで卵のように白っぽくない，(2) ゆで卵にある独特の（硫化水素の）臭いがなく，生卵の香りがする，(3) 食感は柔らかくて腰があり，ゆで卵のように崩れる感じではない，(4) 味は生卵に近い。このように，加熱処理のゆで卵とは食感，風味も異なっている。この技術は，新しい卵食品の開発につながるかもしれない。ちなみに，圧力は卵の内外に均一にかかるため，加圧時に卵の殻が割れることはない。

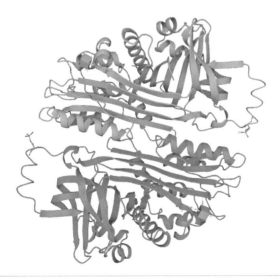

図8.10　卵白アルブミンの構造（PDB（Protein Data Bank）ID 1OVA）

column

コラム 8.2　混合エントロピーが支配する高分子溶液

　組織体溶液の例として，8.6.1 項で高分子溶液を取り上げた。組織体溶液の形成に，混合エントロピーは本質的ではなかった。しかしながら，高分子溶液でも混合エントロピーが本質的な溶液もある。ポリスチレンやゴムをベンゼンやトルエンに溶かした溶液は，ランダムに混ざり合い，混合エントロピーが本質的に重要な働きをする溶液である。ただ分子量が溶媒と溶質（高分子）で桁違いに異なるので，モル分率で表現すると異常な表現になってしまう。その例を図に示そう。この図はゴムのベンゼン溶液における，ベンゼンの活量をゴ

ムの濃度（重量分率）に対してプロットしたものである。ゴムの重量分率が相当に大きい（例えば 0.5 程度の）場合でも，それをモル数で表現すればたいへん小さい値になる。したがって，もし理想溶液だと仮定すれば，モル分率で混合エントロピーが表現されるのでベンゼンの活量はほとんど 1 である。図中に"理想溶液"と記した曲線は，この仮定（横軸をモル分率で目盛った場合）による計算値である。一方，もし高分子を構成するモノマーが（結合せずに）バラバラだとすると，この場合は溶媒のベンゼンと分子量は同程度だから，理想溶液のようにふるまう。この仮定（横軸をモノマーのモル分率で目盛った場合）による計算値が"モノマーの理想溶液"と記された直線である。では，実際の高分子溶液の値はと言うと，2 つの理想溶液の仮定の値の中間になる（図中の"実験値"と書かれた曲線）。溶液中の高分子のモル数はたいへん小さいので，分子全体としての混合エントロピーへの寄与は小さいが，長い分子の屈曲運動が盛んでその配座のエントロピーが存在する。このように，高分子鎖の中の自由に動ける部分単位のことをセグメントと呼ぶが，このセグメント運動によるエントロピーが得られるのである。セグメント運動は，結合していないモノマー程の自由度は無いが，分子が 1 つとしてふるまうよりはるかに大きなエントロピーが得られる。それが，実験値が 2 つの理想溶液の中間になる理由である。

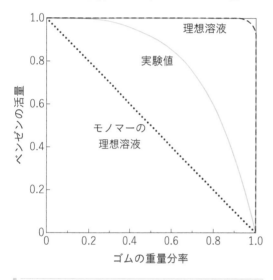

│図　ゴムのベンゼン溶液におけるベンゼンの活量
破線はポリマーを 1 分子とする理想溶液で，点線はモノマーを 1 分子とする理想溶液。

る。逆に言えば，卵白アルブミンの水への溶解は，タンパク質自身の構造形成（組織化）によって可能になっている。
　リボヌクレアーゼという水溶性タンパク質（酵素）は，尿素と還元剤（タンパク質中の S–S 結合の切断剤）の働きによって変性する。しかし，尿素を透析によって除去し，酸素にさらして酸化すると，再び同じ構造に戻って酵素活性も復活する。この現象を再生（renaturation）と呼ぶが，この事実は，タンパク質の三次構造は一次構造によって決まっており，構造形成は熱力学的過程であることを示している。C. アンフィンゼンは，この発見によって 1972 年度のノーベル化学賞を受賞した。
　これまで高分子の組織体溶液について述べてきたが，高分子の溶液がすべて組織体溶液であるわけではない。高分子溶液でも，ポリスチレン

やゴムをベンゼンやトルエンに溶かした溶液は，ランダムに混ざり合う混合エントロピーが支配する溶液である（コラム 8.2 参照）。

8.6.2　界面活性剤溶液

　組織体溶液のより典型的な例は，界面活性剤水溶液である。界面活性剤（surfactant）が組織体溶液を形成する理由は，その分子構造にある（図 8.11）。界面活性剤は 1 分子内に水になじむ（溶ける）官能基である親水基（hydrophilic group）となじまない（溶けない）官能基である疎水基（hydrophobic group）をあわせもつという特徴がある。いわば，ジキルとハイドのような二重人格的な化合物なのである。本来水に溶けない長い炭化水素基が，親水基の存在によって無理やり水に溶かされることによって，水から疎外された疎水基が吸着したり会合したりすることが，界面活性剤の性質と機能を与えている[*10]。界面活性剤分子が示す会合現象は，組織体溶液の形成に深く関わっている。

　図 8.12 に界面活性剤の一つであるテトラデカン酸カリウム（石鹸の一種）／水二成分系の相図を示す。ただし，右側に拡大図として示した希薄溶液部分は模式図である。図中に「クラフト温度[*11]曲線」と記した

＊10　界面活性剤の示す一般的な性質に興味のある読者は，次の本を参照されたい：Kaoru Tsujii, *Surface Activity, Principles, Phenomena, and Applications*, Academic Press（1998）；辻井 薫, 生活と産業のなかのコロイド・界面科学, 米田出版（2011）。

＊11　界面活性剤の水への溶解度は，ある温度で急激に増加する。その様子は，図8.12の希薄溶液部分の拡大図からおわかりいただけるであろう。この温度のことを，発見者の名にちなんで，クラフト（Krafft）温度もしくはクラフト点と呼ぶ。

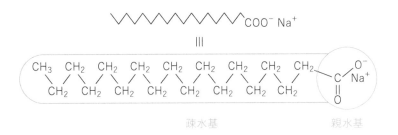

図 8.11　界面活性剤分子（例として，オクタデカン酸ナトリウム）
1 分子内に水になじむ部分（親水基）となじまない部分（疎水基）をあわせもつという特徴がある。

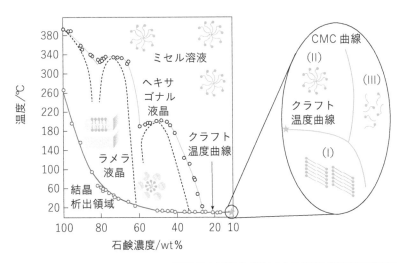

図 8.12　テトラデカン酸カリウム（石鹸の一種）／水系の相図
希薄溶液部分の拡大図は模式図である。

線より低温側では，界面活性剤の水和固体（結晶）が析出している。したがって，クラフト温度は水和結晶の融点に相当する。いまは溶液を問題にしているのでこの領域は議論の対象から外すが，一点だけ注意しておきたいのは，クラフト温度（融点）は水濃度の増加とともに急激に低下することである。界面活性剤の無水の結晶の融点は 260℃ を超えているが，低濃度領域では 20℃ より低くなっている。

　クラフト温度より高温側では，界面活性剤と水の溶液が得られる。水は界面活性剤分子の親水基部分に水和し，初期の高濃度の領域では，界面活性剤の 2 分子分の厚さの膜と水層のサンドイッチ構造となる。この構造の溶液は，ラメラ液晶（lamellar liquid crystal）と呼ばれる。水の濃度が増加するとさらに水和は進み，もはやラメラ構造を維持できなくなる。より多くの水を取り込むために，界面活性剤の 2 分子膜は切れて筒状の構造に変化する。この構造の溶液をヘキサゴナル液晶（hexagonal liquid crystal）と呼ぶ。界面活性剤のつくる筒状構造が，六方晶系の規則性を有するからである。さらに水の濃度が増えると，界面活性剤の組織体は筒状構造もとれなくなり，ついには球状の粒になって分散する。これがミセル溶液（micellar solution）である。これより低濃度領域は，右側に拡大図として示した希薄溶液部分である。

　希薄溶液部分の相図について説明しよう。この相図中には (I)，(II)，(III) と記された 3 つの領域がある。(I) と (II) は，それぞれ水和結晶析出の領域とミセル溶液の領域である。したがって，その境界の曲線はクラフト温度曲線である。希薄溶液中の星印（★）の点は，高濃度側から連続しているクラフト温度曲線の星印につながる。相図中の領域 (III) は，分子状の界面活性剤の水溶液である。そして，分子状溶液とミセル溶液の境界が CMC 曲線である。CMC とは critical micelle concentration の略で，日本語で臨界ミセル濃度と呼ばれる。CMC 曲線より低濃度側は，分子状の界面活性剤と水がランダムに混ざり合った溶液であり，混合エントロピーが支配する前節までに述べてきた溶液である。この CMC 曲線の位置（濃度）は 0.1 wt% 程度であり，もし本体の相図中にこの曲線を描けば，右端の軸の太さの中に埋もれてしまう。界面活性剤水溶液全体から見れば，分子のランダムな混合による溶液はほとんど取るに足らない寄与しかしていないことがわかる。

　界面活性剤水溶液の大部分は，分子が会合構造をつくって組織化することによって形成されている。ポリ酢酸ビニル部分ケン化物やタンパク質のような高分子の場合には，分子内で構造形成されていたが，界面活性剤の場合には多くの分子が会合して組織化されている。まさに，組織体溶液と呼ぶに相応しい例である。

　ミセル中に，水には溶けない有機物が溶け込む可溶化（solubilization）と呼ばれる現象がある。水／油／界面活性剤がつくる可溶化溶液も，典型的な組織体溶液である。また，生体膜成分であるリン脂質などが形成する脂質二分子膜（リポソームやベシクル）も，一種の組織体溶液であると考えられる。広義に解釈すれば，生体膜そのものも組織体溶液と考え

てよいであろう。このように考えると，組織体溶液はより巧妙な高度な溶液であり，ランダムな分子の混合ではもちえない機能を有することにもなると考えられる。生体物質に組織体溶液が多いのはそのためであると考えられる。

8.7 電解質溶液

電解質（electrolyte）とは，言うまでもなく，溶媒（通常は水）に溶けたときにイオンに解離する物質のことである。例えば，塩化ナトリウムは水中で NaCl という分子で存在するのではなく，Na^+ と Cl^- のイオンの形で溶けている。イオンに解離して溶けていることによって，いくつかの特徴的な性質を示す。本節では，この電解質溶液に特徴的な性質について解説しよう。

8.7.1 電解質溶液の特徴

水溶液中で，電解質はイオンに解離している。これはつまり，溶液中の化学種（溶質）の数が多くなるということである。例えば，1 モルの NaCl を溶かした場合には，Na^+ と Cl^- がそれぞれ 1 モルずつ生成するので，合計 2 モル溶けたことになる。したがって，溶質分子（いまの場合はイオンだが）の個数に依存する溶液の性質は，非解離分子の場合より何倍も大きな影響を受ける。もし 1 モルの電解質が水溶液中で i モルのイオンに解離するならば，i 倍の溶質が溶けた場合と同じ結果を与えることになる。例えば，1 モルの硫酸ナトリウム（Na_2SO_4）が水に溶ければ，$2\,Na^+$ と $SO_4{}^{2-}$ に解離するので，3 モルの溶質が溶けたことに相当する。融点降下，沸点上昇，浸透圧などのように，溶けている化学種（溶質）の個数に依存する溶液の性質を**束一的性質**（colligative property）と呼ぶが，この性質は解離の影響を直接受けることになる。

電解質溶液の 2 つ目の特徴は，イオン間の静電相互作用が非常に大きいことである。溶液中の成分間の相互作用は，各成分の仕込み濃度と実際に働く濃度との間の補正（活量係数）となって現れる（式(8.20)および式(8.21)参照）が，その補正が電解質溶液では非常に大きくなる。図 8.13 に各種電解質水溶液の平均活量係数（$\gamma_\pm$：後述）と濃度（重量モル濃度 m）の関係を示す。図には，参考として非電解質であるショ糖のデータも示した。ショ糖に比べて，電解質水溶液の平均活量係数は，無限希釈に近い希薄な濃度領域でも 1 から大きく外れることがわかる。しかも，平均活量係数の値は 1 より小さくなっている。これは，正負のイオン基間の引力相互作用が大きく寄与していることを表している（8.4.2 項参照）。電解質溶液の活量と活量係数については，後で詳しく述べる。

電解質溶液の最後の特徴は，電気的中性条件が成り立つことである[12]。つまり，溶液中における正イオンの電荷数と負イオンのそれは，常に同数存在する。溶液中の化学種としては正イオンと負イオンが存在

＊12　たいへんまれに，電気的中性条件が破れる場合がある。それが界面電気現象である。この現象については，コラム8.3を参照されたい。

165

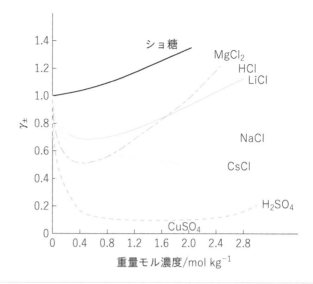

図8.13　水溶液中の各種電解質の平均活量係数と濃度の関係

するわけであるが，決してそれぞれが単独で存在することはできない。したがって，活量や活量係数はそれぞれのイオン単独の値は実験的に得ることができず，常に両者の平均の値を扱うことになる。この平均活量（係数）については，次項で説明する。

8.7.2　電解質溶液の化学ポテンシャル

A.　化学ポテンシャル，活量，活量係数の表現

　電解質溶液の化学ポテンシャルを，食塩水溶液を例にとって考えてみよう。水溶液中では，食塩（NaCl）はすべて Na^+ と Cl^- のイオンとして存在している。したがって，食塩の化学ポテンシャル（μ_{NaCl}）は Na^+ と Cl^- イオンの化学ポテンシャルの和として表現できる[*13]。

$$\mu_{NaCl} = \mu_{Na^+} + \mu_{Cl^-} \tag{8.33}$$

イオンの化学ポテンシャルは，モル分率（x）と無限希釈状態の標準化学ポテンシャル（$\mu^{\circ *}$：8.5.1 項参照）を用いて次式のように表される。

$$\mu_{Na^+} = \mu_{Na^+}^{\circ *} + RT \ln x_{Na^+} \tag{8.34}$$

$$\mu_{Cl^-} = \mu_{Cl^-}^{\circ *} + RT \ln x_{Cl^-} \tag{8.35}$$

式（8.33）の右辺に式（8.34）と式（8.35）を代入すると，次式のようになる。

$$\mu_{NaCl} = \mu_{Na^+}^{\circ *} + \mu_{Cl^-}^{\circ *} + RT \ln (x_{Na^+} x_{Cl^-}) \tag{8.36}$$

Na^+ と Cl^- の濃度は等しいので，$x_{Na^+} = x_{Cl^-} = x$ と書ける。したがって，式（8.36）は次式のようになる。

$$\mu_{NaCl} = \mu_{Na^+}^{\circ *} + \mu_{Cl^-}^{\circ *} + RT \ln (x^2) = \mu_{Na^+}^{\circ *} + \mu_{Cl^-}^{\circ *} + 2RT \ln x \tag{8.37}$$

最後の項 $2RT \ln x$ の係数 2 は，解離によって溶質濃度が 2 倍働くこと

[*13]　式（8.33）は，あたかも NaCl という（解離していない）分子と解離した Na^+ および Cl^- イオンの間の化学平衡の式のような形をしている（次章参照）。しかし，溶液中に存在する化学種はイオンのみであって，NaCl という分子は存在しない。したがって，この式は NaCl の化学ポテンシャルの定義だと考えてよい。

の表れである。

　先述のように，電解質溶液では静電相互作用の影響がたいへん大きく，希薄な溶液の領域から活量係数は 1 から外れる。したがって，化学ポテンシャルをモル分率で表現できる領域は狭く，大部分の溶液に対して活量を用いる必要がある。その場合には，式(8.36)は次式のようになる。

$$\mu_{NaCl} = \mu_{Na^+}^{\circ*} + \mu_{Cl^-}^{\circ*} + RT\ln(a_{Na^+}a_{Cl^-}) \tag{8.38}$$

また，電気的中性条件のために Na^+ や Cl^- の活量が単独で得られることはない。常に両イオンの平均の値としてしか取り扱えない。そのため，平均活量($a_{\pm NaCl}$)を次のように定義する。

$$a_{\pm NaCl} = (a_{Na^+}a_{Cl^-})^{1/2} \tag{8.39}$$

このように定義すると，式(8.38)は次式のようになる。

$$\mu_{NaCl} = \mu_{Na^+}^{\circ*} + \mu_{Cl^-}^{\circ*} + 2RT\ln a_{\pm NaCl} \tag{8.40}$$

活量はその定義から，活量係数とモル分率で表すことができる。つまり，$a_{Na^+} = \gamma_{Na^+}x_{Na^+}$, $a_{Cl^-} = \gamma_{Cl^-}x_{Cl^-}$ である。また，$x_{Na^+} = x_{Cl^-} = x$ である（電気的中性条件）。したがって，式(8.39)は次式のようになる。

$$a_{\pm NaCl} = (\gamma_{Na^+}x\gamma_{Cl^-}x)^{1/2} = (\gamma_{Na^+}\gamma_{Cl^-})^{1/2}x \equiv \gamma_{\pm NaCl}x \tag{8.41}$$

ここで，$(\gamma_{Na^+}\gamma_{Cl^-})^{1/2}$ を $\gamma_{\pm NaCl}$ と定義し，これを平均活量係数と呼ぶ。図 8.13 に示した平均活量係数は，この値である。

　ここまで，解離して 1 価の陽イオンと 1 価の陰イオンが 1 個ずつできる食塩水溶液を例にとって，電解質溶液の化学ポテンシャル，活量，活量係数について述べてきた。しかし，ここまでの議論は，他の電解質に一般化できることは言うまでもない。y 価の陽イオン M^{y+} と z 価の陰イオン X^{z-} からなる電解質が溶液中で解離するとき，一般的には次のように書ける。

$$M^{y+}{}_m X^{z-}{}_n \longrightarrow mM^{y+} + nX^{z-} \quad （ただし my = nz）$$

このような電解質溶液に対して，上記の諸式は次のようになる。ただし，電解質とイオンを指定する下付き記号は，煩雑さを避けるために，溶質であることを示す 2 と正負のイオンを指定する +，− に変更した。

$$(8.33) \longrightarrow \mu_2 = m\mu_+ + n\mu_- \tag{8.42}$$

$$(8.34) \longrightarrow m\mu_+ = m\mu_+^{\circ*} + mRT\ln x_+ \tag{8.43}$$

$$(8.35) \longrightarrow n\mu_- = n\mu_-^{\circ*} + nRT\ln x_- \tag{8.44}$$

$$(8.36) \longrightarrow \mu_2 = m\mu_+^{\circ*} + n\mu_-^{\circ*} + RT\ln(x_+^m x_-^n) \tag{8.45}$$

$$(8.38) \longrightarrow \mu_2 = m\mu_+^{\circ*} + n\mu_-^{\circ*} + RT\ln(a_+^m a_-^n) \tag{8.46}$$

$$(8.39) \longrightarrow a_\pm = (a_+^m a_-^n)^{1/(m+n)} \tag{8.47}$$

$$(8.41) \longrightarrow a_\pm = (\gamma_+^m x^m \gamma_-^n x^n)^{1/(m+n)} = (\gamma_+^m \gamma_-^n)^{1/(m+n)}x \equiv \gamma_\pm x$$

$$\tag{8.48}$$

$a_{\pm}$ および $\gamma_{\pm}$ を，それぞれ平均活量，平均活量係数と呼ぶことは，NaCl の場合と同様である。

B.　デバイ・ヒュッケルの理論

先述のように，電解質溶液の特徴の一つは，イオン間の静電相互作用が非常に大きいために，（平均）活量係数が希薄な領域においても 1 から（小さい方向に）外れることである（図 8.13）。正負のイオン間の引力相互作用が，互いのイオンが相手を近くに引き付けようとし，完全にランダムに混ざる場合に比べて配置のエントロピーが小さくなるのである。その結果，化学ポテンシャルの混合エントロピーの項が小さくなるわけである（式(8.40)および式(8.41)）。このような事情を定量的に取り扱った理論が，デバイ・ヒュッケル(Debye-Hückel)の理論である。この理論は電解質溶液の特徴を理解するのにたいへん有用なので，その概要を以下に述べる。

水中に電荷（イオン）が存在すれば，その周囲に電位（静電ポテンシャル）が存在するのは当然である。そのイオンが正であれば，近傍の負イオンはこの電位によって正イオンの周囲に引き寄せられるが，熱運動とのつりあいによって平衡分布（ボルツマン分布）をとる。一方，正イオンの周囲に存在する負イオンそれ自身も電位を生み出す。正イオンの電位が負イオンの分布を決め，その負イオン自身も電位を発生するという構図である。この 2 つの現象のいずれに対しても整合性のある[*14] 解が，デバイ・ヒュッケル理論の定量的な表現である。

*14 「自己無撞着な」と表現される。

電荷が電位を生み出すことを表す定量的な表現として，ポアソン(Poisson)の式が知られている。いま，注目しているイオンのまわりには球対称の電位ができているはずなので，ポアソンの式を極座標で表現する。中心のイオンから距離 r だけ離れた位置における電位を Ψ とすると，ポアソンの式は次式のように表される。

$$\frac{1}{r^2}\frac{\mathrm{d}}{\mathrm{d}r}\left(r^2\frac{\mathrm{d}\Psi}{\mathrm{d}r}\right)=-\frac{\rho}{\varepsilon_r\varepsilon_0} \tag{8.49}$$

ここで，ρ は位置 r における電荷（イオン）密度，ε_r, ε_0 はそれぞれ水溶液の比誘電率と真空の誘電率である。一方，電位が Ψ の場所におけるイオン種 i の濃度 C_i（イオン数/m^3）は，次式で表される。

$$C_i(r)=C_i^0\exp\left(-\frac{z_i e\Psi}{k_B T}\right) \tag{8.50}$$

ここで，C_i^0 は中心イオンから十分遠い（純理論的には無限遠の）位置におけるイオン種 i の濃度であり，z_i, e, k_B, T は，それぞれイオン種 i の価数，電気素量，ボルツマン定数，絶対温度である。右辺の指数の分子 $z_i e\Psi$ はイオン i の有する静電ポテンシャルエネルギーであるから，この式(8.50)はボルツマン分布(Boltzmann distribution)の式である。

また，位置 r における電荷密度 ρ とは，その位置におけるすべてのイオンによる電荷の合計であるから，次式で表される。

$$\rho = \sum_i z_i e C_i^0 \exp\left(-\frac{z_i e \Psi}{k_B T}\right) \tag{8.51}$$

ポアソンの式(8.49)の ρ に式(8.51)を代入すれば,有名なポアソン・ボルツマン(Poisson-Boltzmann)の方程式が得られる。

$$\frac{1}{r^2}\frac{\mathrm{d}}{\mathrm{d}r}\left(r^2\frac{\mathrm{d}\Psi}{\mathrm{d}r}\right) = -\frac{1}{\varepsilon_r\varepsilon_0}\sum_i z_i e C_i^0 \exp\left(-\frac{z_i e \Psi}{k_B T}\right) \tag{8.52}$$

いま,正電荷と負電荷の価数が同じである z–z 型電解質($z_+ = -z_- = z$, $C_+^0 = C_-^0 = C^0$)の場合には,式(8.52)は次の形に変形できる。

$$\frac{1}{r^2}\frac{\mathrm{d}}{\mathrm{d}r}\left(r^2\frac{\mathrm{d}\Psi}{\mathrm{d}r}\right) = \frac{z e C^0}{\varepsilon_r\varepsilon_0}\left\{\exp\left(\frac{z e \Psi}{k_B T}\right) - \exp\left(-\frac{z e \Psi}{k_B T}\right)\right\} \tag{8.53}$$

デバイ・ヒュッケルの理論では,ここで $z e \Psi/(k_B T) \ll 1$ と近似する(デバイ・ヒュッケル近似)。この近似は,熱エネルギーに比べてイオン間の静電相互作用エネルギーは十分に小さいことを意味している。溶液中においてイオンは熱運動で動き回っており,決してイオン対を形成しているわけではないので,この近似は妥当である。この近似の下で,式(8.53)は次式のように簡単になる[*15]。

$$\frac{1}{r^2}\frac{\mathrm{d}}{\mathrm{d}r}\left(r^2\frac{\mathrm{d}\Psi}{\mathrm{d}r}\right) = \kappa^2\Psi \tag{8.54}$$

$$\kappa = \sqrt{\frac{2z^2 e^2 C^0}{\varepsilon_r\varepsilon_0 k_B T}} \tag{8.55}$$

κ の逆数($1/\kappa$)は長さの次元を有しており,デバイ長(Debye length)と呼ばれる。このデバイ長は,中心イオンの電位の大きさが $1/e$(e:自然対数の底)に低下するまでの距離で,中心イオンの電荷の影響が及ぶ距離の目安になっている。式(8.55)は z–z 型電解質のみが存在する特殊な場合の κ を表す式であるが,一般的には次式のように表される。

$$\kappa = \sqrt{\frac{e^2}{\varepsilon_r\varepsilon_0 k_B T}\sum_i C_i^0 z_i^2} \tag{8.56}$$

この式からわかるように,κ は塩濃度 C_i^0 が高いほど,またイオンの価数 z_i が大きいほど大きくなる。κ が大きいということは,中心イオンの電位が距離とともに急速に低下することを意味する(後述の式(8.58)参照)。これは,中心イオンの電位の影響が,塩の濃度が高くなると遠くまで及ばなくなることを示している。塩の濃度が高くなると,中心イオンの電荷と逆符号のイオンが周囲に多く集まり,そのために中心イオンの電位が遮蔽されてしまうからである。

さて次に,微分方程式(8.54)の解を求めてみよう。微分方程式を解くための技法として $y = r\Psi$ とおくと,$\Psi = y/r$,$\mathrm{d}\Psi/\mathrm{d}r = (r\mathrm{d}y/\mathrm{d}r - y)/r^2$ となる。これらの式を式(8.54)に代入すると,y に関する次の方程式に変換できる。

$$\frac{\mathrm{d}^2 y}{\mathrm{d}r^2} = \kappa^2 y$$

*15 第6章の欄外注*8でも使用したが,$x \ll 1$ のとき,関数 $f(x)$ は次のように近似できる(マクローリン展開)。

$$\begin{aligned} f(x) = {} & f(0) \\ & + f'(0)x + \frac{1}{2!}f''(0)x^2 + \cdots \end{aligned}$$

$f(x) = \exp(x)$ にこのマクローリン展開を適用し,右辺の第2項までとると,$f(0) = 1$,$f'(x) = \exp(x)$ だから,$\exp[z e \Psi/(k_B T)] = 1 + z e \Psi/(k_B T)$,$\exp[-z e \Psi/(k_B T)] = 1 - z e \Psi/(k_B T)$ となる。

＊16　このような表現に，読者の皆さんは数学らしくないと戸惑われたかもしれない。数学は非常に論理的な学問であるが，微分方程式の解法だけは，数学にしては経験的でテクニカルなのである。

関数 y は 2 回微分して元の関数に戻るので，指数関数である[16]。また，右辺の y に κ^2 がかかっているので，変数 r の前に κ のあることもわかる[16]。したがって，この微分方程式の一般解は，積分定数を A，B として次のようになる。

$$y = A \exp(-\kappa r) + B \exp(\kappa r)$$

y を元の関数 Ψ に戻すと，Ψ についての一般解が得られる。

$$\Psi = A \frac{\exp(-\kappa r)}{r} + B \frac{\exp(\kappa r)}{r} \tag{8.57}$$

積分定数 A と B は，境界条件から求まる。まず，注目しているイオンから無限の遠方 $(r = \infty)$ では，Ψ は 0 のはずである。したがって，定数 B は 0 となる。もう一つの境界条件は，$\kappa = 0$ である。式 (8.55) からわかるように，$\kappa = 0$ とは塩濃度 C^0 が 0 のときである。注目しているイオン以外に他のイオン（塩）が存在しない場合のポテンシャルとは，そのイオン単独のポテンシャルにほかならない。つまり，$\Psi = A/r = ze/(4\pi\varepsilon_r\varepsilon_0 r)$ なので，$A = ze/(4\pi\varepsilon_r\varepsilon_0)$ となる。最終的に，Ψ に関する次の解が得られる。

$$\Psi = \frac{ze}{4\pi\varepsilon_r\varepsilon_0} \frac{\exp(-\kappa r)}{r} \tag{8.58}$$

　本項の目的は，溶質（電解質）の化学ポテンシャル，活量，活量係数が，イオン間の静電相互作用を反映してどのような形に表されるかを求めることであって，ポアソン・ボルツマンの方程式を解くこと自体ではない。したがって，本項はここからが本番である。溶液中における分子間相互作用エネルギーが，活量係数を決める（8.4.1 項および式 (8.20) と式 (8.21)）。したがって，イオン間の静電相互作用エネルギーを求める必要がある。その答えは，実は，式 (8.58) の中に含まれている。ポアソン・ボルツマン方程式の前提を思い出していただければわかるように，この式は，電解質溶液中のある 1 つのイオンの周囲の電位を，他のイオンとの相互作用を考慮して求めたものだからである。相互作用エネルギーを求めるために，式 (8.58) に対して希薄溶液の近似を行おう。希薄溶液の場合には，κ が小さい値なので（式 (8.55) 参照）$\kappa r \ll 1$ と仮定できる。その場合には，式 (8.58) は次のように簡単になる[17]。

＊17　上記の＊15の近似と同じ。

$$\Psi = \frac{ze}{4\pi\varepsilon_r\varepsilon_0 r}(1 - \kappa r) = \frac{ze}{4\pi\varepsilon_r\varepsilon_0 r} - \frac{ze\kappa}{4\pi\varepsilon_r\varepsilon_0} \tag{8.59}$$

この式の第 1 項は，明らかに中心イオンの電荷 ze がつくる静電ポテンシャルである。そして第 2 項は，中心イオンの周囲に存在する他のイオンが作るポテンシャルなのである。第 2 項の符号が第 1 項と逆になっていることに注意していただきたい。これは，中心イオンの符号と逆符号のイオンが周囲に集まりやすいことの表れである。もう一つ注目すべき点は，第 2 項は定数で，距離 r に依存しないことである。周囲に集まった（主に反対符号の）イオンが，中心イオンによる電位を全体的に抑制（遮蔽）していることを示している。

式 (8.59) の第 2 項は，中心イオンの周囲にいる他のイオンがつくるポテンシャルであるから，このポテンシャルと中心イオンとの間の静電エネルギーが，目的とする相互作用エネルギーである。それを計算するために，次のような操作をする。中心イオンの電荷をいったん無くし，少量の電荷 dQ を徐々に増加して $Q = ze$ に到達させる[18]。その過程の静電エネルギー ΔG は，次式のように表される。

$$\Delta G = -\frac{\kappa}{4\pi\varepsilon_r\varepsilon_0}\int_0^{ze}Q\,dQ = -\frac{\kappa z^2 e^2}{8\pi\varepsilon_r\varepsilon_0} \tag{8.60}$$

*18 この過程は，コンデンサー（蓄電器）に電荷を溜めるときのエネルギーを計算する操作と同じである。中心イオンのまわりに符号が反対のイオン雰囲気が形成された状態は，一種のコンデンサーの構造をしているからである。

得られたエネルギーが負であるのは，中心イオンと周囲のイオンとの間に引力相互作用が働いていることを示している。この静電相互作用エネルギーが，中心イオン（i とする）の活量係数を決める。つまり，次式が成り立つ。

$$k_B T \ln\gamma_i = -\frac{\kappa z_i^2 e^2}{8\pi\varepsilon_r\varepsilon_0} \tag{8.61}$$

これはイオン種 i の活量係数であるが，先述のように，単独イオンの活量係数は求まらない（電気的中性条件）。常に正負両イオンの平均活量係数しか，実験的には求まらないのである。平均活量係数 $\gamma_\pm$ と個別イオンの活量係数の関係は，式 (8.48) に与えられている。すなわち，$(\gamma_+{}^m\gamma_-{}^n)^{1/(m+n)}\equiv\gamma_\pm$ である。この式の両辺の対数をとると，次式が得られる。

$$\ln\gamma_\pm = \frac{1}{m+n}(m\ln\gamma_+ + n\ln\gamma_-) \tag{8.62}$$

この式に式 (8.61) を代入すると，次式のようになる。

$$\ln\gamma_\pm = -\frac{\kappa e^2}{8\pi\varepsilon_r\varepsilon_0 k_B T}\left(\frac{mz_+^2 + nz_-^2}{m+n}\right) \tag{8.63}$$

ここで，$mz_+ = nz_-$ であるから，式 (8.63) に $n = mz_+/z_-$ を代入して整理すると，次式が得られる。

$$\ln\gamma_\pm = -\frac{\kappa e^2}{8\pi\varepsilon_r\varepsilon_0 k_B T}|z_+ z_-| \tag{8.64}$$

この式から，次のことがわかる：(1) 右辺は負であるから，$\gamma_\pm$ は 1 より小さい，(2) イオンの価数が大きいほど，$\gamma_\pm$ は小さくなる。これらの結果は，図 8.13 と定性的によく一致している。

デバイ・ヒュッケルの理論は式 (8.64) で完結しているが，この式を実用的に使いやすい形に変形しておこう。そのために，イオン強度（ionic strength : I）という量を次のように定義する。

$$I = \frac{1}{2}\sum_i m_i z_i^2 = \frac{1}{2\rho_0}\sum_i c_i z_i^2 \tag{8.65}$$

ここで，m_i, c_i, z_i, ρ_0 は，それぞれイオン種 i の重量モル濃度，容量モル濃度，イオンの価数，溶媒の密度である。ただし，最後の等式は溶液が希薄であるという仮定の下で成立する。また，総和（$\sum_i$）はすべてのイオン種に対して行う。このイオン強度を導入すると，デバイ長の逆数

(κ：式(8.56))は次のように書き直せる。

$$\kappa = \left(\frac{2000 N_A e^2 I}{\varepsilon_r \varepsilon_0 k_B T} \right)^{1/2} \tag{8.66}$$

この式を導くために，式(8.56)中の濃度(C_i^0：イオン数/m^3)を容量モル濃度 c_i(mol L^{-1})に変換した($C_i^0 = 1000 N_A c_i$：N_A はアボガドロ数)。

いまは，式(8.64)を使いやすい形に変形している。そのために，自然対数を底が 10 の常用対数に変更しよう。式(8.64)に式(8.66)を代入して，常用対数に変更すると，次式が得られる。

$$\log \gamma_\pm = -\frac{e^2}{2.303 \times 8\pi \varepsilon_r \varepsilon_0 k_B T} \left(\frac{2000 N_A e^2}{\varepsilon_r \varepsilon_0 k_B T} \right)^{1/2} |z_+ z_-| I^{1/2} \tag{8.67}$$

さらに，定数部分をまとめて A と書くと，次式のようになる。

$$\log \gamma_\pm = -A |z_+ z_-| I^{1/2}$$
$$A^2 = \frac{2000 N_A}{2.303^2 \times 8^2 \pi^2} \left(\frac{e^2}{\varepsilon_r \varepsilon_0 k_B T} \right)^3 \tag{8.68}$$

最もよく利用する 25℃(298.15 K)の水溶液($\varepsilon_r = 78.36$)の場合には，A = 0.511 となる。したがって，この場合の活量係数の式は次の通りである。このとき，イオン強度 I は容量モル濃度で表す。

$$\log \gamma_\pm = -0.511 |z_+ z_-| I^{1/2} \tag{8.69}$$

最後に，式の誘導の途中で何度も仮定したように，この式は希薄な溶液に対してしか適用できないことを付け加えておく。この状況を示すデータが図 8.14 である。NaCl，ZnSO$_4$ 水溶液ともに，希薄(I の小さい)

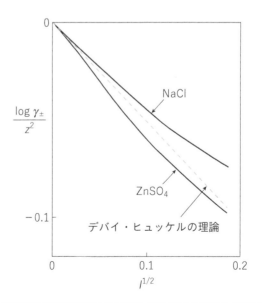

図8.14　電解質の平均活量係数の実測値とデバイ・ヒュッケルの理論との比較

溶液の領域ではデバイ・ヒュッケル理論とよく一致しているが，濃度が高くなるに従って理論からずれてくる。その理由の一つは，濃度が高くなるに従ってイオン同士が近接するようになり，イオンの大きさが無視できなくなることである[19]。この場合，イオンは互いに排斥し合って見かけの濃度が高くなるので，$\gamma_\pm$ は理論より大きいほうにずれる。一方，イオンの荷電が大きい場合には，引力が強いのでイオン対が生成し，見かけの濃度は低くなる。これが，$ZnSO_4$ 水溶液で $\gamma_\pm$ が理論より小さくなる理由である。

8.7.3 電解質溶液における液/液相平衡

本節の最後に，電解質溶液における液/液相平衡について述べよう。電解質溶液に固有の問題が存在するからである。それは，イオンが電荷を有することにともなう静電ポテンシャルが関係する問題である。この問題は，将来電池について議論する場合(第10章)にも関係する。

A. イオン交換膜を隔てた液/液相平衡

イオン交換膜という，正負のどちらかのイオンだけを通す膜がある。例えば，ポリスチレンスルホン酸ナトリウムの架橋体[20] を膜にすると，マイナスイオンのスルホン酸基は膜に固定されているが，対イオンのナトリウムイオンは動くことができる(図 8.15 上部の拡大図参照)。したがって，図 8.15 に示すように，この膜を隔てて両側に NaCl 水溶液を配置すると，Na^+ イオンのみが膜を通過し，Cl^- イオンは膜中の陰イオン(スルホン酸基 SO_3^-)の反発によって透過できない。図 8.15 の場合には，I 側の食塩濃度 C^I が II 側の濃度 C^{II} より高いので，I 側から II 側に Na^+ が移動しようとする。しかし，もしこの移動が進むと，両側の水溶液は電気的中性条件を保てない。その結果，Na^+ イオンはほんの少量だけ，しかも膜のごく近傍にしみ出して移動は止まる[12]。正のイオンが II 側にしみ出すのであるから，II 側の静電ポテンシャルが高くなる。I 側に対する II 側のポテンシャルを Ψ とすると，このポテンシャルによって Na^+ イオンが I 側に引き戻され，そこで平衡に達するのである。

膜の両側における，Na^+ イオンの平衡条件を求めよう。いまの場合，膜を透過できるのは陽イオンのみであるから，Na^+ イオンの平衡だけを考えればよい。I 側および II 側の Na^+ イオンの化学ポテンシャルは，次のように書き表すことができる。

$$\mu_+^I = \mu_+^{I\circ} + RT \ln a_+^I = \mu_+^{I\circ} + RT \ln \gamma_+^I C_+^I \tag{8.70}$$
$$\mu_+^{II} = \mu_+^{II\circ} + z_+ F\Psi + RT \ln a_+^{II} = \mu_+^{II\circ} + z_+ F\Psi + RT \ln \gamma_+^{II} C_+^{II} \tag{8.71}$$

II 側における Na^+ イオンの化学ポテンシャルは，静電ポテンシャルによるエネルギー $z_+ F\Psi$ の分だけ高くなる。ここで，F はファラデー定数である[21]。上記の I 側および II 側の Na^+ イオンの化学ポテンシャルが等しいときに平衡になるので，次式が成り立つ。

[19] デバイ・ヒュッケルの理論では，イオンを点電荷として取り扱っている。そのため，イオンの大きさが問題になる領域では，実測値と合わなくなる。

[20] 実用的には，熱や機械的安定性に優れたテトラフルオロエチレン(テフロン)のスルホン酸塩が使用されている。この製品は，デュポン社が開発したもので，ナフィオン(Nafion®)の商品名で知られている。

[21] ファラデー定数 F とは，電気素量 e にアボガドロ数 N_A をかけた量である。つまり，1モルの電気素量が有する電荷量になる。具体的な数値は 1.602×10^{-19} C $\times 6.022 \times 10^{23}$ mol^{-1} = 9.65×10^4 C mol^{-1} となる。z_+ 価のイオン1モルが電位 Ψ(V：ボルト)の場所に存在すれば，$z_+ F\Psi$ ジュールの静電エネルギーを得ることになる。

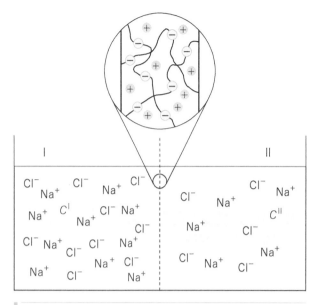

図8.15　イオン交換膜に隔てられたNaCl水溶液の平衡

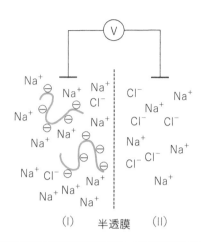

図8.16　ドナン平衡とドナン電位を説明する図

$$\mu_+^{I\circ} + RT \ln \gamma_+^I C_+^I = \mu_+^{II\circ} + z_+ F \Psi + RT \ln \gamma_+^{II} C_+^{II} \tag{8.72}$$

両辺の $\mu_+^{I\circ}$ および $\mu_+^{II\circ}$ は，ともに無限希釈状態における Na$^+$イオンの標準化学ポテンシャルであるから等しい。よって，次式が成り立つ。

$$RT \ln \gamma_+^I C_+^I = z_+ F \Psi + RT \ln \gamma_+^{II} C_+^{II} \tag{8.73}$$

もし溶液濃度が十分に希薄で活量係数が1に近いか，I側とII側の濃度差が小さくて活量係数の値が近いときは，式(8.73)は次式のようになる。

$$RT \ln C_+^I = z_+ F \Psi + RT \ln C_+^{II} \quad \text{または} \quad \Psi = \frac{RT}{z_+ F} \ln\left(\frac{C_+^I}{C_+^{II}}\right) \tag{8.74}$$

式(8.74)(特に右側の式)は，ネルンスト(Nernst)の式として知られている。

B.　ドナン平衡とドナン電位

　イオン交換膜の場合は正か負のどちらかのイオンだけを通したが，小さなイオンは(正負両方とも)通し高分子は透過させない半透膜がある。高分子電解質と低分子電解質の溶液の，半透膜を隔てた平衡を取り扱うのがドナン平衡(Donnan equilibrium)である。半透膜によって隔てられた容器の片方(I)にアニオン性の高分子電解質水溶液が，他方(II)には塩化ナトリウム水溶液が入っている状況を考える(図8.16)。この半透膜は，低分子のイオン(いまの場合は Na$^+$と Cl$^-$)は通すが，高分子イオンは通過させない。このとき，II側の塩化ナトリウムはI側に移動しようとするが，その一部だけしか移動できず，両側で同じ濃度にはならない。なぜなら，I側にはすでに高分子イオンの対イオンである Na$^+$ が多数存在するので，同じ Na$^+$イオンの侵入が阻止されるからである。では，II

側の塩化ナトリウムのどれくらいの量が移動できるのであろうか。それを計算してみよう。

　いま，I側の高分子に結合したイオンの濃度（＝この高分子電解質の対イオンの濃度）を C_0 としよう。また，II側の塩化ナトリウムの初期（仕込み）濃度を C_1 とする。塩化ナトリウムの一部がI側に移動した結果，II側の濃度が C_1 から $C_1 - x$ に減少して平衡状態に達したとする。もし容器のI側とII側の体積が同じであれば，I側の塩化ナトリウム濃度の増加も x である。半透膜の両側で塩化ナトリウムが平衡になっているので，それらの化学ポテンシャル（式(8.38)）が等しい。式(8.38)中の Na^+ と Cl^- の無限希釈状態における標準化学ポテンシャルは，I側とII側で等しいので次式が成り立つ。

$$a^I_{Na^+} a^I_{Cl^-} = a^{II}_{Na^+} a^{II}_{Cl^-} \tag{8.75}$$

NaCl濃度が十分に希薄であるとして，活量を濃度で表せば，

$$C^I_{Na^+} C^I_{Cl^-} = C^{II}_{Na^+} C^{II}_{Cl^-} \tag{8.76}$$

となる。つまり，いま考えている系では，次式のようになる。

$$(C_0 + x)x = (C_1 - x)^2 \tag{8.77}$$

この式から x を求めると，$x = C_1^2/(C_0 + 2C_1)$ となる。この x を使ってI側とII側の塩化ナトリウム濃度の比を計算すると，

$$\frac{C^{II}}{C^I} = \frac{C_1 - x}{x} = 1 + \frac{C_0}{C_1} \tag{8.78}$$

となる。この式から，高分子電解質の濃度が十分に大きい場合には，塩化ナトリウムはわずかしかI側に移動しないことがわかる。

　平衡状態では，Na^+ と Cl^- の濃度が半透膜の両側で異なる。そのため，I側とII側の間に電位差が発生する。I側の Na^+ イオン濃度が高いので，半透膜を通ってII側に移動しようとするが，少ししみ出すと逆向きに引き戻す電位が発生するので止まる[12]。逆に，Cl^- イオンはI側にしみ出して止まる[12]。その結果，II側が正の，I側が負の電位を有することになる。この電位差が，それ以上の Na^+ イオンと Cl^- イオンの移動を阻止する。つまり，電気化学ポテンシャルがつりあったところで平衡になっているのである。この電位差（$\Delta\Psi \equiv \Psi_{II} - \Psi_I$）は，$Na^+$ イオンと Cl^- イオンの濃度比で決まり，次式で与えられる。

$$\Delta\Psi = \Psi_{II} - \Psi_I = \frac{RT}{F}\ln\left(\frac{C^I_{Na^+}}{C^{II}_{Na^+}}\right) = \frac{RT}{F}\ln\left(\frac{C^{II}_{Cl^-}}{C^I_{Cl^-}}\right) \tag{8.79}$$

ここで，F はファラデー定数，$C^I_{Na^+}$，$C^{II}_{Na^+}$，$C^{II}_{Cl^-}$，$C^I_{Cl^-}$ の下付きの添え字は Na^+ イオンと Cl^- イオンを，上付きの添え字は容器のI側とII側を表す。この電位差をドナン電位（Donnan potential）と呼ぶ。

　半透膜を使わなくても，高分子電解質のゲルやポリマーブラシ[22] などには，ゲル中やブラシ層から高分子イオンの対イオンは逃げられない

＊22　ポリマーブラシ：固体表面に多数の高分子電解質を毛のように生やしたブラシ状構造体。

column

コラム 8.3　電気的中性条件が破れる場合：界面電気現象

物質を水中に浸すと，たいていの場合，その表面（水との界面）に電荷が発生する。正の電荷ができるか，負の電荷が発生するかは，物質によって異なる。界面に発生した電荷がもたらす各種の現象を，界面電気現象と呼ぶ。水中で，物質の表面に電荷が発生する原因としては，(1)物質表面にある解離基の解離，(2)イオンの選択的吸着：水溶液中に溶けているイオンのうち，正か負のイオンのどちらかがより強く表面に吸着する場合，(3)イオンの選択的溶解：ヨウ化銀や水酸化鉄のような難溶性の塩も少しは水に溶解し。正負のどちらかのイオンがより水に溶けやすい場合，などがある。

以上の説明からは，物質表面が水中でもつ電荷は，正であっても負であってもよいように思える。しかし不思議なことに，水中で負に帯電する物質のほうが圧倒的に多い。正に帯電する物質もあるが，それはまれである。なぜそうなのか，いま現在まだ説明されていない。

先述のように，ほとんどの物質の表面は水中で電荷を帯びる。水溶液中にはその表面の電荷を打ち消すだけの反対符号のイオン（対イオン）が必ず存在する。全体として，電気的に中性であることが必要だからである。正負の電荷が分離して存在すると，たいへんエネルギーの高い状態になる。したがって，正のイオンと負のイオンが存在する

溶液では，普通は両イオンがランダムに混ざり合う。しかし界面では，物質表面上に片方の電荷（例えば負イオン）が偏在し，その反対符号の電荷は水溶液中に存在する。このように界面では，正負のイオンがランダムに混ざり合わず，厳密に言えば電気的中性条件が破れている。界面電気現象とは，電気的中性条件が破れる珍しい現象なのである。そして，当然のことながら，界面に電気が存在しない場合に比べて静電エネルギーの高い状態にある。

物質表面の電荷と反対の符号をもつ水中の対イオンは，表面の電荷に引き寄せられる。この力だけが働くのであれば，対イオンはすべて物質表面に付着するであろう。しかしながら，対イオンは水中に溶けているため，熱運動によって水側に拡散しよう（つまり，エントロピーのより大きな状態を取ろう）とする。その結果として，ある分布（ボルツマン分布）をとって平衡になる。いずれにせよ，先述のように，界面のきわめて近傍においては，電気的中性の条件が破れ，電荷の分離が起こるのである。

イオン交換膜を隔てた電解質溶液の平衡による膜電位の発生や，ドナン電位の発生も，電気的中性条件が破れる界面電気現象の例である。

ために，ドナン平衡が成立し，ドナン電位が存在する。対イオンは，ゲルの表面やブラシ層の外側にちょっとしみ出す[*12]ことはできるが，自由に外に溶け出すことはできない。この事情は，半透膜が存在する場合と同じである。

演習問題

8.1 ヘンリーの法則の初期勾配が，ラウールの法則の場合より大きくなる場合と小さくなる場合の違いは，どこに原因があるのか述べなさい。

8.2 濃度単位を重量モル濃度としたとき，次の問に答えなさい。
(1) 成分 A が希薄な場合の，A のモル分率 x_A と重量モル濃度 m_A の関係式を導きなさい。
(2) A の化学ポテンシャルについて重量モル濃度を使って表しなさい。

8.3 溶液が希薄である場合には，重量モル濃度 m_i で表したイオン強度 $I = \frac{1}{2}\sum_i m_i z_i^2$ が，容量モル濃度 c_i で $\frac{1}{2\rho_0}\sum_i c_i z_i^2$ と表されることを証明しなさい。ただし，ρ_0 は溶媒の密度である。また，次の溶液のイオン強度を求めなさい。

電解質	濃度（mol kg^{-1}）	イオン強度
NaCl	0.1	
CaCl$_2$	0.05	
K$_3$PO$_4$	0.001	
MgSO$_4$	0.05	
Al$_2$(SO$_4$)$_3$	0.001	

8.4 式(8.68)の定数 A が，25℃(298.15 K)の水溶液($\varepsilon_r = 78.36$)の場合に 0.511 となることを示しなさい。

8.5 図 8.16 で表される容器の I 側にポリアクリル酸ナトリウムの 2 wt％の水溶液が，II 側に 2 wt％の塩化ナトリウム水溶液が入っている。ドナン平衡が成立した後の，I 側と II 側の塩化ナトリウムの濃度比を求めなさい。またそのときのドナン電位を計算しなさい。ただし，これらの水溶液の比重は 1 と仮定し，25℃ で計算しなさい。

解答

8.1 ヘンリーの法則の初期勾配 K は，次式で表される（式(8.29)）：K $= \exp[\mu_A^{\circ*}/(RT)]$。一方，正則溶液を仮定すれば，$\mu_A^{\circ*} = \mu_A^{\circ} + zWx_B^2$(式(8.24))である。したがって，K $= \exp[(\mu_A^{\circ}+zWx_B^2)/(RT)] = \exp[\mu_A^{\circ}/(RT)]\cdot\exp[(zWx_B^2)/(RT)] = P_A^{\circ}\exp[(zWx_B^2)/(RT)]$ となる。溶媒／溶質相互作用の大きさ W の正負によって，$\exp[(zWx_B^2)/(RT)]$ の値は 1 より大きくなったり小さくなったりする。つまり，相互作用が正(溶媒分子間および溶質分子間相互作用が，溶媒／溶質分子間相互作用より大きい)の場合はラウールの法則より勾配は大きくなり，その逆の(溶媒／溶質相互作用が大きい)場合には小さくなる。

8.2 (1)溶媒を B とし，その分子量を M_B とすると，溶媒 1 kg 中の B のモル数は $1000/M_B$ である。この量の溶媒中に m_A モルの溶質 A が溶けているのだから，A のモル分率 x_A は $m_A/(m_A + 1000/M_B)$ である。いま，A の希薄溶液を考えているので，$m_A \ll 1000/M_B$ なので分母中の m_A は無視できる。したがって，次の近似式が成り立つ：$x_A \approx m_A/$

$(1000/M_B) = m_A M_B / 1000$。希薄溶液では，重量モル濃度はモル分率に比例することがわかる。
(2)無限希釈の標準状態を使った化学ポテンシャルは次のように書ける。

$$\mu_A = \mu_A^{\circ *} + RT \ln x_A = \mu_A^{\circ *} + RT \ln (M_B/1000) + RT \ln m_A = \mu_A^{\circ *'} + RT \ln m_A$$

ここで，新しい標準化学ポテンシャル $\mu_A^{\circ *'}$ が導入された。この新しい標準化学ポテンシャルには，分子間の相互作用エネルギーに関する項と，単位の変換にともなう定数がともに含まれている。

8.3 容量モル濃度が c_i のとき，溶液 1 L(1000ρ g：ρ は溶液の密度)中に c_i モルの溶質を含む。溶質 i の分子量を M_i とすると，$(1000\rho - c_i M_i)$ g が溶媒の重量である。したがって，溶媒 1 kg(1000 g)中の溶質のモル数は $c_i \times 1000/(1000\rho - c_i M_i)$ で，これが重量モル濃度 m_i である。いまは希薄溶液を扱っているので，$c_i M_i \ll 1000\rho$ で，かつ溶液の密度は溶媒の密度とほとんど同じである。よって，$m_i = c_i/\rho_0$ となる。この関係から，$I = \dfrac{1}{2}\sum_i m_i z_i^2$ が $\dfrac{1}{2\rho_0}\sum_i c_i z_i^2$ となることは明らかである。また，問にある溶液のイオン強度は次の通りである。

電解質	濃度(mol kg^{-1})	イオン強度
NaCl	0.1	0.1 mol kg^{-1}
CaCl$_2$	0.05	0.15 mol kg^{-1}
K$_3$PO$_4$	0.001	0.006 mol kg^{-1}
MgSO$_4$	0.05	0.2 mol kg^{-1}
Al$_2$(SO$_4$)$_3$	0.001	0.015 mol kg^{-1}

8.4 式(8.68)の右辺にある各種定数は，次の通りである。$N_A = 6.022 \times 10^{23}$ mol^{-1}，$\pi = 3.14$，$e = 1.602 \times 10^{-19}$ C(クーロン)，$\varepsilon_0 = 8.85 \times 10^{-12}$ F m^{-1}(ファラッド/メートル)，$k_B = 1.381 \times 10^{-23}$ J K^{-1}。これらの数値を式(8.68)に代入し，得られた A^2 の値の平方根をとれば，目的の数値が得られる。

8.5 まず，重量％で表されている濃度をモル濃度に変換する。ポリアクリル酸ナトリウムのモノマー単位および塩化ナトリウムの分子量はそれぞれ 94.06，58.44 であるから，それぞれの 2 wt％溶液 1 L 中には，20/94.06 モルおよび 20/58.44 モルが存在する。したがって，$C_0 = 0.213$ mol L^{-1}，$C_1 = 0.342$ mol L^{-1} となる。これらの値を式(8.72)に代入すると，$C_{II}/C_1 = 1 + C_0/C_1 = 1 + 0.623 = 1.623$ が得られる。この結果より，I 側と II 側の塩化ナトリウムの濃度は，それぞれ 0.130 mol L^{-1}，0.212 mol L^{-1} となる。上記の結果より I 側と II 側の Na$^+$イオン濃度は，それぞれ 0.213 + 0.130 = 0.343 mol L^{-1}，0.212 mol L^{-1} と計算される。したがって，式(8.73)を使って，$\Delta\Psi = (RT/F)\ln(0.343/0.212) = 8.314$ J K^{-1} mol$^{-1} \times 298.15$ K/(9.649×10^4 C mol^{-1})$\ln 1.618 = 1.236 \times 10^{-2}$ J C$^{-1} = 12.36$ mV。

第 **9** 章

化学反応と平衡

　「化学熱力学」に関する本である本書において，化学反応(chemical reaction)とその平衡を扱う本章は，いわば中心となるテーマである。第3章3.4節の熱化学とともに，化学熱力学の最も重要なテーマであると言っても過言ではない。しっかりと学んでいただきたい。

　化学反応については，これまでに，第3章でエンタルピー変化を問題にする熱化学，第4章で自由エネルギーの下がる方向に進む例として，水素と酸素から水ができる反応と水素(H)と重水素(D)からHD分子ができる反応について述べた。本章では，主として化学平衡(chemical equilibrium)について，熱力学の視点から考察する。

9.1 　化学反応論と熱力学

化学反応（特に有機化学反応）は，反応式でシンプルに書けるものでもたいへん複雑な現象である。2 種類の分子が衝突して，いったん結合が切れ，新しい結合ができて新しい分子が生成する。その過程を考えると，衝突のときの分子相互の位置によって反応性は変わるであろう。正面衝突するのか，横からぶつかるのか，端っこをかすめるのかによって，反応が起こったり起こらなかったりするであろう。また，仮に反応が起こっても，生成物のできる割合（反応収率）は衝突の仕方によって違うであろう。キラルな分子であれば，衝突の違いによって光学異性体の異なるものが生成することもあるであろう。化学反応機構論は，このような内容を扱う学問である[*1]。

＊1　日本の得意とする分野でもあり，化学反応機構論の分野から 4 人のノーベル化学賞受賞者を出している。

化学反応速度論（chemical kinetics）も，重要で研究の盛んな分野である。反応速度の実測から，どのような機構で反応が起こっているのかを推定することが多いので，化学反応機構論とも密接に関係している。化学反応速度から化学平衡を導く方法についてここで触れておこう。

以下のように A と B から C と D が生成する可逆反応を考える。正反応（→ 方向）の速度定数を k_1，逆反応（← 方向）の速度定数を k_{-1} とする。

$$A + B \underset{k_{-1}}{\overset{k_1}{\rightleftharpoons}} C + D$$

正反応の速度 v_1 は，A と B の濃度をそれぞれ [A]，[B] と書けば次式で表される。

$$v_1 = k_1[A][B] \tag{9.1}$$

v_1 をこのように書けるのは，分子 A と分子 B が衝突する確率がそれぞれの濃度に比例するためである。同様に，逆反応の速度 v_{-1} は，C と D の濃度をそれぞれ [C]，[D] として次のように書ける。

$$v_{-1} = k_{-1}[C][D] \tag{9.2}$$

平衡に達したときには，正反応と逆反応の速度は同じになっているはずであるから，次式が成り立つ。

$$k_1[A][B] = k_{-1}[C][D] \tag{9.3}$$

この式を変形すると，次式が得られる。

$$\frac{[C][D]}{[A][B]} = \frac{k_1}{k_{-1}} \equiv K \tag{9.4}$$

正反応と逆反応の速度定数の比 k_1/k_{-1} を K と書き，これを平衡定数（equilibrium constant）と呼ぶ。式(9.4)は，反応物 A，B の仕込み濃度がいくらであっても，定温・定圧の条件であれば，平衡に達した後は [A][B] と [C][D] の比は常に一定である，ということを示している。

平衡定数はたいへん重要である。ある目的とする反応がどの程度まで進むのかがわかるからであり，これはアカデミックな研究であれ化学工業であれ，必要とされる情報である。しかしながら，反応速度論から導かれる平衡定数（式(9.4)）は，あらかじめ理論的にその値を知ることはできない。平衡定数を得るためには，平衡に達した後の各成分の濃度を実験で求める以外に方法はない[*2]。

＊2　複雑な反応の場合，平衡定数のもとになる反応速度定数の決定において，定常状態の仮定や律速段階の推定といった不確実な要素が入り込んでくることも多い。

9.2 化学反応における自由エネルギー変化

以上の説明からわかるように，反応機構論にしても反応速度論にしても，個々の反応や分子状態についての各論が主要なテーマである。しかし，この考えにとらわれている限り，化学平衡全般にわたる総論の見通しが立てられない。一方，熱力学では，個々の反応や分子の事情にとらわれず，化学平衡全体を見通しよく扱える。反応物と生成物に関する熱力学的諸量のデータがあれば，個々の反応の事情に一切関わりなく，平衡定数が計算できる。これが，化学反応の分野における熱力学の最大の利点であると言える。

熱力学第二法則は，森羅万象すべての現象に適用できる。したがって，化学反応にも当然有用である。第 4 章 4.4.4 項および図 **4.7** で述べたように，水素と酸素の有する自由エネルギーの和よりも，水の自由エネルギーのほうが低いので，水素と酸素から水が生成する反応は起こる。それならば，各化合物の有する自由エネルギーがわかっていれば，ある化合物から別の化合物への反応が起こるか否かが即座に判定できることになる。

そのような自由エネルギーは，それぞれの化合物について与えられているのであろうか？　答えは「yes」である！　それが**標準生成自由エネルギー**(standard free energy of formation)である。次項から，この標準生成自由エネルギーについて説明しよう。

9.2.1　標準生成自由エネルギー

第 3 章 3.4.2 項および 3.4.3 項で標準生成エンタルピーについて学んだ。まず，標準生成エンタルピーとは何であったかについて復習する。

(1) 標準状態(25℃, 1 気圧)において，熱力学的に最も安定な状態の元素のエンタルピーを基準(0)にとる。

(2) 標準状態で最も安定な元素同士の反応によって得られる化合物の，標準状態における生成熱を標準生成エンタルピーと呼び，$\Delta_f H°$ と記す。

(3) 標準生成エンタルピー $\Delta_f H°$ の値（**表 3.2** および**表 3.3** 参照）を使えば，種々の反応のエンタルピー変化を計算できる。

一方，エントロピーには絶対値がある（第 5 章参照）。エントロピーの値は温度によって変わるので，各化合物について種々の温度で測定さ

れている。したがって，標準状態における値（標準エントロピー $S°$）も，当然用意されている（表 5.3 参照）。標準生成エンタルピーと標準エントロピーのデータがあれば，標準生成自由エネルギーを求めることができる。それを説明しよう。

　化学反応は通常，一定圧力（1 気圧）下で行われるので，自由エネルギーとしてはもっぱらギブズの自由エネルギーを使うことにする。自由エネルギーにも絶対値はない。それは，自由エネルギーがエンタルピーを含む物理量であるから当然である。したがって，自由エネルギーに対しても，標準状態を採用し，そこでの値を基準に選ぶことにする。つまり，エンタルピーの場合と同様に，次のように決める。

(1) 標準状態（25℃, 1 気圧）において，熱力学的に最も安定な状態の元素の自由エネルギーを基準（0）にとる。

(2) 標準状態で最も安定な元素同士から得られる化合物の合成反応において，この反応の標準状態における自由エネルギー変化を標準生成自由エネルギーと呼び，$\Delta_f G°$ と記す。

　ややわかりにくい表現なので，例をあげて説明しよう。ここでは再び，水素と酸素から水が生成する反応を例として取り上げる。反応物と生成物の状態が，気体(g)か液体(l)か固体(s)かの区別を記すことは，エンタルピーの場合と同様である。状態の変化には自由エネルギー変化をともなうからである。

$$H_2(g) + \frac{1}{2}O_2(g) \longrightarrow H_2O(g) \quad \Delta_f H° = -241.83 \text{ kJ mol}^{-1}$$

（第 3 章 3.4.2 項および表 3.2 参照）

水素，酸素，水（気体）の標準エントロピーは，それぞれ 130.575 J K^{-1} mol^{-1}, 205.029 J K^{-1} mol^{-1}, 188.723 J K^{-1} mol^{-1} である（第 5 章の表 5.3 参照）。したがって，上記の反応にともなう標準エントロピー変化 $\Delta S°$ は

$$\Delta S° = 188.723 - \{130.575 + (1/2) \times 205.029\} = -44.367 \text{ J K}^{-1} \text{ mol}^{-1}$$

となり，標準状態の温度は 298.15 K であるから，

$$T\Delta S° = -13.228 \text{ kJ mol}^{-1}$$

となる。したがって，水（気体）の標準生成自由エネルギー $\Delta_f G°$ は

$$\begin{aligned}\Delta_f G° &= \Delta_f H° - T\Delta S° \\ &= -241.83 + 13.228 = -228.60 \text{ kJ mol}^{-1}\end{aligned}$$

と計算される。

　もう一つ例をあげよう。

$$C(黒鉛) + O_2(g) \longrightarrow CO_2(g) \quad \Delta_f H° = -393.5 \text{ kJ mol}^{-1}$$

黒鉛，酸素，二酸化炭素の標準エントロピーは，それぞれ 5.74 J K^{-1} mol^{-1}, 205.029 J K^{-1} mol^{-1}, 213.63 J K^{-1} mol^{-1} である。標準エントロピー変化 $\Delta S°$ は

表9.1 代表的な無機化合物の標準生成自由エネルギー（25℃, 1 atm）

化合物	物理状態	標準生成自由エネルギー $\Delta_f G°/kJ\ mol^{-1}$
H_2O	g	-228.6
H_2O	l	-237.178
HCl	g	-95.299
CO	g	-137.152
CO_2	g	-394.359
NO	g	86.55
NO_2	g	51.29
SO_2	g	-300.194
SO_3	g	-371.08

日本化学会 編，『改訂6版 化学便覧 基礎編』，丸善出版(2021), pp. 796–799

$$\Delta S° = 213.63 - (5.74 + 205.029) = 2.861\ J\ K^{-1}\ mol^{-1}$$

となり，二酸化炭素の標準生成自由エネルギー $\Delta_f G°$ は

$$\Delta_f G° = \Delta_f H° - T\Delta S°$$
$$= -393.5 - 298.15 \times 2.861 \times 10^{-3} = -394.4\ kJ\ mol^{-1}$$

と求まる。

このようにして求めた主な化合物の標準生成自由エネルギーの値を表 9.1 と表 9.2 にあげておく。

各種化合物の標準生成自由エネルギーの値が一覧表として与えられると，それらを使って化学反応の標準自由エネルギー変化を計算できる（次項参照）。さらに，標準自由エネルギー変化の値から，化学平衡定数が求まる。このように，標準生成自由エネルギーの値は化学反応およびその平衡には，たいへん有用なデータである。

さて，表 9.2 を眺めると次の事柄がわかる。

（1）メタンから n-ヘキサンまで，分子が大きくなると標準生成自由エネルギーの値が大きく（負の値が小さく）なる。それは，より多くの水素分子を消費して炭化水素分子が1分子できるので，エントロピー的に不利だからである。

（2）二重結合を有する化合物（エチレン，プロピレン，ベンゼンなど）の標準生成自由エネルギーの値が大きく，飽和化合物に比べて不安定であることがわかる。

（3）酸化が進むと（エタン → エタノール → 酢酸）標準生成自由エネルギーは低下し，化合物は安定になることがわかる。

このように，標準生成自由エネルギーのデータを眺めているだけでも，いろいろと参考になることがわかる。

表9.2　代表的な有機化合物の標準生成自由エネルギー（25℃, 1 atm）

化合物	物理状態	標準生成自由エネルギー $\Delta_f G°/\text{kJ mol}^{-1}$
CH_4	g	-50.79
C_2H_6	g	-31.89
C_3H_8	g	-24.40
n-C_6H_{14}	g	-0.1
	l	-4.2
cyclo-C_6H_{12}	g	31.57
	l	26.53
$CH_2=CH_2$	g	68.40
$CH_3CH=CH_2$	g	62.4
ベンゼン	g	129.4
	l	124.4
CH_3OH	g	-162.8
	l	-166.9
C_2H_5OH	g	-168.7
	l	-174.0
CH_3COOH	g	-374.7
	l	-390.1
安息香酸	g	-214.2
	s（結晶）	-245.3
グルコース	s（結晶）	-917.2*
ʟ-グルタミン酸	s（結晶）	-724.9

＊ P. Atkins and J. de Paula, *Physical Chemistry for the Life Sciences*, p.163, Oxford University Press (2006)から転載。他の値は，日本化学会 編，『改訂6版 化学便覧 基礎編』，丸善出版(2021)，pp. 800–802の標準生成エンタルピーと標準エントロピーのデータを使って筆者が計算。

9.2.2　化学反応の標準自由エネルギー変化の計算例

　各種化合物の標準生成自由エネルギーが与えられると，そのデータを使って，それら化合物間の反応の標準自由エネルギー変化を計算することができる。つまり実験する前に，目的の反応が進むか進まないかをあらかじめ知ることができる[*3]。第 3 章「3.4.3 熱化学」で取り上げたのと同じ反応例について，その計算を行ってみよう。

　最初の例は，次の水素添加反応である。

　表9.2 には，ベンゼンとシクロヘキサンの標準生成自由エネルギーの値が与えられている。定義により，それらは以下の式の値である。

（i）$6\,C$（黒鉛）$+ 3\,H_2(g) \longrightarrow$ ベンゼン(l)　$\Delta_f G° = 124.4\ \text{kJ mol}^{-1}$

[*3] “進むか進まないか”という表現をすると，生成物に100%変化するのか，まったく反応は進まないのか，のどちらかのような印象を与えるかもしれない。しかし実際は，生成物が多くできるか，反応物が多く残るかという意味であり，それが化学平衡である。次の9.3節および欄外注＊6を参照されたい。

（ii）6 C（黒鉛）+ 6 H$_2$（g）⟶ シクロヘキサン（l）

$$\Delta_f G° = 26.53 \text{ kJ mol}^{-1}$$

（ii）−（i）を反応式および自由エネルギー変化について行うと，次式が得られる。

$$3 \text{ H}_2\text{（g）} \longrightarrow \text{シクロヘキサン（l）} - \text{ベンゼン（l）}$$
$$\Delta G° = -97.9 \text{ kJ mol}^{-1}$$

この式を書き直すと，目的とする次式が得られる。

$$\text{ベンゼン（l）} + 3 \text{ H}_2\text{（g）} \longrightarrow \text{シクロヘキサン（l）}$$
$$\Delta G° = -97.9 \text{ kJ mol}^{-1}$$

ベンゼンに水素添加してシクロヘキサンにする反応は，自由エネルギーの下がる反応であるから進むことになる。ただ，熱力学的に進む（より安定なシクロヘキサンに変化する）ということと，実際にこの反応がすぐに進むかどうかということとは別問題である。反応速度は，熱力学からは予測できないためである。この反応は，実際には触媒の助けがなければ進まない。

　もう一つ注意しておきたい点は，自由エネルギー差がエンタルピー差（−205.4 kJ mol^{-1}：3.4.3 項参照）よりも小さいことである。エンタルピー（ポテンシャルエネルギー）的にはこの反応は有利な反応であるが，3 モルの水素分子が消費されるために，気体の有するエントロピーの損失が大きい。そのため，自由エネルギー差が小さくなってしまっている。

　次の例は，エタノールを酸化して酢酸が生成する反応である。

$$\text{C}_2\text{H}_5\text{OH（l）} + \text{O}_2\text{（g）} \longrightarrow \text{CH}_3\text{COOH（l）} + \text{H}_2\text{O（l）}$$

表 9.1 および表 9.2 から，以下の式が得られる。

（i）2 C（黒鉛）+ 3 H$_2$（g）+ $\frac{1}{2}$O$_2$（g）⟶ C$_2$H$_5$OH（l）

$$\Delta_f G° = -174.0 \text{ kJ mol}^{-1}$$

（ii）2 C（黒鉛）+ 2 H$_2$（g）+ O$_2$（g）⟶ CH$_3$COOH（l）

$$\Delta_f G° = -390.1 \text{ kJ mol}^{-1}$$

（iii）H$_2$（g）+ $\frac{1}{2}$O$_2$（g）⟶ H$_2$O（l）　　　$\Delta_f G° = -237.178 \text{ kJ mol}^{-1}$

（ii）−（i）+（iii）を行うと，次式が得られる。

$$\text{O}_2\text{（g）} \longrightarrow \text{CH}_3\text{COOH（l）} - \text{C}_2\text{H}_5\text{OH（l）} + \text{H}_2\text{O（l）}$$
$$\Delta G° = -453.3 \text{ kJ mol}^{-1}$$

この式を変形すると，目的とする次式が得られる。

$$\text{C}_2\text{H}_5\text{OH（l）} + \text{O}_2\text{（g）} \longrightarrow \text{CH}_3\text{COOH（l）} + \text{H}_2\text{O（l）}$$
$$\Delta G° = -453.3 \text{ kJ mol}^{-1}$$

　最後に，エタノールが酸化されて二酸化炭素と水になる反応を取り上

げる。この反応はエタノールが体内で代謝されるときの全体的な反応である。

$$C_2H_5OH\,(l) + 3\,O_2\,(g) \longrightarrow 2\,CO_2\,(g) + 3\,H_2O\,(l)$$

（ i ）$2\,C\,(黒鉛) + 3\,H_2\,(g) + \dfrac{1}{2}\,O_2\,(g) \longrightarrow C_2H_5OH\,(l)$

$$\Delta_f G° = -174.0\ \text{kJ mol}^{-1}$$

（ ii ）$C\,(黒鉛) + O_2\,(g) \longrightarrow CO_2\,(g) \qquad \Delta_f G° = -394.359\ \text{kJ mol}^{-1}$

（iii）$H_2\,(g) + \dfrac{1}{2}\,O_2\,(g) \longrightarrow H_2O\,(l) \qquad \Delta_f G° = -237.178\ \text{kJ mol}^{-1}$

$2 \times (\text{ii}) - (\text{i}) + 3 \times (\text{iii})$を行うと，次式が得られる。

$$3\,O_2\,(g) \longrightarrow 2\,CO_2\,(g) - C_2H_5OH\,(l) + 3\,H_2O\,(l)$$

$$\Delta G° = -1326.3\ \text{kJ mol}^{-1}$$

この式を変形すると，目的とする次式が得られる。

$$C_2H_5OH\,(l) + 3\,O_2\,(g) \longrightarrow 2\,CO_2\,(g) + 3\,H_2O\,(l)$$

$$\Delta G° = -1326.3\ \text{kJ mol}^{-1}$$

*4 『改訂6版 化学便覧 基礎編』，pp. 796-799（日本化学会 編，丸善出版，2021）。ただし，ここには無機化合物のデータしか掲載されていない。有機化合物に関しては，標準生成エンタルピーと標準エントロピーのデータが記載されている（pp. 800-802）ので，それらを使って計算することはできる。

　以上の例から，標準生成自由エネルギーの値を使って各種化学反応の標準自由エネルギー変化を計算する方法を理解していただけたことと思う。標準生成自由エネルギーの値は，各種の教科書や化学便覧[*4]などに与えられている。ある化学反応を行いたい場合に，その目的とする反応が進むのか進まないのかを標準自由エネルギー変化の値から推定できる。

9.3　化学平衡

　前節では，化学反応に対する標準自由エネルギー変化の求め方について述べた。生成系の自由エネルギーが反応系のそれよりも低ければ反応は進み，その逆の場合は進まない。このように書くと，自由エネルギーが下がる場合は 100 ％生成物になり，高くなる場合はまったく進まないように聞こえるかもしれない。しかし，自由エネルギー差によって反応の進行が "All or None" で決まるわけではない。自由エネルギーが低くなる場合は生成物の割合が多くなり，高くなる場合は反応物として残る割合が大きくなる，という意味である。つまり，自由エネルギー差が化学平衡を決めているのである。本節では，この問題について説明しよう。

9.3.1　化学平衡定数

　第 6 章で相平衡について学んだ。相平衡においてキーになる物理量は化学ポテンシャルであった。ある物質のある相における化学ポテンシャルが別の相中における化学ポテンシャルより高い場合には，化学ポ

テンシャルの低い相のほうへ移動する。つまり，化学ポテンシャルは物質移動の原動力であった。この事情は，実は化学平衡においても同様である。相平衡の場合と異なる点は，同じ物質の化学ポテンシャルの高低ではなく，異なる物質間の化学ポテンシャルの高低が問題になる点である。この場合の物質移動とは，同じ物質の相間の移動ではなく，異なる物質への移動（変換）である。この点が，相平衡の場合の物質移動とは根本的に異なる。一般的な議論ではわかりにくいので，具体的に述べよう。

いま，次に示す可逆反応を考える。

$$A + B \rightleftarrows C + D$$

反応物 A，B および生成物 C，D の化学ポテンシャルは以下のように書ける。

$$\mu_A = \mu_A^\circ + RT \ln x_A \tag{9.5}$$
$$\mu_B = \mu_B^\circ + RT \ln x_B \tag{9.6}$$
$$\mu_C = \mu_C^\circ + RT \ln x_C \tag{9.7}$$
$$\mu_D = \mu_D^\circ + RT \ln x_D \tag{9.8}$$

もし $\mu_A + \mu_B > \mu_C + \mu_D$ であれば，化学ポテンシャルの低い生成物側に物質は移動する。つまり，反応物は生成物に変換される。このとき，A と B の反応物は，いわば化学反応機構を通して C と D の生成物に流れ込んでいることになる。その化学反応機構がいかに複雑なものであるにせよ，熱力学的には化学ポテンシャルの高低差による物質の流れにほかならない。このように取り扱えることが，熱力学の最大の利点である。したがって，化学平衡の条件は，化学ポテンシャルに高低差のない条件として次式のように表すことができる。

$$\mu_A + \mu_B = \mu_C + \mu_D \quad \text{または} \quad (\mu_C + \mu_D) - (\mu_A + \mu_B) = 0 \tag{9.9}$$

この式(9.9)に式(9.5)～式(9.8)を代入すると，次式が得られる。

$$(\mu_C^\circ + RT \ln x_C + \mu_D^\circ + RT \ln x_D) - (\mu_A^\circ + RT \ln x_A + \mu_B^\circ + RT \ln x_B) = 0 \tag{9.10}$$

この式を書き直すと，次式のようになる。

$$(\mu_C^\circ + \mu_D^\circ) - (\mu_A^\circ + \mu_B^\circ) = -RT \ln x_C x_D + RT \ln x_A x_B \tag{9.11}$$

左辺は，生成物 C と D の 1 モルあたりの自由エネルギーから，反応物 A と B の同じ量を差し引いたものである。この量を ΔG° と書くと，化学平衡定数 K との関係は次式のようになる。

$$\Delta G^\circ \equiv (\mu_C^\circ + \mu_D^\circ) - (\mu_A^\circ + \mu_B^\circ) = -RT \ln\left(\frac{x_C x_D}{x_A x_B}\right) \equiv -RT \ln K \tag{9.12}$$

化学平衡が成立した後の生成物と反応物の濃度比が化学平衡定数 K であることはすでに述べた通りである（式(9.4)参照[5]）。

式(9.12)の左辺は，もしこの反応が標準状態で行われたものであれば，

*5 式(9.4)においては，濃度の単位を何にするかについて特に指定しなかった。式(9.12)ではモル分率で表している。濃度の単位に何を選ぶかによる平衡定数の値の変化については，9.3.3項を参照されたい。

9.2.2 項で計算した標準自由エネルギー変化そのものである。つまり，この値は，標準生成自由エネルギーが与えられている化合物に関しては，計算で求めることができる。これは，平衡定数が実験で求めなくても得られることを意味している。熱力学の化学への応用の，最も有効な場合の一つである。

さて，ここで式 (9.12) の意味を考えておこう。この式を書き直すと，次式のようになる。

$$K = \exp\left(-\frac{\Delta G^{\circ}}{RT}\right) \tag{9.13}$$

生成物の自由エネルギーが反応物のそれよりも小さい場合には，ΔG° は負になる。したがって，$-\Delta G^{\circ}/(RT)$ は正であり，式 (9.13) の右辺は 1 より大きな値となる。つまり，左辺の K も 1 より大きく，生成物の濃度が反応物の濃度より大きい。このことは，この反応は（自由エネルギーの低い方向へ）進むことを意味する。一方，反応物の自由エネルギーのほうが低い場合には，逆に生成物の濃度のほうが低くなる。つまり，この反応は進まない。"反応が進む／進まない" とは，このような意味である。決して 100 ％か 0 ％かという，"All or None" を意味しないことを重ねて注意しておく[*6]。

ここまで，たいへんシンプルな化学反応を例に取って説明してきた。より複雑な化学反応は，化学量論の数を ν として，一般的には次のように書ける。

$$\sum_i \nu_i \mu_i (反応物)_i \;\rightleftharpoons\; \sum_i \nu_i \mu_i (生成物)_i$$

この反応に対して，式 (9.10) は次のように一般化できる。

$$\sum_i \nu_i \mu_i (生成物) - \sum_i \nu_i \mu_i (反応物) = 0 \tag{9.14}$$

さらに，新しい記号 $\prod_i A_i (= A_1 \times A_2 \times A_3 \times \cdots)$ を導入すれば，式 (9.12) は次式で表される。

$$\Delta G^{\circ} \equiv \sum_i \nu_i \mu_i^{\circ} (生成物) - \sum_i \nu_i \mu_i^{\circ} (反応物)$$

$$= -RT \ln \left(\frac{\prod_i [x_i (生成物)]^{\nu_i}}{\prod_i [x_i (反応物)]^{\nu_i}} \right) \equiv -RT \ln K \tag{9.15}$$

結果として，式 (9.13) は一般的な化学反応に対して成り立つことがわかるであろう。

9.3.2 化学平衡定数の計算例

本節の最後に，いくつかの実際の化学反応に対して式 (9.15)（または式 (9.13)）を適用してみよう。ここでも，まず，最も身近な水素と酸素から水の生成する反応を取り上げよう。

$$H_2(g) + \frac{1}{2}O_2(g) \;\rightleftharpoons\; H_2O(g)$$

*6 水と氷の相平衡や結晶間の相転移のような，純物質の相平衡の場合には，片方の相の自由エネルギーが低ければ，その物質のすべてがその相に変化する。決して，片方の相の量が別の相の量よりも多いことを意味するものではない。しかし，多成分（溶液）系の化学ポテンシャルには，濃度の項が $RT \ln x$ の形で含まれており，"All or None" の変化を阻止するのである。溶液中である成分の濃度が 0 だとすると，$RT \ln x$ の値は $-\infty$ になる。それは，ほんのわずかでもその成分が存在すると大きな負の化学ポテンシャルが得られることを意味している。逆に言えば，溶液中である成分濃度が 0 であるという状態は，熱力学的にたいへん不利なのである。多成分系の自由エネルギーに含まれるこの混合エントロピーの寄与が，ある成分濃度が 0 であることを阻むのである。化学反応系も，多成分系なので事情は同じなのである。

この反応の $\Delta G°$ は，**表 9.1** に与えられている標準生成自由エネルギーそのものである。したがって，25℃，1 気圧の下で，平衡定数 K は次のように計算できる。

$$K = \exp\left(-\frac{\Delta G°}{RT}\right) = \exp\left(-\frac{-228.6}{8.3144 \times 298.15 \times 10^{-3}}\right) = 1.118 \times 10^{40}$$

この平衡定数を見ると，平衡は圧倒的に生成物である水の側に偏っており，事実上不可逆反応であることがわかる。平衡状態で，水素や酸素の濃度はほとんど 0 である。そして，この大きな標準自由エネルギー差の原因が，大きなエンタルピーの差にあることは，第 4 章 4.4.4 項で述べた通りである。

次の例として，生成物の標準生成自由エネルギーのほうが高い，黒鉛と水素からベンゼンのできる反応を取り上げよう。

$$6C(黒鉛) + 3H_2(g) \rightleftharpoons \bigcirc (g)$$

表 9.2 より，この反応の $\Delta G°$ は 129.4 kJ mol^{-1} である。したがって，平衡定数は次式で求められる。

$$K = \exp\left(-\frac{\Delta G°}{RT}\right) = \exp\left(-\frac{129.4}{8.3144 \times 298.15 \times 10^{-3}}\right) = 2.137 \times 10^{-21}$$

今度は，反応物の方に圧倒的に平衡が偏っている。それは標準生成自由エネルギーが正であるからである。上記の 2 つの例を見ていると，化学平衡とはいっても，自由エネルギー差が大きい場合には，生成物か反応物かに極端に偏っており，事実上不可逆反応か反応が進まないかのどちらかである。その意味では，自由エネルギー変化が負か正かによって，反応が進むか進まないかの "All or None" のような表現をしても，あながち間違いとは言えない。

最後の例として，もっと自由エネルギー差の小さい反応を示そう。第 4 章 4.4.4 項で述べた次の反応をもう一度取り上げる。

$$\frac{1}{2}H_2(g) + \frac{1}{2}D_2(g) \rightleftharpoons HD(g)$$

この反応の $\Delta G°$ は -1.464 kJ mol^{-1} である。したがって，平衡定数は次式のように求められる。

$$K = \exp\left(-\frac{\Delta G°}{RT}\right) = \exp\left(-\frac{-1.464}{8.3144 \times 298.15 \times 10^{-3}}\right) = 1.805$$

この値から，平衡状態における各成分の濃度（分圧 p_i）を求めてみよう。K を分圧で表すと

$$K \equiv \frac{p_{HD}}{(p_H p_D)^{1/2}} \tag{9.16}$$

となる。理想気体を仮定すれば $p_H = p_D$ であるので，$p_{HD}/p_H = p_{HD}/p_D = 1.805$ となる。この場合は，化学平衡という言葉にふさわしい濃度比と言える[*7]。

＊7　この例のように自由エネルギー差のかなり近い反応でないと，濃度比を実際に計算できるような平衡値は得られない。

column

コラム 9.1　水の解離平衡と pH

水は，次のように解離する[*a]。

$$H_2O \rightleftharpoons H^+ + OH^-$$

この解離の平衡定数を K とおけば，各成分の容量モル濃度を $[H_2O]$，$[H^+]$，$[OH^-]$ として，次式が成り立つ。

$$K = \frac{[H^+][OH^-]}{[H_2O]} \qquad (1)$$

解離する水の量はほんの少量なので，この反応において水の濃度はほとんど変化しない。したがって，上の式(1)は次式のように書ける。

$$K_w \equiv K[H_2O] = [H^+][OH^-] \qquad (2)$$

$[H_2O]$ が一定で K_w も定数なので，これを水の自己解離定数と呼ぶ。この自己解離定数 K_w の値は，25℃，1 気圧で 10^{-14} である。つまり，中性条件では $[H^+]$ と $[OH^-]$ は等しいので，ともに 10^{-7} mol L^{-1} となる。ここに酸やアルカリが溶けると，$[H^+]$ や $[OH^-]$ の値は桁が変わる変化をする。そのように大きな変化をそのまま扱うのは厄介なので，式(2)の対数をとって，その値を使うことが一般的である。この場合の対数は 10 が底で，自然対数ではない。つまり，25℃ では次式が成り立つ。

$$-\log K_w = -\log[H^+] - \log[OH^-] = 14 \qquad (3)$$

$-\log K_w$ を pK_w，$-\log[H^+]$ を pH と呼ぶことはご存知であろう。この呼び名を使って書き直すと，次式のようになる。

$$pH = pK_w + \log[OH^-]$$
$$= 14 + \log[OH^-] \quad (at\ 25℃) \qquad (4)$$

中性の条件では，$[H^+]$ と $[OH^-]$ は等しく 10^{-7} mol L^{-1} なので，$\log[OH^-] = -7$ で，pH = 7 となる。もし強酸(例えば HCl)が 10^{-3} mol L^{-1} 加えられると，pH = $-\log 10^{-3}$ = 3 で，$[H^+]$ と $[OH^-]$ は式(3)で関係づけられているので，$\log[OH^-]$ は -11(つまり，$[OH^-] = 10^{-11}$ mol L^{-1})となる。

各種温度における pK_w の値を表にあげておいた。温度が上がるほど pK_w は小さくなる，つまり，解離が進むことがわかる。この結果から，pH = 7 が中性というのは 25℃ の場合だけであることが理解できる。

[*a]　反応式の右辺の H^+ は，実際には水分子に配位して H_3O^+(ヒドロニウムイオン)として存在するが，ここでは簡単のために H^+ と記載する。

表　各種温度における水の pK_w の値

温度/℃	pK_w	温度/℃	pK_w	温度/℃	pK_w	温度/℃	pK_w
0	14.944	40	13.535	60	13.017	100	12.259
5	14.734	45	13.396	65	12.908	110	12.126
10	14.535	50	13.262	70	12.8	120	12.002
15	14.346	55	13.137	75	12.699	130	11.907
20	14.167	40	13.535	80	12.598	100	12.259
25	13.997	45	13.396	85	12.51	110	12.126
30	13.833	50	13.262	90	12.422	120	12.002
35	13.68	55	13.137	95	12.341	130	11.907

日本化学会 編，『改訂 6 版 化学便覧 基礎編』，丸善出版(2021)，pp. 842

9.3.3 濃度の単位が異なる場合の平衡定数

これまで，平衡定数（式(9.4)）を表現する濃度として，熱力学的に最も扱いやすいモル分率 x を使用してきた。平衡定数 K はモル分率 x を用いて次式のように表される。

$$K_x = \frac{x_C x_D}{x_A x_B} \tag{9.17}$$

ここでは，モル分率で表された平衡定数であることを明示するために，平衡定数 K に下付き記号 x を付した。では，濃度の単位を変更した場合には平衡定数はどのように表されるであろうか？　例として，化学の分野で最もよく使用される容量モル濃度 c（単位 $mol\ L^{-1}$）で表現してみよう。

モル分率と容量モル濃度の関係は，希薄溶液の場合，溶媒の分子量と密度を M_0，ρ_0 として次式で表される（第 8 章式(8.31)）。

$$x_i = \frac{c_i M_0}{1000 \rho_0} \tag{9.18}$$

この関係を式(9.17)に代入すると，$M_0/(1000\rho_0)$ は定数なので分母と分子で相殺されて，次式となる（K_c は容量モル濃度で示した平衡定数）。

$$K_x = \frac{c_C c_D}{c_A c_B} = K_c \tag{9.19}$$

この場合は，濃度の単位を変更してもまったく同じ式が成り立つ。

つづいて，次の反応を取り上げてみよう。

$$A + B \rightleftharpoons C$$

この場合の平衡定数をモル分率で表現すると，次式のようになる。

$$K_x = \frac{x_C}{x_A x_B} \tag{9.20}$$

この式(9.20)に式(9.18)を代入すると，次式が得られる。

$$K_x = \frac{x_C}{x_A x_B} = \frac{c_C}{c_A c_B} \times \frac{1000 \rho_0}{M_0} = K_c \frac{1000 \rho_0}{M_0} \tag{9.21}$$

今度は，異なる濃度の単位で表現すると，平衡定数の値は変わってくる。一般的に，反応系の分子数と生成系の分子数が異なる場合は，濃度の単位を変えると平衡定数の値は変わる。また，平衡定数自身が単位を有するようになり，いまの場合，K_c は $L\ mol^{-1}$ の単位をもつ。したがって，ある目的とする反応を扱っている場合，濃度の単位は一貫して同じものを使用しないと齟齬を来すことになる。またこのことは，平衡定数を論文などで発表する場合は，どの単位で測定したものかを（他の測定条件とともに）明示する必要があることを意味する[8]。

濃度の単位を変更すると平衡定数の値が変わるなら，反応の自由エネルギー変化との関係はどうなるのであろうか？　その問題は，反応の標準自由エネルギー変化がどのように導入されたか（式(9.12)）を再考すれば理解できる。$\Delta G° \equiv (\mu_C° + \mu_D°) - (\mu_A° + \mu_B°)$ で，生成系の標準化学ポテン

[8] 例えば，『改訂6版 化学便覧 基礎編』，pp. 822-842（日本化学会 編，丸善出版，2021）に掲載されている平衡定数のほとんどは，容量モル濃度（$mol\ dm^{-3}$）で表現されている。それ以外の濃度単位を使用した測定値には，その旨の脚注が付記されている。

column

コラム 9.2　反応速度定数と平衡定数の関係

9.1 節で, 反応速度定数の比が平衡定数となることを示した(式(9.4))。一方, 熱力学的には, 平衡定数は生成系と反応系に属する化合物間の自由エネルギー差によって決まることを説明した(式(9.13))。この 2 種類の表現に, 整合性がなければならないはずである。それを, ここで説明しよう。

図をご覧いただきたい。図の縦軸は自由エネルギーで, 横軸は反応座標である。反応座標とは, ある化学反応が起こるときの反応分子を構成する原子間の相対距離に関係する量である。反応座標の値が小さい(左寄りの)領域では反応系の分子の構造に近く, 値が大きい領域では生成系の分子の構造に近くなっている。そのちょうど中間点では, 反応系の分子が正に生成系の分子に変化する瞬間の構造をしているが, その状態を活性化状態もしくは遷移状態と呼んでいる。活性化状態の構造は, この反応経路中で最も自由エネルギーの高い構造である。その様子を表したのが, 図中の曲線である。活性化状態の自由エネルギーの山の両側には, 反応系と生成系の分

子の自由エネルギーの極小がある。その 2 つの極小間の差が, 反応の自由エネルギー差 ΔG である。

さて, 反応速度定数に関しては, **アレニウス(Arrhenius)の式**と呼ばれる式が知られている。

$$k = A \exp\left(-\frac{G}{RT}\right) \qquad (1)^{*a}$$

このアレニウスの式を今回の場合に当てはめると, 反応物から生成物に移る正反応の速度定数 k_1 と逆反応の速度定数 k_{-1} は次式となる。

$$k_1 = A \exp\left(-\frac{G_1}{RT}\right) \qquad (2)$$

$$k_{-1} = A \exp\left(-\frac{G_{-1}}{RT}\right) \qquad (3)$$

平衡定数 K は, k_1/k_{-1}(式(9.4))であるから, 次式が成り立つ。

$$K = \frac{k_1}{k_{-1}} = \frac{\exp(-G_1/RT)}{\exp(-G_{-1}/RT)}$$
$$= \exp\left(\frac{-G_1 + G_{-1}}{RT}\right) = \exp\left(-\frac{\Delta G}{RT}\right) \qquad (4)^{*b}$$

これで, 反応速度定数から得られる平衡定数と熱力学的な自由エネルギー変化から求まる平衡定数が同じものであることが証明された。

*a　通常, アレニウスの式として表される場合は, 指数には活性化エネルギー(activation energy : E_a) が使われている。それは, アレニウスの式が経験的に導かれたもので, 何らかのエネルギーの障壁(山)として表現されたからである。活性化状態にある分子の複合体の構造のとりやすさは, その状態のエントロピーにも依存するはずであるから, 活性化自由エネルギーとするのが正確であると考えられる。

*b　ΔG の定義は生成物の自由エネルギーの和から反応物のその値を引いたもので, いまの場合は負であるから, $\Delta G = G_1 - G_{-1}$ となることに注意されたい。

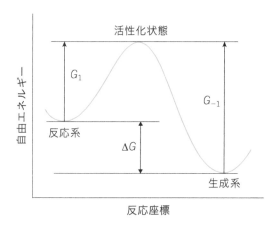

図　反応速度定数の比が平衡定数になる理由を説明する図

シャルの和から反応系のその値を差し引いたものが標準自由エネルギー変化であるから, 標準化学ポテンシャルが濃度単位の変更によってどうなるのかを考えればよい。これについては, すでに第 8 章 8.5 節で考察した。理想溶液や無熱溶液の場合には, 標準化学ポテンシャル μ_i° は成分 i の純物質 1 モルあたりの自由エネルギーであった。希薄な実在溶液の場合には, 溶質分子のまわりはほとんどすべて溶媒分子で取り囲まれるため, そのエネルギー状態にある溶質分子 1 モルの自由エネルギー

を仮想的に考え，それを標準化学ポテンシャルとした（$\mu_i^{\circ *}$；8.5.1 項および図 8.6 参照）。さらに濃度単位を変更した場合には，その変換係数が標準化学ポテンシャルに加わることも説明した（$\mu_i^{\circ *\prime}$：8.5.2 項参照）。容量モル濃度を単位とした場合には，その標準状態は 1 mol L^{-1} であるから，希薄溶液の場合に近い状態を標準にしていることになる。さらに濃度単位の変更にともなう標準状態の変更も加わるので，標準化学ポテンシャルとしては $\mu_i^{\circ *\prime}$ を使っていることになる。したがって，その場合の標準自由エネルギー変化を $\Delta G^{\circ *\prime}$ と書けば，$\Delta G^{\circ *\prime} \equiv (\mu_C^{\circ *\prime} + \mu_D^{\circ *\prime}) - (\mu_A^{\circ *\prime} + \mu_B^{\circ *\prime})$ となる。つまり，容量モル濃度を採用した場合には，そのときの自由エネルギー変化は標準状態の変更と濃度単位の変更の両方の項が含まれていることになる。モル分率以外の濃度単位を採用した場合は，どの濃度であっても同様の事情が存在することを理解していただきたい。

9.4 化学平衡定数の温度変化

化学反応の平衡定数 K は，反応の自由エネルギー変化と式(9.13)で結びついている。したがって，平衡定数の温度変化を求めるには，自由エネルギーの温度変化を知ればよい。自由エネルギーの温度変化を与えるギブズ－ヘルムホルツの式は，すでに融点降下の説明（第 6 章 6.2.2 項）のときに使用した。ここでも，再度それを使おう。

$$\frac{\partial(\Delta G/T)}{\partial T} = -\frac{\Delta H}{T^2} \tag{9.22}$$

式中の自由エネルギー変化 ΔG は，いまの場合，生成物の自由エネルギーの和から，反応物の同じ量を差し引いたものである。つまり，標準状態に対する式(9.12)を，他の温度にも一般化した値である。エンタルピー変化 ΔH は，生成物のエンタルピーの和から，反応物の同じ量を差し引いたもので，反応熱になる。上の式(9.22)に $\Delta G = -RT \ln K$（式(9.12)）を代入すれば，次式のようになる。

$$R\frac{\partial \ln K}{\partial T} = \frac{\Delta H}{T^2} \tag{9.23}$$

標準状態に比較的近い温度領域のみでの変化で，反応エンタルピーが標準値 ΔH° からさほど変化しない範囲を扱う場合には，式(9.23)の積分は次式のように表される。

$$\int_{K^\circ}^{K} d\ln K = \frac{\Delta H^\circ}{R} \int_{298.15}^{T} \frac{dT}{T^2} \tag{9.24}$$

この式では，標準状態(298.15 K)における平衡定数を K° とおいた。この積分を実行すれば，次式が得られる。

$$\ln\left(\frac{K}{K^\circ}\right) = \frac{\Delta H^\circ}{R}\left(\frac{1}{298.15} - \frac{1}{T}\right) \tag{9.25}$$

実際には，反応エンタルピーは温度に依存するので，上記のように簡単

コラム 9.3　ルシャトリエの原理と系の安定性

式(9.25)がルシャトリエの原理の熱力学的表現であることは，本文で述べた。ここでは，ルシャトリエの原理のもう少し深い意味を追記しておこう。もしルシャトリエの原理が成り立たず，温度が高くなるときに発熱反応が進むと仮定してみよう。系が平衡状態にあるといっても，局所的には多少の温度のゆらぎ(高低)が存在する。もしある部分が他の部分より温度が高くなったとすると，そこでは他の部分より発熱反応が進む。その結果，

その部分の温度はもっと高くなる。そうすると，ますます発熱反応が進み，ますます温度が高くなる。局所的に温度の高くなる部分は 1 箇所ではないから，系のあちこちで温度の高い部分と低い部分が入り乱れて，系全体がまだら模様になってしまう。熱力学は，このような系の不安定性が起こらないことを保証しているのである。ルシャトリエの原理は，そのわかりやすい表現なのである。

にはならない。しかし，各温度における反応熱のデータがあれば，グラフ上で積分することは可能である。また，反応熱のデータではなく，生成物と反応物の熱容量のデータが与えられていれば，それを使って反応エンタルピーを計算できる(第 3 章 3.4.4 項参照)。

反応エンタルピーから平衡定数を求めるのとは逆に，平衡定数の温度変化を測定すれば，式(9.25)を使って反応のエンタルピー変化を求めることができる。$\ln K$ を $1/T$ に対してプロットすれば，その勾配は $-\Delta H/R$ になるからである。また，式(9.25)から次のことがわかる。反応熱が正(吸熱反応)のとき，温度が標準状態より高くなると右辺は正になる。したがって，そのときの平衡定数は標準状態のそれより大きくなる。つまり，平衡が生成物のほうに偏る。生成物が増えるということは，(反応は吸熱なので)温度が下がる方向に変化するということである。発熱反応の場合は，その逆の変化が起こる。これは，"平衡状態にある反応系において，状態変数(温度，圧力，反応に関与する物質の分圧や濃度)を変化させると，その変化を相殺する方向へ平衡は移動する"というルシャトリエの原理(Le Chatelier's principle)を示している(**コラム 9.3** も参照されたい)。

演習問題

9.1 標準生成エンタルピー（第3章の表3.2および表3.3）と標準エントロピーの値（第5章の表5.3）を使って，次の化合物の標準生成自由エネルギーの値を計算しなさい。（表9.1と表9.2にあげた値を，読者自らで検算する問題である）

$$[H_2O(l),\ CO_2(g),\ CH_4(g),\ C_6H_6(ベンゼン)(l),\ C_2H_5OH(l)]$$

9.2 (1) 表9.1および表9.2のデータを使って，次の反応の標準自由エネルギー変化を計算しなさい。

$$C(黒鉛) + 2H_2(g) \longrightarrow CH_4(g)$$

$$H_2(g) + \frac{1}{2}O_2(g) \longrightarrow H_2O(g)$$

$$CO(g) + \frac{1}{2}O_2(g) \longrightarrow CO_2(g)$$

$$CH_4(g) + 2O_2(g) \longrightarrow CO_2(g) + 2H_2O(g)$$

$$CH_4(g) + 2O_2(g) \longrightarrow CO_2(g) + 2H_2O(l)$$

$$CH_4(g) + \frac{3}{2}O_2(g) \longrightarrow CO(g) + 2H_2O(l)$$

(2) 上で計算した標準自由エネルギー変化を使い，これらの反応の25℃，1気圧における平衡定数を求めなさい。

9.3 濃度の単位を重量モル濃度 m としたとき，式(9.12)の反応平衡定数 K が同じ値になることを証明しなさい。ただし，反応物，生成物ともに希薄溶液の状態にあると仮定し，第8章8.5.2項を参照しなさい。

9.4 水溶液中の次の反応について，以下の問に答えなさい。

$$RCOOH + NH_3 \rightleftarrows RCONH_2 + H_2O$$

(1) この反応の平衡定数 K を反応物と生成物の濃度で表しなさい。ただし，濃度の単位は容量モル濃度とし，$[RCOOH]$，$[NH_3]$，$[RCONH_2]$，$[H_2O]$ で表現しなさい。

(2) 平衡定数 K とこの反応の標準自由エネルギー差 $\Delta G°$ との関係式を記しなさい。

(3) $\Delta G° = 14.2\ kJ\ mol^{-1}$，温度 $T = 298.15\ K$，$[NH_3] = 10\ mmol\ L^{-1}$ であるとして，平衡状態における RCOOH と RCONH_2 の濃度比を計算しなさい。

(4) 上記の計算において，生成物である水の濃度 $[H_2O]$ の値をどうとるか？ またその値を使う理由を説明しなさい。

9.5 食酢の主成分である酢酸は，水溶液中で次式のように解離する。この反応について，以下の問に答えなさい。

$$CH_3COOH \rightleftarrows CH_3COO^- + H^+$$

(1) この反応の平衡定数を K_a として，化学平衡の式を書きなさい。ただし，各成分の容量モル濃度を $[CH_3COOH]$，$[CH_3COO^-]$，$[H^+]$ で表現しなさい。

(2) この化学平衡式を，コラム9.2にならって，pH と pK_a で表現しなさい。

(3) pH が pK_a と等しくなるのはどのような条件のときか？

(4) 外部から酸や塩基が加えられたとき，最も緩衝作用が大きい(pH への影響が小さい)のが，上記(3)の条件のときであることを定性的に説明しなさい。

9.6 コラム 9.3 の表のデータを使って，0℃ と 100℃ における中性条件の pH を求めなさい。

解答

9.1

化合物	H_2O (l)	CO_2 (g)	CH_4 (g)	C_6H_6 (l)	C_2H_5OH (l)
$\Delta_f G°/\text{kJ mol}^{-1}$	−237.178	−394.4	−50.79	124.4	−174.0

9.2 (1) C(黒鉛) $+ 2\,H_2$(g) $\longrightarrow CH_4$(g)

$\qquad -50.79 - (0 + 2 \times 0) = -50.79 \text{ kJ mol}^{-1}$

C(黒鉛)と H_2(g)は標準状態における最も安定な元素の状態なので，定義により標準生成自由エネルギーは 0 である。したがって，この反応式は標準生成自由エネルギーを得る式である。

$\qquad H_2$(g) $+ \dfrac{1}{2}O_2$(g) $\longrightarrow H_2O$(g)

$\qquad -228.6 - (0 + 1/2 \times 0) = -228.6 \text{ kJ mol}^{-1}$

この反応式も，標準生成自由エネルギーを得る式である。

$\qquad CO$(g) $+ \dfrac{1}{2}O_2$(g) $\longrightarrow CO_2$(g)

$\qquad -394.359 - (-137.152 + 1/2 \times 0) = -257.207 \text{ kJ mol}^{-1}$

$\qquad CH_4$(g) $+ 2\,O_2$(g) $\rightarrow CO_2$(g) $+ 2\,H_2O$(g)

$\qquad -394.359 - 2 \times 228.6 - (-50.79 + 2 \times 0) = -800.8 \text{ kJ mol}^{-1}$

$\qquad CH_4$(g) $+ 2\,O_2$(g) $\longrightarrow CO_2$(g) $+ 2\,H_2O$(l)

$\qquad -394.359 - 2 \times 237.178 - (-50.79 + 2 \times 0) = -817.93 \text{ kJ mol}^{-1}$

$\qquad CH_4$(g) $+ \dfrac{3}{2}O_2$(g) $\longrightarrow CO$(g) $+ 2\,H_2O$(l)

$\qquad -137.152 - 2 \times 237.178 - (-50.79 + 3/2 \times 0) = -560.72 \text{ kJ mol}^{-1}$

(2) 上で求めた $\Delta G°$ を $K = \exp[-\Delta G°/(RT)]$ に入れて計算する。

$\qquad C$(黒鉛) $+ 2\,H_2$(g) $\longrightarrow CH_4$(g)

$\qquad K = \exp(50.79/2.479) = \exp(20.49) = 7.919 \times 10^8$

$\qquad H_2$(g) $+ \dfrac{1}{2}O_2$(g) $\longrightarrow H_2O$(g)

$\qquad K = \exp(228.6/2.479) = \exp(92.21) = 1.112 \times 10^{40}$

$\qquad CO$(g) $+ \dfrac{1}{2}O_2$(g) $\longrightarrow CO_2$(g)

$\qquad K = \exp(257.207/2.479) = \exp(103.75) = 1.143 \times 10^{45}$

$\qquad CH_4$(g) $+ 2\,O_2$(g) $\longrightarrow CO_2$(g) $+ 2\,H_2O$(g)

$\qquad K = \exp(800.8/2.479) = \exp(323.03) = 1.951 \times 10^{140}$

$\qquad CH_4$(g) $+ 2\,O_2$(g) $\longrightarrow CO_2$(g) $+ 2\,H_2O$(l)

$\qquad K = \exp(817.93/2.479) = \exp(329.94) = 1.955 \times 10^{143}$

$\qquad CH_4$(g) $+ \dfrac{1}{2}O2$(g) $\longrightarrow CO$(g) $+ 2\,H_2O$(l)

$\qquad K = \exp(560.72/2.479) = \exp(226.19) = 1.710 \times 10^{98}$

これらの計算には関数電卓を使う必要がある。自分で計算してみると，平衡が片方(この例題では生成物側)に偏っていることが実感できるであろう。

9.3 重量モル濃度 m は，溶媒 1 kg 中に溶けた溶質のモル数で表す。したがって，溶媒の分子量を M_0 とすれば，溶媒のモル数は $1000/M_0$ であるから，溶質のモル分率は $x = m/(m + 1000/M_0)$ と表される。いま，希薄溶液を対象にしているので，$1000/M_0$ に比べて m は十分に小さいので無視できる。よって，$x = mM_0/1000$ となる。これを式(9.12)に代入すれば，$M_0/1000$ は定数なので分母と分子で相殺されて，$\Delta G° = -RT \ln[x_C x_D/(x_A x_B)] \equiv -RT \ln[m_C m_D/(m_A m_B)] = -RT \ln K$ と表され，モル分率による表現と同じ値になる。

9.4 (1) $K = [RCONH_2][H_2O]/[RCOOH][NH_3]$，(2) $K = \exp[-\Delta G°/(RT)]$，(3) $K = \exp[-\Delta G°/(RT)] = \exp(-14.2/2.479) = \exp(-5.728) = 3.25 \times 10^{-3}$，よって，$[RCONH_2]/[RCOOH] = 3.25 \times 10^{-3} \times 10 \times 10^{-3} = 3.25 \times 10^{-5}$

(4) $[H_2O] = 1$ とおいた。溶媒である水の濃度は $1000/18.0 \approx 55.6$ mol L^{-1} で，反応物や生成物の濃度(10^{-3} mol L^{-1} のオーダー)に比べて圧倒的に大きく，反応の前後で濃度変化は無いため。

9.5 (1) $K_a = [CH_3COO^-][H^+]/[CH_3COOH]$

(2) (1)の式の両辺の対数をとって記号を付けると，$-\log K_a = -\log[H^+] - \log([CH_3COO^-]/[CH_3COOH])$ となる。pH と pK_a の定義により，$\mathrm{pH} = \mathrm{p}K_a + \log([CH_3COO^-]/[CH_3COOH])$ と書ける。

(3) 上で導いた式から，$\mathrm{pH} = \mathrm{p}K_a$ となるのは，$[CH_3COO^-]/[CH_3COOH] = 1$ のときである。つまり，酢酸の解離がちょうど半分になったときに $\mathrm{pH} = \mathrm{p}K_a$ となる。

(4) この反応の平衡式(1)から，外部から酸が加えられて $[H^+]$ が増加すれば平衡は $[CH_3COOH]$ が増加する方向へ移動し(逆反応が起こり)水素イオンが消費されて水素イオン濃度は低くなる。塩基が加えられれば，その逆の方向への変化が起こる。つまり，酸や塩基の添加に対して pH への影響が小さくなるように平衡がずれる(ルシャトリエの原理の一つである)。この影響を消す効果が最も大きい状態は，$[CH_3COO^-]$ と $[CH_3COOH]$ が同じ濃度で存在するとき，つまり $[CH_3COO^-]/[CH_3COOH] = 1$ のときである。下の図に，滴定曲線の実例をあげておく。$\mathrm{pH} = \mathrm{p}K_a$ のときが，pH 変化が最も緩やかであることがわかる。

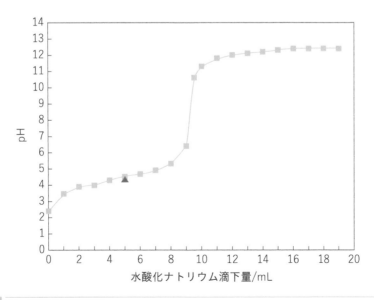

図　酢酸の滴定曲線
解離度が半分のとき(▲印)に最も pH 変化が小さい。

9.6　0℃ と 100℃ における pK_w の値は，それぞれ 14.944 と 12.259 である。したがって，pK_w = $-\log[\mathrm{H^+}][\mathrm{OH^-}]$ = 14.944(at 0℃)，または $-\log[\mathrm{H^+}][\mathrm{OH^-}]$ = 12.259(at 100℃)である。中性条件では $[\mathrm{H^+}] = [\mathrm{OH^-}]$ であるから，次のように計算できる。

0℃ : $-\log[\mathrm{H^+}]^2 = -2\log[\mathrm{H^+}]$ = 14.944,　pH ≡ $-\log[\mathrm{H^+}]$ = 7.47
100℃ : $-2\log[\mathrm{H^+}]$ = 12.259,　pH ≡ $-\log[\mathrm{H^+}]$ = 6.13

温度が上がるに従って解離が進むので，水素イオン濃度は(水酸化物イオン濃度も同時に)高くなる。したがって，中性条件での pH は温度上昇とともに小さくなる。pH = 7 が中性というのは，25℃ 付近のみであることを肝に銘じていただきたい。

第10章

電気化学反応と電池

　電池(battery, electric cell)は化学反応の応用の一分野である。化学反応にともなう自由エネルギーの低下分を，電気エネルギーに変換する装置が電池である。化学反応には電子の移動がともなう。電子を分子(原子)から分子(原子)へ直接移動させずに，いったん外部に取り出して，電子の流れ(電流)として利用する工夫が電池である。

　電気は，たいへん使い勝手のよい便利なエネルギーである。オール電化住宅が存在するように，電気エネルギーは多種多様な機器に使用可能である。また，スイッチ一つでオン／オフをすぐに切り替えることができる。しかし，その最大の弱点は貯蔵できないことである。石油(化学エネルギー)が貯蔵可能で，非常時に備えて大量に備蓄されているのとは対照的である。

　電池は，電気エネルギーのこうした弱点を克服する可能性を有している。電池の最大の特徴は，電気(エネルギー)を溜めることのできるデバイスであるという点にある。

10.1 電池の原点—ボルタ電池

電池を発明したのは、イタリア人のボルタ（Alessandro Volta）である。彼は、塩水を浸みこませた紙やフェルトを挟んで、2種類の金属を接触させれば電気を取り出せることを発見した。1800年のことであった。最初の試作品は、亜鉛板と銅板で電解質を挟んで重ねた図10.1のようなもので、ボルタの電堆と呼ばれている。その後、亜鉛板と銅板を希硫酸の中に浸した構造をもつ、いわゆるボルタ電池（Voltaic cell）と称されるものに発展させた（図10.2）。

ボルタ電池からどうして電気が取り出せるのか、その原理を見てみよう。希硫酸の中に亜鉛板を浸すと、亜鉛は泡を出しながら次第に溶けていく。この反応は次式で表される。

$$Zn + H_2SO_4 \longrightarrow ZnSO_4 + H_2\uparrow \qquad (10.1)$$

硫酸亜鉛は水に溶け、Zn^{2+} と SO_4^{2-} として水中に存在する。したがって、式(10.1)は結局、次式のように書き直せる。

$$Zn + 2H^+ \longrightarrow Zn^{2+} + H_2\uparrow \qquad (10.2)$$

つまり、水素イオンが亜鉛から電子を奪い（亜鉛が酸化され）、亜鉛イオンにすると同時に自身は還元されて水素分子になるという反応である。この反応が図10.2のような回路の中で起こると、亜鉛原子は電子を金属の亜鉛板に残してイオンになって水溶液中に出ていく。亜鉛板に残された電子はリード線を通って銅板に移り、銅板の表面で水素イオンに電子を与えて水素分子に変換する[*1]。このようにして、化学反応にともなう電子をリード線に取り出し、その電流をエネルギーとして利用するのが電池である。なお、図10.2からわかるように、亜鉛板には表面で亜鉛がイオン化することによって常に電子が供給され続けているので、

*1 亜鉛がイオンになって水中に出ていって電子を亜鉛板の中に残すなら、亜鉛板の表面で水素イオンを還元すればいいように思える。なぜ、銅板まで電子が移動してから、水素イオンの還元が起こるのであろうか？ 疑問に思われた読者がおられたかもしれない。実際、電池の回路が組まれた場合でも、亜鉛表面での水素ガスの発生はある。しかし、電子にとって銅板の中のほうが亜鉛の中よりは居心地が良い。化学的な言い方に変えれば、電子の化学ポテンシャルは銅板の中で最も低く、次が水素イオンの1s軌道、そして亜鉛板の中で最も高い。量子化学を学ばれた方には、銅のフェルミ準位＜水素イオンの1s軌道の準位＜亜鉛のフェルミ準位の順になっていると考えるであろうが、これは大筋において正しい。銅板に電子が溜まってくると、銅板中のフェルミ準位が高くなり、水素イオンの1s軌道の準位と等しくなったところで還元反応が始まると考えるとよい。10.2節の金属の標準電極電位の説明も参考にされたい。

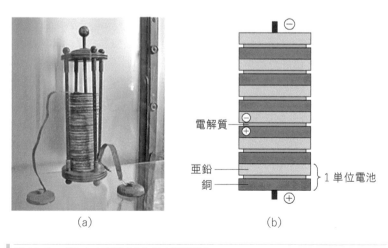

(a) (b)

図10.1 ボルタの電堆（a）とその構造（b）

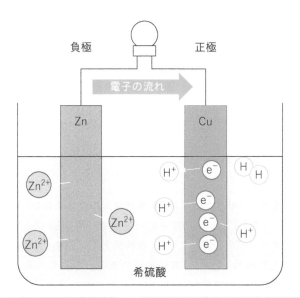

図10.2　ボルタ電池の模式図

この電池の負（マイナス）極は亜鉛板である。その電子を受け取る銅板が正（プラス）極ということになる。

　電池によって発生する電気エネルギーは，化学反応にともなう自由エネルギー変化から得られたものである。したがって，当然，反応の標準自由エネルギー（標準状態：25℃，1 atm での値）の変化量（$\Delta G°$）と電気エネルギーの間には関係がある。反応で移動する電子の数をz，ファラデー定数をF，電池の両電極間の電位差を$E°$として，その関係は次式で表される（理由については後述）。

$$\Delta G° = -zFE° \qquad (10.3)$$

これを式(10.2)の反応に当てはめてみると，$z = 2$, $F = 9.6484 \times 10^4$ C mol^{-1}, $E° = 0.7626$ V[*2] であるので，$\Delta G° = -147.2$ kJ mol^{-1} が得られる。

　ボルタ電池は，電池の原点として，電池に必要な基本的な構成と原理を提供したが，実用化はされなかった。それは，使い始めるとすぐに電位が下がる[*3]，小さな電流しか取り出せない，寿命が短いなどの欠点があったからである。それらの欠点を克服して発展してきたのが，現在使われている種々の電池である。

*2　この起電力は標準電極電位であるので，標準状態(25℃, 1気圧，水素イオン濃度1 mol dm^{-3})の場合の値である。また，表10.1中の値と符号が逆になっているのは，反応式(10.2)が標準電極電位の定義式と逆になっているからである(10.2.4C項参照)。

*3　すぐに電位が下がる原因として，正極の銅板表面に水素ガスが付着して，水素イオンが電極表面に接近できなくなる(分極が起こる)からという説明がなされてきたが，どうやらこの説明は間違いのようである。水素イオンを水素分子に変換する反応の陽極金属による触媒作用の効率，亜鉛表面近傍における亜鉛イオン濃度の増加によるイオン化の速度低下などの説明がなされているが，まだ決定的な理由はわかっていない。

 | **金属の標準電極電位とイオン化傾向**

　前節でボルタ電池の原理を説明したとき，亜鉛がイオン化して水溶液中に溶け出し，電子を亜鉛板の中に残して負極として働くと述べた。読者の中には，ではなぜ銅は溶け出してイオン化しないのかと，不思議に思われた人がいるかもしれない。その問に対する答えが，標準電極電位

およびイオン化傾向である。

　読者の皆さんは，高校でイオン化傾向について習ったことと思う。イオン化傾向とは，各種の金属を水溶液に浸したときにイオンになりやすい順番を表しており，何らかの語呂合わせでその順番を覚えた人も多いであろう。一番イオン化しやすい金属はリチウムで，一番しにくいものは金であった。電池の正極と負極がイオン化傾向で決まることを，最も端的に示す例としてダニエル電池を取り上げよう。

10.2.1　ダニエル電池とイオン化傾向

　ダニエル電池(Daniell cell)は，イギリス人のダニエル(John Frederic Daniell)によって 1836 年に発明された電池で，図 10.3 のような構造をしている。ボルタ電池との違いは，電解質として正極に硫酸銅水溶液，負極に硫酸亜鉛水溶液を使っている点である。そして，その 2 種類の電解質溶液を素焼き板で仕切っている。素焼き板は多孔質で，その孔が電解質水溶液で満たされるとイオンは通過できる一方，2 種類の溶液が全体として混ざってしまうことは防いでいる。この電池の負極(亜鉛側)で起こる反応はボルタ電池の場合と同じで，$Zn \rightarrow Zn^{2+} + 2\,e^-$ である。亜鉛原子は電子を亜鉛板に残し，自らは Zn^{2+} イオンとなって溶液中に溶け出す。亜鉛板に残された電子は，リード線を通って銅板に到達する。正極では，溶液中の銅イオン Cu^{2+} が銅板表面の電子と結合して銅原子となって正極表面に析出する。つまり，$Cu^{2+} + 2\,e^- \rightarrow Cu$ の化学反応が起こっている。

　亜鉛がイオン化し(酸化され)，銅イオンが原子になる(還元される)のは，亜鉛のほうが銅よりもイオン化傾向が大きいからである[*4]。このように，ダニエル電池のほうがボルタ電池よりも，イオン化傾向と正極/負極の関係がより明確に理解できるであろう。

10.2.2　半電池とネルンストの式

　ボルタ電池やダニエル電池の負極を見ると，亜鉛板に電子が溜まり，その数と同じ電荷の亜鉛イオンが過剰に溶液側に存在する。したがって，

*4　金属をイオン化するときに必要なエネルギーとして，イオン化エネルギーも知られている。この量は，金属原子から真空中に電子を取り出すのに必要なエネルギーとして定義される。イオン化傾向は，必ずしもこのイオン化エネルギーの小さい順になっていない。その理由は 2 つある。まず，イオン化エネルギーは原子(気体)状の金属から電子を取り出すエネルギーで，イオン化傾向は固体(結晶)状の金属からイオンができる場合の順番である。したがって，固体から原子状に昇華するエネルギーの分が異なっている。第 2 に，イオン化傾向の場合には生成したイオンが水溶液中に存在するため，イオンへの水和のエネルギーが加わる。例えば，亜鉛と銅のイオン化エネルギーは，それぞれ $906.4\ \mathrm{kJ\ mol^{-1}}$, $745.5\ \mathrm{kJ\ mol^{-1}}$ で，銅のほうが小さい。つまり，気体状の原子から電子を真空中に取り出す場合には，銅のほうがイオン化しやすいことを示している。しかし，昇華エネルギーの違いと亜鉛イオンの水溶液中での水和による安定化が，亜鉛のイオン化傾向を大きくしている。なお，固体状金属のフェルミ準位から電子を取り出すエネルギーとして，仕事関数が知られている。こちらは，亜鉛のほうが銅よりもやや小さい。イオン化傾向では，それにさらに水和の効果が追加されていることになる。

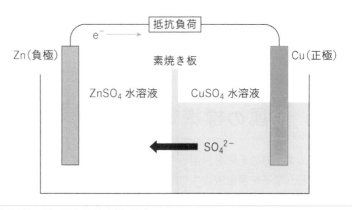

図10.3　ダニエル電池の模式図

亜鉛板が負で溶液側が正の電位差が存在することは明白である。この電位差は，次の反応の結果として発生する。

$$Zn \rightleftharpoons Zn^{2+} + 2e^- \tag{10.4}$$

この反応の平衡条件を考えてみよう。図**10.2**や図**10.3**のように，亜鉛板を正極とリード線で結んでしまうと，亜鉛板中の電子はどんどん正極側に流れていってしまうので平衡になりようがないが，負極が単独で存在すれば平衡に達する。平衡状態では，金属中の亜鉛原子と溶液中の亜鉛イオンの間で化学平衡が成り立ち，電気化学ポテンシャルが等しくなる。これらの電気化学ポテンシャルは，それぞれ次式で表される。

$$\mu_{Zn} = \mu_{Zn}^\circ \tag{10.5}$$
$$\mu_{Zn^{2+}} = \mu_{Zn^{2+}}^\circ + RT \ln[Zn^{2+}] - 2FE \tag{10.6}$$

ここで，μ_{Zn}° と $\mu_{Zn^{2+}}^\circ$ はそれぞれ金属中の亜鉛原子および溶液中の亜鉛イオンの標準化学ポテンシャル，$[Zn^{2+}]$ は容量モル濃度で表された亜鉛イオンの濃度，F はファラデー定数，E は亜鉛板と溶液間の電位差（電極の電位 − 溶液の電位）[*5] である。また，式(10.6)の右辺第3項の係数2は，この反応に関わる電子の数である。平衡状態では亜鉛原子と亜鉛イオンの電気化学ポテンシャルは等しいので，次式が成り立つ。

$$\mu_{Zn}^\circ = \mu_{Zn^{2+}}^\circ + RT \ln[Zn^{2+}] - 2FE \tag{10.7}$$

標準状態（25℃，1 atm，$[Zn^{2+}] = 1\ mol\ L^{-1} \equiv 1\ mol\ dm^{-3}$：以後 dm^{-3} の表記で統一する）[*6] における電位差を E° とおくと，$RT \ln[Zn^{2+}] = 0$ であるので次式が得られる。

$$\mu_{Zn}^\circ - \mu_{Zn^{2+}}^\circ = -2FE^\circ \tag{10.8}$$

式(10.7)と式(10.8)より，次式が成立する。

$$E = E^\circ + \frac{RT}{2F} \ln[Zn^{2+}] \tag{10.9}$$

この式は，ネルンスト（Nernst）の式と呼ばれる[*7]。式(10.9)は亜鉛に対する特殊な場合の式であるが，ネルンストの式の一般的な形式は，反応に関わる電子の数を z，酸化体（oxidant, Ox）と還元体（reductant, Rd）の濃度を $[Ox]$，$[Rd]$ として，次式のように表される[*8]。

$$E = E^\circ + \frac{RT}{zF} \ln\left(\frac{[Ox]}{[Rd]}\right) \tag{10.10}$$

ここまで，ボルタ電池やダニエル電池における負極と溶液との間の電位差について述べてきた。一方，正極について，ダニエル電池では銅イオンが銅板から電子を奪って金属銅になるので，やはり銅板と溶液間に電位差が存在する。これらの各電極は，それぞれ電池の片割れであるので半電池（half cell）と呼ばれる。そして，半電池が2つつながって電池ができあがり，半電池の電位差の和が電池の起電力になるのであるが，

*5　電極電位 E は，「電極の電位 − 溶液の電位」で定義される。その値は，いまの場合，負である。式(10.6)の第3項にマイナス記号が付いているのは，正の電荷を有する亜鉛イオンが静電ポテンシャルのより高い溶液側に存在するので，その分だけ電気化学ポテンシャルが高くなるからである。

*6　電気化学における標準状態については，コラム**10.1**を参照。

*7　ネルンストの式は，第8章8.7.3A項においても出てきた（式(8.74)）。そのときは，イオン交換膜を隔てた電解質溶液の平衡における，両溶液間の電位差に関する式であった。この場合の式と今回の式を区別する必要のある場合には，前者を「電気生理学におけるネルンストの式」と呼び，後者を「酸化還元反応におけるネルンストの式」と呼んでいる。

*8　式(10.9)中に還元体の濃度が現れていないのは，金属亜鉛中の亜鉛原子の活量が1だからである。純物質中の原子や分子の化学ポテンシャルを $\mu = \mu^\circ + RT \ln a$ と書いた場合，μ も μ° も1モルあたりの自由エネルギーであるから，$a = 1$ とせざるを得ない。何も他の物質が混ざっていないので，モル分率（活量）が1であると考えても同じことである。

それについては 10.2.4 項で詳しく述べる。

10.2.3　標準水素電極と標準電極電位

上述のように，半電池は電極と溶液の間に電位差を有しているが，その値を実験的に測定することはできない[*9]。そのため，ある基準（電極電位 $=0$）になる半電池を決め，その半電池とつないで電池を作ることによって電位差を求め，その電位差を問題にしている半電池の電位とすることが便宜的に行われている。この基準の半電池として，**標準水素電極**(standard hydrogen electrode)が使われる。図 10.4 にその構造を模式的に示す。標準水素電極の半電池は，次の反応で成り立っている[*10]。

$$2\,H^+ + 2\,e^- = H_2 \tag{10.11}$$

電極の白金は電子授受の仲立ちをすると同時に，上記の反応の触媒として働く。触媒としての効果を向上するために，表面には白金黒処理[*11]をすることが多い。

式(10.11)の反応による半電池の電位差は，次のネルンストの式で表される。

$$E = E° + \frac{RT}{2F}\ln\left(\frac{[H^+]^2}{p_{H_2}}\right) \tag{10.12}$$

いま，この電極を図 10.4 のように標準状態に保つと，水素ガスの圧力 p_{H_2} は 1 atm[*12] で，$[H^+]$ は 1 mol dm^{-3} である。したがって，式(10.12)の右辺第 2 項は 0 であり，この条件における電位差は $E°$ となる。この $E°$ を，先述のように便宜上 0 と定義する[*13]。

標準水素電極は次のような特徴をもつ。

(1) 電極反応が可逆であり，電極電位がネルンストの式に従う。

(2) 測定中には電極電位が変動しない。

(3) 電流が流れても電極電位が大きく変動せず，電流が切れればすぐに元の電極電位に戻る。

こうした理由から，誰が作っても電極電位の安定性と再現性がよいので，基準電極として適している。

では次に，標準水素電極を基準にして，他の半電池の電位を求める例をあげよう。図 10.5 に銀－塩化銀電極の電位を求める例を示した。銀－塩化銀電極とは，銀の表面に種々の方法で塩化銀微粒子を固着させたもので，金属の銀 Ag と銀イオン Ag^+ の変化がスムースに起こる（反応速度が速い）ように工夫されている。水素と銀では，水素のほうがイオン化傾向は大きいので，この電池では水素電極が負極，銀－塩化銀電極が正極になる。つまり，次の反応が起こる。

$$負極：\frac{1}{2}H_2 = H^+ + e^-$$

$$正極：AgCl + e^- = Ag + Cl^-$$

column

コラム 10.1　標準電極電位における標準状態とイオン化傾向

標準電極電位における標準状態は，無限希釈状態のイオン(周囲を溶媒分子によって完全に取り囲まれている状態のイオン，第8章8.5.1項および図8.6参照)を $1\ mol\ dm^{-3}$ の濃度におけるイオンとした仮想的な状態である。したがって，現実に，ある金属イオンの濃度 $1\ mol\ dm^{-3}$ の溶液を作った場合，その状態は標準状態と同じではない。現実の溶液は無限希釈状態ではなく，イオン基間の相互作用が働くからである。その意味では，半電池の定義通りの電極電位がもし測定可能であるならば，表10.1の標準電極電位と多かれ少なかれ異なる値になるはずである。しかし，標準水素電極を基準として，その半電池との電位差として定義した表10.1の値は，データ間の整合性はとれている。どこに問題が生じるかというと，電池反応の標準自由エネルギー変化と表10.1から求めた起電力の関係が厳密には式(10.3)で表せないという点にある。しかしながら，自由エネルギーのすべてが仕事として取り出せるのは可逆過程に限られており，かつ電池反応の過程には所詮種々の不可逆過程を含む以上は，式(10.3)が厳密には成り立たないことはある意味では想定済みと言えるであろ

う。電池とは，その程度のあいまいさを含む機器なのである。

上記と同様の意味で，イオン化傾向も標準電極電位の順にならない場合がある。実際に実験する濃度においては，イオン基間の相互作用が働くからである。特に，標準電極電位の接近しているスズと鉛などの順序はあまり意味を成さないとの意見もある。そのため，従来16種類の元素のイオン化傾向を記述してきた高等学校の化学の教科書にも一部変更しているものがある。

ナトリウムがカルシウムよりも水とより激しく反応することは経験的によく知られているが，イオン化傾向は Ca > Na である。金属から水溶液中の水和イオンへ変化するためには，結晶 → 原子 → イオン化 → イオンの水和という過程を経る。イオン化までの自由エネルギー変化はナトリウムのほうがカルシウムよりも小さい(イオン化しやすい)が，電荷が大きいカルシウムイオンは水和のエンタルピー変化が(負で)大きく，イオン化までのエネルギーを凌駕して水和イオンの生成ギブズ自由エネルギーがナトリウムよりも低くなっているのである。

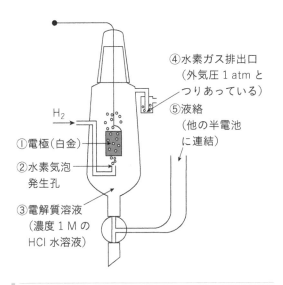

図10.4　標準水素電極の模式図

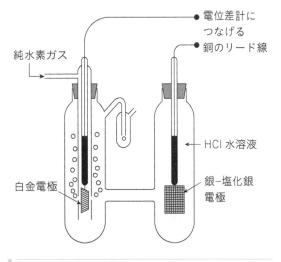

図10.5　標準水素電極(左側)を使って銀ー塩化銀電極(右側)の電位を求める場合の例

これらの反応にともなう半電池の電位差は，それぞれ次式で与えられる。

$$負極：E_{H_2} = E_{H_2}^{\circ} + \frac{RT}{F}\ln\left(\frac{[H^+]}{p_{H_2}^{1/2}}\right) \tag{10.13}$$

$$正極：E_{Ag/AgCl} = E_{Ag/AgCl}^{\circ} + \frac{RT}{F}\ln\left(\frac{1}{[Cl^-]}\right) \tag{10.14}$$

ここでは，AgCl および Ag の活量を 1 とした。よって，図 10.5 のリード線の両端子間の電位差は，次式で与えられる。

$$E_{Ag/AgCl} - E_{H_2} = E_{Ag/AgCl}^{\circ} - E_{H_2}^{\circ} + \frac{RT}{F}\ln\left(\frac{p_{H_2}^{1/2}}{[H^+][Cl^-]}\right) \tag{10.15}$$

いま，水素電極は標準状態に保っているので，$p_{H_2} = 1$ atm，$[HCl] = 1$ mol dm^{-3} である。よって，式(10.15)の右辺第 3 項は 0 となる。また，$E_{H_2}^{\circ}$ は約束（定義）によって 0 である。したがって，図 10.5 のリード線の両端子間の電位差（$E_{Ag/AgCl} - E_{H_2}$）は $E_{Ag/AgCl}^{\circ}$ となる。この値を銀−塩化銀電極の標準電極電位と呼ぶ[*14]。つまり，測定しているのは電池（図 10.5）の電位差であるが，それを便宜上半電池（$AgCl + e^- = Ag + Cl^-$）の電極電位と決めるのである。

このようにして，各種の酸化還元反応に対して標準電極電位を定義できる。その代表例を表 10.1 に示した。この表から，イオン化傾向とはこの電位の順序にほかならないことがおわかりいただけるであろう。また，この表があれば，標準状態における 2 つの半電池を組み合わせたときの電池の起電力が，表中の値を使って即座に計算できるのでたいへ

*14　いま扱っている図10.5の電池では，水素電極と銀−塩化銀電極の電解質溶液（HCl水溶液）は共通なので，銀−塩化銀電極も標準状態にあることになる。

表10.1　主な電池材料の水溶液中における標準電極電位

半電池反応[*]	標準電極電位[**]/V	半電池反応[*]	標準電極電位/V[**]
$Li^+ + e^- = Li$	−3.045	$Sn^{2+} + 2e^- = Sn$	−0.1375
$K^+ + e^- = K$	−2.925	$Pb^{2+} + 2e^- = Pb$	−0.1263
$Ca^{2+} + 2e^- = Ca$	−2.84	$2H^+ + 2e^- = H_2$	0.0000
$Na^+ + e^- = Na$	−2.714	$2MnO_2 + H_2O + 2e^- = Mn_2O_3 + 2OH^-$	0.15
$Mg^{2+} + 2e^- = Mg$	−2.356	$AgCl + e^- = Ag + Cl^-$	0.2223
$Al^{3+} + 3e^- = Al$	−1.676	$Cu^{2+} + 2e^- = Cu$	0.340
$Zn(OH)_2 + 2e^- = Zn + 2OH^-$	−1.246	$Ag_2O + H_2O + 2e^- = 2Ag + 2OH^-$	0.342
$Cd(OH)_2 + 2e^- = Cd + 2OH^-$	−0.824	$O_2 + 2H_2O + 4e^- = 4OH^-$	0.401
$Zn^{2+} + 2e^- = Zn$	−0.7626	$[PtCl_6]^{2-} + 4e^- = Pt(s) + 6Cl^-$	0.744
$Fe^{2+} + 2e^- = Fe$	−0.44	$Hg_2^{2+} + 2e^- = Hg(l)$	0.7960
$Cd^{2+} + 2e^- = Cd$	−0.4025	$Ag^+ + e^- = Ag$	0.7991
$PbSO_4 + 2e^- = Pb + SO_4^{2-}$	−0.3505	$Pt^{2+} + 2e^- = Pt$	1.188
$Ni^{2+} + 2e^- = Ni$	−0.257	$O_2 + 4H^+ + 4e^- = 2H_2O$	1.229
$Mn_2O_3 + 3H_2O + 2e^- = 2Mn(OH)_2 + 2OH^-$	−0.25	$PbO_2 + 4H^+ + SO_4^{2-} + 2e^- = PbSO_4 + 2H_2O$	1.698

表の値は，日本化学会 編，『改訂6版 化学便覧 基礎編』，丸善出版(2021), pp. 994–997 より引用。
* IUPAC（国際純正・応用化学連合）の取り決めにより，$Ox + ne^- = Rd$ の反応に対する値とする。
** 標準状態(25℃, 1 atm，化学種の濃度は 1 mol dm^{-3})における標準水素電極に対する値。

ん便利である。標準電極電位がわかれば，ネルンストの式を使って他の条件における起電力を求めることもできる。

本項の最後に，銀－塩化銀電極は他の半電池の電極電位を決める基準電極または参照電極(reference electrode)として，よく使われることを付記しておく。先述のように，半電池の電極電位は標準水素電極を基準にして求めるのが本来の方法であるが，水素電極は扱いが面倒なので，その代わりに使用する。つまり，銀－塩化銀電極の標準水素電極に対する標準電位は 0.2223 V であるので，この値を基準として他の半電池の電極電位を決めるのである。銀－塩化銀電極が基準電極として使用される理由は，電極電位の安定性と再現性が良く，取り扱いが容易であるためである。

10.2.4 電池の起電力

ここまで半電池の概念を説明し，その標準電極電位について述べてきた。実際に電池として扱う場合には，2 つの半電池を組み合わせて 1 つの電池とする。ここからは，電池の起電力について解説しよう。

A. 電池の起電力と反応の自由エネルギー変化

これまでに，電池から得られるエネルギーの起源は，化学反応の自由エネルギー変化であると述べてきた。本項では，改めてこの問題を取り上げ，きちんと理解していただくことにしよう。そのために，典型的な電池の一つであるダニエル電池(図 10.3)を例にとって説明する。

ダニエル電池の負極(Zn)側で起こる反応の熱力学式は，10.2.2 項ですでに与えた(式(10.5)～式(10.8))。ここでは，正極(Cu)側で起こる反応の同様の諸式を導こう。

正極側では，次の反応が起こっている。

$$Cu^{2+} + 2\,e^- = Cu \tag{10.16}$$

硫酸銅水溶液中の銅イオンおよび銅電極中の銅原子の電気化学ポテンシャルは，それぞれ次のように書ける。

$$\mu_{Cu^{2+}} = \mu^\circ_{Cu^{2+}} + RT\ln[Cu^{2+}] - 2FE_{Cu} \tag{10.17}^{*15}$$
$$\mu_{Cu} = \mu^\circ_{Cu} \tag{10.18}$$

負極の場合と同様に，銅と銅イオンの平衡が成り立つ場合には，両方の電気化学ポテンシャルは等しいので，次式が得られる。

$$\mu^\circ_{Cu^{2+}} + RT\ln[Cu^{2+}] - 2FE_{Cu} = \mu^\circ_{Cu} \tag{10.19}$$

この式を変形すると，次式となる。

$$\Delta G^\circ_{Cu} \equiv \mu^\circ_{Cu} - \mu^\circ_{Cu^{2+}} = RT\ln[Cu^{2+}] - 2FE_{Cu} \tag{10.20}$$

ここで，銅イオンに関しても標準状態([Cu^{2+}] = 1 mol dm^{-3})を採用すると，そのときの標準電極電位は E°_{Cu} であるから，次式が成り立つ。

*15 負極における電極電位と区別するために，E_{cu} と下付き記号を付けた。同様に，負極側の電極電位を E_{Zn} と書くことにする。

$$\Delta G^{\circ}_{Cu} = -2FE^{\circ}_{Cu} \tag{10.21}$$

負極に関する式（10.8）は，改めて次式のように書ける[*16]。

$$\Delta G^{\circ}_{Zn} \equiv -(\mu^{\circ}_{Zn} - \mu^{\circ}_{Zn^{2+}}) = 2FE^{\circ}_{Zn} \tag{10.22}[*15]$$

＊16　負極における自由エネルギー変化は，亜鉛が亜鉛イオンになる反応に対するものなので，式（10.8）とは符号を逆にしてあることに注意。

ダニエル電池における全体反応（次式）に対する自由エネルギー変化は式（10.21）と式（10.22）の和であるから，次式が得られる。

$$Zn + Cu^{2+} = Zn^{2+} + Cu \tag{10.23}$$

$$\Delta G^{\circ} \equiv \Delta G^{\circ}_{Zn} + \Delta G^{\circ}_{Cu} = -2F(E^{\circ}_{Cu} - E^{\circ}_{Zn}) = -2FE^{\circ} \tag{10.24}$$

ここで，E° はダニエル電池（全体反応）の電位差である。式（10.24）の最後の項にある係数 2 は，この反応に関わる電子の数である。したがって，関与する電子の数が z である一般的な場合には，式（10.3）となるのである。

　式（10.3）や式（10.24）の右辺は，zF クーロン（C）の電気（電子）が E°[V] の電位差の間を移動するエネルギーである。つまりこれらの式では，反応の自由エネルギー変化分がすべて電気エネルギーに変換されることになる。しかし，自由エネルギーは，可逆な過程で進行する場合においてのみ，そのすべてが仕事に変換できることを思い出していただきたい（第 4 章 4.3 節参照）。そして，電池の使用場面では，各所に不可逆過程が含まれている。例えば，電池内部でのイオンの移動に対する抵抗，リード線中における電子の受ける抵抗（ジュール熱の発生），電池の電解質溶液（ダニエル電池の場合であれば，硫酸亜鉛水溶液と硫酸銅水溶液）の接触による液間電位差[*17] の発生が主なものである。これらの要因によって，実際の電池では，式（10.3）による電位差と，数 mV〜数十 mV 程度の違いが生じる。

＊17　液間電位差と塩橋については，コラム10.2を参照。

B.　標準電極電位を使った電池起電力の計算例

　これまでに述べてきたように，電池は半電池を 2 つ組み合わせることでできあがる。そして，各半電池には標準電極電位があり，それが一覧表になっている（表 10.1）。したがって，半電池の標準電極電位の差をとれば，電池の標準電位差が求まる。この標準電位差は，標準状態（25℃，1 atm，電池の成分濃度が 1 mol dm^{-3}）における電池の**起電力**（electromotive force, emf）と呼ばれる。表 10.1 のデータを使って，各種電池の起電力を計算してみよう。

・ボルタ電池

　まず，電池の原点であるボルタ電池（図 10.2）を考える。この電池の半電池反応とその反応にともなう標準電極電位は，次の通りである。

正極：$2 H^+ + 2 e^- = H_2$　0.0000 V
負極：$Zn^{2+} + 2 e^- = Zn$　-0.7626 V

column

コラム 10.2 液間電位差と塩橋

ダニエル電池の場合のように，異なる2つの電解質溶液が接している場合には，その界面に液間電位差が発生する。その原因は，溶液中の各種イオンの移動速度が異なることにある。図1に液間電位差が発生する理由について模式的に示した。同じ濃度のHClとKCl水溶液が接しているとすると，水素イオンのほうがカリウムイオンより溶液中を進む速度が速いので，接した直後に右(KCl溶液)側へ侵入する水素イオンの数のほうが，カリウムイオンが左側に移動する数よりも多くなる。したがって，右側が+で左側が−の電位が発生する。そうなると，水素イオンは左側に引き戻され，カリウムイオンは左側に引き込まれる。その結果，両イオンの移動速度は等しくなり，定常状態になる。つまり，両側の塩濃度が維持されている限り，初期のイオン数の偏り(一定の電位差)が維持される。この電位差が液間電位差である。

この例のHClとKClの水溶液の場合，両方の濃度が $0.1\,\mathrm{mol\,dm^{-3}}$ のときは $26.78\,\mathrm{mV}$，$0.01\,\mathrm{mol\,dm^{-3}}$ のときは $25.73\,\mathrm{mV}$ である。液間電位差は概ねこの程度の大きさで，電池の起電力に比べて十分に小さい値であるといえる。なお，ダニエル電池の場合には，2種類の電解質溶液が素焼きの孔の中で接しており，そこで上記の状況が起こっている。

液間電位差は比較的小さい値ではあるが，もし無くすことができるのであれば無くすに越したことはない。特に，pH電極のように精密な電位差の測定を必要とする機器では，液間電位差をできるだけ小さくする必要がある。そのための最も有力な方法が，塩橋(salt bridge)の使用である。塩橋とは，例えば寒天ゲルで固めた高濃度の塩化カリウム水溶液(通常は飽和溶液)を入れたガラスのU字管を，2つの電極の電解質溶液の間に渡したものである(図2参照)。2つの半電池間の電流は，K^+ イオンと Cl^- イオンの移動によって担われている。塩橋中の溶液と半電池の電解質は接しているが，接している部分へのイオンの移動は塩橋側からの K^+ と Cl^- イオンの数が断然多い。なぜなら，飽和のKCl水溶液の濃度は〜 $3.4\,\mathrm{mol\,dm^{-3}}$ で，電池の電解質溶液の濃度より高いからである。つまり，塩橋の端における液間電位差はKCl溶液が決めている。しかも，K^+ と Cl^- イオンは同じ電子構造であるので，イオン半径もほぼ同じである。つまり，ほぼ同じ速度で移動する。塩橋の両端で K^+ と Cl^- イオンが同じ速度で電池の溶液側に移動するので，両方の液間電位差は相殺されて消滅する。これが，塩橋によって液間電位差を抑制することができる理由である。

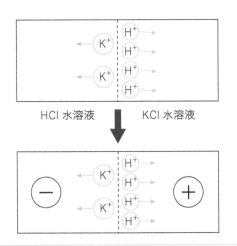

図1 液間電位差の発生を説明する図

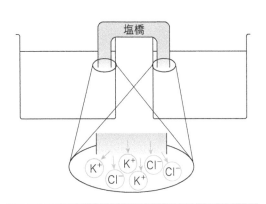

図2 塩橋の働きを説明する図

上記の反応式と標準電極電位に対して，正極から負極を引き算すると，次式が得られる。

$$2\,H^+ - Zn^{2+} = H_2 - Zn \quad 0.0000\,V - (-0.7626)\,V = 0.7626\,V$$

この式を書き直して，全体の電池反応と起電力が次のように決まる。

$$Zn + 2\,H^+ = Zn^{2+} + H_2 \quad 0.7626\,V$$

ボルタ電池の場合は，正極の半電池反応が水素電極（図 10.4）と同じ反応であるので，亜鉛の標準電極電位がそのまま起電力になっている。

上記の計算結果は，両極ともに標準状態の場合の値である。標準状態から外れると，当然起電力の値は変わってくる。例えば，負極の亜鉛イオンの濃度が $1\,mol\,dm^{-3}$ から $0.01\,mol\,dm^{-3}$ に低下したとすると，ネルンストの式（式(10.9)）に従って，負極の電極電位は

$$E = -0.7626\,V + (RT/2F)\ln(0.01)\,V = -0.822\,V$$

と計算される。したがって，この場合の電池の起電力も 0.822 V となる。負極の亜鉛イオンの濃度が低くなったので，より多くの亜鉛原子がイオン化するようになり，負極の電位が下がったわけである。正極側の条件（例えば水素イオン濃度や水素ガスの圧力）が変化した場合も，同様に電池の起電力は変化する。

・ダニエル電池

ダニエル電池（図 10.3）の半電池反応とその反応にともなう標準電極電位は，次の通りである。

$$正極 : Cu^{2+} + 2\,e^- = Cu \quad 0.340\,V$$
$$負極 : Zn^{2+} + 2\,e^- = Zn \quad -0.7626\,V$$

正極から負極を差し引くと，次式が得られる。

$$Cu^{2+} - Zn^{2+} = Cu - Zn \quad 0.340\,V - (-0.7626)\,V = 1.10\,V$$

この式を書き直すと，次式の電池反応と起電力が得られる。

$$Zn + Cu^{2+} = Zn^{2+} + Cu \quad 1.10\,V$$

・ガルバニ電池

ここまでの議論を読んでこられた読者の皆さんは，表 10.1 にあげられている金属の半電池を任意に組み合わせて電池を作ることができ，その標準状態における起電力は容易に計算できることに気づかれたであろう。例えば，銅と鉄を組み合わせれば起電力 0.78 V の電池が，ニッケルと亜鉛を組み合わせれば起電力 0.506 V の電池ができるはずである。このように，2 種類の金属を適当な電解質でつなぎ，両金属端にリード線を付けた電池は一般的にガルバニ電池（Galvanic cell）と呼ばれてい

る。この定義から，ボルタ電池やダニエル電池は，もちろんガルバニ電池に含まれる。そして，標準電極電位のデータがあるガルバニ型の電池である限り，その起電力は容易に計算できることも理解していただけるであろう。

C. 電池反応を表す約束事

電池の構成を簡単に表す「電池図式」と呼ばれる約束事がある。電池図式は電池の正極と負極，使用されている電解質溶液の種類，その間をつなぐ方法（液絡）などを簡便に記号化したものである。以下に記す内容はあくまで約束事（国際純正・応用化学連合（International Union of Pure and Applied Chemistry, IUPAC）が推奨する決まり）であるので，なぜそのように決めるかに理屈はない。ご了解いただきたい。

この約束事の理解も，例から始めたほうがわかりやすい。例えば，ダニエル電池（図 10.3）は，電池図式として次のように書く。

$$Zn|ZnSO_4(aq)\|CuSO_4(aq)|Cu$$

この図式における約束事は次の通りである。

(1) 負極を左側に正極を右側に書き，外部回路を電子は左から右に流れるように表す。

(2) 異なる相間を「｜」で表す。亜鉛電極と硫酸亜鉛の電解質（水溶液であることを(aq)で示す）の間，銅電極と硫酸銅溶液の間が「｜」で区別されている。「｜」で表された相間には電位差が存在する。

(3) 2 種類の電解質溶液の間（液絡：liquid junction）を二重の縦線「‖」で表し，ここには液間電位差が存在する。

(4) 電池の起電力 E は，左の電極の電位に対する右の電極の電位差で定義する（つまり $E = E_右 - E_左$）。さらに，負極に銅の端子（リード線）が付いている場合には，銅と亜鉛電極は別の相であるから，それを区別して次のように書く。亜鉛電極と銅端子の間にも，接触電位差[18] が存在する。

$$Cu|Zn|ZnSO_4(aq)\|CuSO_4(aq)|Cu$$

次の例として，ボルタ電池（図 10.2）の電池図式を示そう。

$$Zn|H_2SO_4(aq)|H_2, Cu$$

亜鉛電極と希硫酸の相間，および水素ガスと希硫酸の相間に「｜」が入るのは先述の通りである。水素ガスと銅電極の間には，「｜」ではなく「，」が入っている。この電池の場合の銅電極は電池反応に関与しておらず，不活性電極（inert electrode）である。銅電極は水素ガスと水素イオンの間の反応の触媒として働き，電子の授受の仲立ちをしているだけである。したがって，銅電極と電解質溶液の間に電位差はない。電位差は水素ガスと水素イオンの間に存在する。その意味では，この電池の真の正極は水素ガスであるということができる。このような働きの銅電極の場合に，

*18 亜鉛のフェルミ準位が銅のそれよりも高いことによって，亜鉛側から銅側に電子が流れ込み，亜鉛側が正で銅側が負の電位が発生する。これを金属間の接触電位差と呼ぶ。他の金属の組み合わせの場合も同様である。

「|」ではなく「,」を使う。亜鉛電極に銅の端子（リード線）をつなげば，電池図式は次のようになる。

$$Cu|Zn|H_2SO_4(aq)|H_2,Cu$$

電解質である希硫酸の濃度がわかっている場合には，$H_2SO_4(aq)$ の代わりに，H_2SO_4 (0.01 M) とその容積モル濃度を記載する。

　最後の例は，標準水素電極と銀塩化銀電極をつないだ電池（図 10.5）である。この電池の電池図式は次の通りである。

$$Pt,H_2(1\ atm)|HCl(1\ M)|AgCl|Ag$$

この場合も，負極の白金電極は不活性電極で，電解質溶液との間に電位差はなく，水素ガスと水素イオンの反応を触媒している。銀と塩化銀はともに固体であるが，異なる相なので間に「|」が入り，相間に電位差（正極の標準電極電位）が存在する。起電力は，表 10.1 の値 0.2223 V とわかる。両極に銅のリード線が付いた図 10.5 の場合であれば，より正確には次の図式となる。

$$Cu|Pt,H_2(1\ atm)|HCl(1\ M)|AgCl|Ag|Cu$$

負極の白金電極と銅線，正極の銀電極と銅線の間には接触電位差が存在する。

　電池に 2 種類の電解質が存在し，それらが接している場合には，その 2 つの液の間に液間電位差が発生する。この液間電位差をできるだけ小さくするために，両電解質の間に塩橋[*17]を入れる場合がある。塩橋を含む電池の場合には，それを明記する必要がある。例えば，ダニエル電池の硫酸亜鉛溶液と硫酸銅溶液の間に KCl の塩橋（通常，濃厚な KCl 水溶液を用いる）を入れた場合には，次の電池図式となる。

$$Zn|ZnSO_4(aq)\|KCl 塩橋\|CuSO_4(aq)|Cu$$

硫酸亜鉛溶液と塩橋，塩橋と硫酸銅溶液の間は液絡であるので，「‖」を入れてそれを明示する。

　本項の最後に，電池図式ではないが，半電池反応の書き方とその反応の標準電極電位に対する約束事を記しておく。すでに表 10.1 の脚注に記しておいたが，IUPAC の決まりにより，酸化体を左に還元体を右に置き反応を $Ox + ne^- = Rd$ として書く決まりになっている。したがって，この半電池反応の標準電極電位も，$Ox + ne^- = Rd$ の反応に対する値とする。

　　電池の種類と各種電池の実例

10.3.1　電池の種類

電池にはいろいろな種類があり，それらの分類法の一つとして，電気

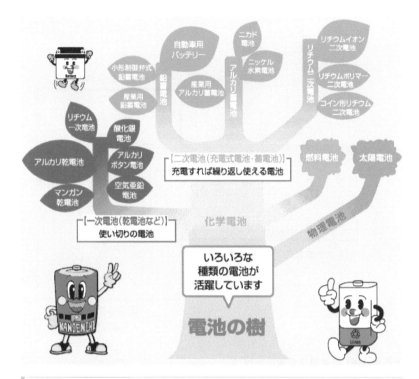

図10.6　電池の種類
［一般社団法人　電池工業会ホームページ(https://www.baj.or.jp/knowledge/type.
html)より転載］

エネルギーの源として物理エネルギーを利用しているか，化学エネルギーを利用しているかという区分がある。前者を物理電池，後者を化学電池と呼んでいる(図10.6)。物理電池の典型的で，かつ実質的には唯一の例は，太陽電池(solar cell)である。太陽電池は，"電池"と称されることも多いが，太陽光発電(solar photovoltaics)とも呼ばれる。もし，電池が保有すべき性質として「電気を溜めること」を必須とするなら，太陽電池は電池ではなく，太陽光発電と呼ばれるほうが正しいと考えられる。なぜなら，太陽電池は電気を作り出す(発電する)ことはできるが，溜めることはできないからである[*19]。太陽光発電は"電池"とは呼び難いが，現在世の中で広く利用されており，脱炭素(CO_2を発生しない)社会に必須のエネルギー源として期待されている技術なので，ここでその原理を説明しておこう。

　図10.7に太陽光発電の原理を模式的に示す。太陽光発電には，シリコンのような半導体が利用される。半導体の電子状態は，図10.7aのように価電子帯と伝導帯に分かれており，その間にエネルギーギャップE_gが存在する。このエネルギーギャップより大きなエネルギーが太陽光によって与えられると，価電子帯の電子が伝導帯に励起されて電気が流れるようになる。条件によって電気が流れる状態になるという意味で，半導体と呼ばれる。伝導帯に励起された電子は，放っておくと再び価電子帯に戻る。それを防ぎ，外部に取り出して電気エネルギーとして利用した後に，価電子帯に戻す工夫をしたのが太陽光発電である(図10.7b)。

*19　もし太陽光発電を"電池"と呼ぶなら，原子力発電も物理電池に分類されることになる。しかし，原子力発電を"電池"と呼ぶ人はいないであろう。

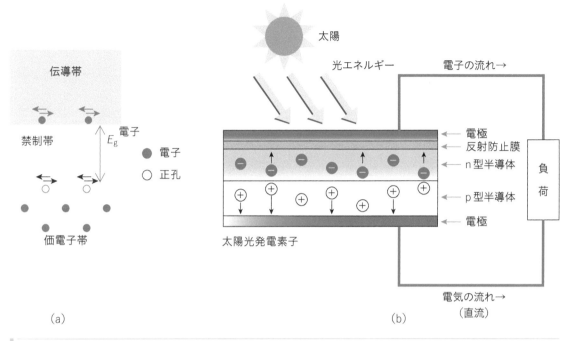

図 10.7　半導体の電子状態（a）とそれを利用した太陽光発電の原理（b）

　　太陽光発電装置では，太陽光によって励起される電子の数がより多くなるように工夫されており，もともと伝導帯に電子を有している n 型半導体と，価電子帯に正孔の多い p 型半導体を接合した構造となっている。このような工夫によって，現在では太陽光パネルに受けた太陽光エネルギーの 15〜20 ％が電気エネルギーに変換されるようになっている。

　　しかし，太陽光発電装置による発電は気象条件に左右され，安定的に電気を供給することができない。その欠点の克服には，電気を溜める電池（後述する二次電池）が最重要な装置となる。

10.3.2　一次電池の構造と用途

　　電池の分類には，一次電池と二次電池という分け方もある（図 10.6 参照）。一次電池とは，電池そのものが電気を作り出す装置であり，寿命がくるとそれで終わりで使い切りになる。二次電池は，何度でも充電して使える電池のことで，パソコンやスマートフォンに使われている。一次電池も二次電池もすべて化学電池である。

　　一次電池（primary cell）は，古くから使われていてなじみ深い乾電池などが該当する。また，最近の自動車業界の話題の一つである燃料電池も，広義の一次電池に分類されるであろう。もっとも，燃料電池の場合はエネルギー源である水素を外部から与え続けるので，寿命が装置の耐用年数で決まるところは他の電池とは異なる。以下に，個々の電池の構造，エネルギーの源である化学反応，特徴などについて解説しよう。なお，以下の説明文中で "電池図式（例）" としてあるのは，電池メーカーの違いなどによって，すべての電池が同じ図式で書けるとは限らないか

らである。

・**マンガン乾電池**（zinc-carbon battery）

　マンガン乾電池は，乾電池としては最も古い歴史を有する。休み休み使うとパワーが回復するという特徴がある。したがって，懐中電灯やリモコンなどに向いている。

　マンガン乾電池の半電池反応，電池図式，公称電圧は次の通りである。

　　正極：$Mn(IV)O_2 + H_2O + e^- = Mn(III)O(OH) + OH^-$
　　負極：$Zn(II)(OH)_2 + 2\,e^- = Zn + 2\,OH^-$
　　全電池反応（2 × 正極反応 − 負極反応）：
　　　$Zn + 2\,MnO_2 + 2\,H_2O = Zn(OH)_2 + 2\,MnO(OH)$
　　電池図式（例）：$Zn\,|\,ZnCl_2(aq)$, セパレータ, $ZnCl_2(aq)\,|\,MnO_2\,|\,C$
　　公称電圧：1.5 V

　金属亜鉛が酸化されて 2 価の亜鉛イオンとなり，負極に電子を溜める。正極反応は，4 価のマンガンが 3 価に還元される反応である[20]。電池反応だけを考えると，正極で発生した OH^- イオンが負極に移動して亜鉛原子と反応するように見える。しかし，電解質として塩化亜鉛が存在するので，OH^- イオンは水酸化亜鉛として沈殿し，代わりに塩素イオンが負極に移動すると考えるべきであろう。電解質に塩化アンモニウムが使われる場合もあるが，その場合には，移動するイオンが OH^- か Cl^- のどちらであるかは不明である。両方が寄与しているとするのが妥当であると考えられる。

　図 **10.8** にマンガン乾電池の構造を模式的に示す。正極として働いているのは二酸化マンガンであるが，正極材にはそれ以外に電解質である塩化亜鉛や塩化アンモニウム水溶液，電気伝導を助ける炭素粉末などが含まれている。正極材の中心には，集電体（current collector）[21] として炭素棒が挿入されている。負極から外部回路を通って運ばれてきた電子は，この集電体を通じて正極に到達する。正極物質と負極物質（亜鉛）がじかに接触すると，短絡して電気エネルギーが無駄になり，発熱して危険でもある。したがって，それを防ぐためにセパレータ（separator）が挿入される。セパレータはダニエル電池の素焼き板に相当する働き（イオンは通過させるが両極物質の接触は防ぐ）をしている。ただし，セパレータの両側の電解質溶液は同じなので，液絡は存在しない。具体的にセパレータとして何が使われているかは，メーカーにとってノウハウがあるようで詳細な情報は公開されていないが，紙や不織布，細かい（nmオーダーの）孔があいた多孔質ポリマー膜などがその働きをする。

・**アルカリ**（アルカリマンガン）**乾電池**（alkaline battery）

　一般的にはアルカリ乾電池と呼ばれるが，日本産業規格（JIS）における名称はアルカリマンガン乾電池となっている。アルカリ乾電池はマンガン乾電池の改良型で，マンガン乾電池に比べて，大容量で電圧低下が

[20]　ただし，文献によってはいろいろな半電池反応が示されており，実際の電池の中で起こっている化学反応が，明確にはわかっていないようである。ここでは，筆者が最も妥当と考えるものを記述した。

[21]　集電体とは，電極材から電極端子へ電気を流す単なる通り道である。電位差を生み出す電極ではないし，電極反応の触媒として働く不活性電極でもない。リチウムイオン電池の場合は，電極層の基板としても働いている金属の薄膜である。図 **10.14** 中に示された正（負）極板は，正（負）極材料とそれぞれの集電体の薄膜がバインダーによって接着されたものである。

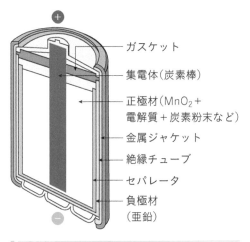

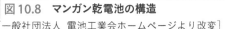

図10.8　マンガン乾電池の構造
［一般社団法人　電池工業会ホームページより改変］

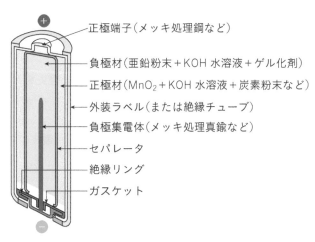

図10.9　アルカリ乾電池の構造
［一般社団法人　電池工業会ホームページより改変］

少なく，約2〜5倍長持ちするのが特徴である。したがって，大きなパワーや大電流が必要となる強力ライトのような機器，デジタルカメラ，電動おもちゃやラジカセなどのモーターを連続使用する機器に適している。

アルカリ乾電池の半電池反応，電池図式，公称電圧は次の通りである。
正極：$Mn(IV)O_2 + H_2O + e^- = Mn(III)O(OH) + OH^-$
負極：$Zn(II)(OH)_2 + 2e^- = Zn + 2OH^-$
全電池反応（2×正極反応−負極反応）：
　$Zn + 2MnO_2 + 2H_2O = Zn(OH)_2 + 2MnO(OH)$
電池図式（例）：真鍮$(Cu/Zn)|Zn|KOH(aq)$，セパレータ，$KOH(aq)$
　$|MnO_2|$メッキ処理銅(Ni/Cu)
公称電圧：1.5 V

　電気エネルギーを発生する化学反応自体は，マンガン乾電池の場合と同じである。しかし，電解質に水酸化カリウム水溶液を使っている点が異なっている。したがって，正極で発生したOH^-イオンが負極に移動して亜鉛原子と反応すると考えられる。

　図10.9にアルカリ乾電池の構造を模式的に示す。マンガン乾電池の構造と比較すると，正極と負極の位置が逆になっている。つまり，中心部に負極があり，外側に正極が配置されている。負極には，亜鉛粉末をカルボキシメチルセルロースなどでゲル化したものが使用されている。マンガン乾電池の亜鉛板に比べて亜鉛の比表面積が大きいので，大きな出力が可能になる。また負極の中央にはメッキ処理された真鍮（銅と亜鉛の合金）の集電体が挿入されている。正極材は，二酸化マンガンと黒鉛の粉末の混合物で，マンガン乾電池と同様である。正極材は正極缶に収められており，その缶の先端が正極端子として利用されている。前述のように，水酸化カリウム水溶液の電解質が正極と負極を満たしており，その間をセパレータが隔離している。

・**空気亜鉛電池**（zinc-air battery）

　空気亜鉛電池は単に空気電池とも呼ばれる。正極は空気中の酸素で，使用前は空気を遮断するためのシールが貼られており，これを剥がしてから使う。電池の特性上，常時使用し続ける機器に向いていることから，現在は主に補聴器のボタン式空気電池として使われている。

　空気亜鉛電池の半電池反応，電池図式，公称電圧は次の通りである。

　　正極：$O_2 + 2\,H_2O + 4\,e^- = 4\,OH^-$
　　負極：$ZnO + H_2O + 2\,e^- = Zn + 2\,OH^-$
　　全電池反応（正極反応 − 2 × 負極反応）：$2\,Zn + O_2 = 2\,ZnO$
　　電池図式（例）：$Zn\,|\,KOH(aq)$，セパレータ，$KOH(aq)\,|\,O_2$, $MnO_2\,|\,Ni$
　　公称電圧：$1.4\ V$

　図 10.10 に空気亜鉛電池の構造を模式的に示す。正極は空気中の酸素であるが，実際の電極として酸素が使えるわけではないので，正極反応を促進する触媒を含む正極材が使用される。この点では，標準水素電極の構造と似ている。正極では，気体の酸素と電解質（KOH 水溶液）中の水が触媒によって反応する必要がある。そのため，電解質の漏れを防ぐ撥水性の多孔質膜と触媒を図 10.10b のように配置して，空気／電解質溶液／多孔質膜の 3 相界面で反応するように工夫されている。撥水性膜としてはポリテトラフルオロエチレン（テフロン）の多孔質膜が，触媒としてはマンガン酸化物が使用されている。触媒層には炭素を混ぜて，伝導性を改善している。これらの正極材がニッケル製のネットに圧着されて，正極端子になっている。

　負極材としては，亜鉛粉末と電解質溶液をゲル化剤で固めたものが使われている。正極と負極の間は，セロファン膜や多孔性ポリプロピレンフィルムのセパレータによって隔離されている。

　全電池反応を見れば明らかなように，この電池の化学エネルギーは亜鉛の酸化によって与えられている。ZnO の標準生成自由エネルギーは

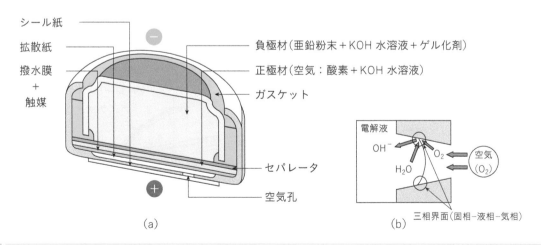

図 10.10　空気亜鉛電池の構造（a）と正極での反応（b）
［一般社団法人 電池工業会ホームページより改変］

−318.32 kJ mol^{-1} で，この値から計算される標準状態における起電力は，$-2FE° = -318.32$ kJ mol^{-1} より，$E° = 1.65$ V である。公称電圧 1.4 V はこの値より小さいが，その原因は電池内部での OH$^-$ イオンの移動にともなう抵抗や電極端子における接触電位差などである。熱力学的には得られるはずの理想的な過程のエネルギーは，実際の電池における各種の不可逆過程の存在によって減少するのである。

・リチウム一次電池 (lithium primary battery)

　リチウムを使った電池としては，現在では，リチウムイオン電池（二次電池：10.3.3 項参照）のほうが有名であるが，歴史的にはこちらのリチウム一次電池のほうが古い。コイン形や円筒形などの小型で，電圧が高く（公称電圧 3 V），大きな電流で長持ちするという特徴がある。円筒形リチウム一次電池は，ハイテク時代の重要な役割を担う電池である。例えば，コンピュータやビデオデッキのメモリーのバックアップ（記憶保持機能）などに使われている。コイン形は，カメラや電子手帳などに使われ，安定した性能を発揮する。そのほかに，ペーパーリチウム一次電池は，薄いメモリーカードや IC カードに使用されている。5〜10 年くらいであれば，交換なしで使える程度に長持ちする。

　リチウム一次電池の半電池反応，電池図式，公称電圧は次の通りである。

> 正極：$Mn(IV)O_2 + Li^+ + e^- = Mn(III)LiO_2$
> 負極：$Li^+ + e^- = Li$
> 全電池反応（正極反応－負極反応）：$Li + Mn(IV)O_2 = Mn(III)Li^+O_2$
> 電池図式（例）：負極端子 |Li| 電解質，セパレータ，電解質 |MnO$_2$|
> 　集電体兼正極端子
> 公称電圧：3.0 V

　図 10.10 にリチウム一次電池の構造を模式的に示す。負極には金属リチウムを，正極には二酸化マンガンを使用し，電解液としては有機溶媒にリチウム塩を溶解させたものを用いている。負極に使う金属リチウムは，反応性がきわめて高いので，アルミニウムなどとの合金を用いる

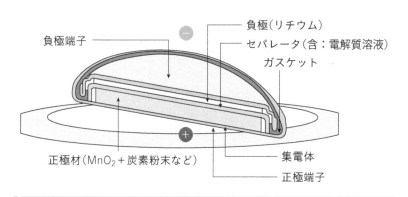

図 10.11　リチウム一次電池の構造
[一般社団法人　電池工業会ホームページより改変]

場合も多い。金属リチウムは水と激しく反応するため，電解質溶液には有機溶媒を使用する。具体的には，エチレンカーボネート，γ-ブチロラクトン，1,2-ジメトキシエタンなどの溶媒に，$LiPF_6$，$LiBF_4$，$LiClO_4$，$LiCF_3SO_3$ などのリチウム塩を溶かした溶液である。金属リチウムが負極端子に電子を残してリチウムイオンとなり，セパレータの細孔を通って正極側に移動する。電解質はこのリチウムイオンの移動のために必要となる。セパレータには，Li^+ が透過できる細孔をもつ多孔質の高分子量ポリエチレンやポリプロピレンが使用されている。正（負）極端子や集電体にどのような金属が使われているかは明らかではないが，ステンレスや銅などがその候補である。公称電圧の 3 V は，負極の標準電極電位 −3.045 V に近い値である。

・燃料電池(fuel cell)

これまでに取り上げた電池は，金属の酸化還元反応の自由エネルギー変化を電気エネルギーに変換するものであった。燃料電池はそれらとは趣を異にし，主に水素が酸化されて水になる，燃焼と同じ反応の自由エネルギー変化を利用する電池である。火を付けて燃焼させてしまえば一瞬で水になり，自由エネルギー変化分はすべて熱エネルギーになってしまうが，それを徐々に行わせて電気エネルギーに変えるように工夫された装置が燃料電池であるともいえる[*22]。

燃料電池は，リチウムイオン電池（二次電池：10.3.3 項参照）とともに，CO_2 を出さない自動車の駆動力として期待されていることは，読者の皆さんもご存知のことであろう。今後，大きく発展する可能性を秘めた技術の一つである。

この電池の半電池反応，電池図式は次の通りである。

正極：$O_2 + 4 H^+ + 4 e^- = 2 H_2O$
負極：$2 H^+ + 2 e^- = H_2$
全電池反応（正極反応−2×負極反応）：$2 H_2 + O_2 = 2 H_2O$
電池図式（例）：$Fe|Pt, H_2|$ 固体電解質膜 $|Pt, O_2|Fe$

図 10.12 に（水素）燃料電池の構造を模式的に示す。負極は水素ガスであるが，実際の電極としては炭素に担持された白金触媒が働いている。水素分子は白金触媒によって水素イオンとなり，残された電子は炭素中を伝導してセパレータと呼ばれる部品（ステンレス鋼や炭素材料など）に移動する。したがって，実際的な負極端子はこのセパレータである。負極側の電子は，外部回路を通って正極側のセパレータ（正極端子）に移動する。一方，負極中の水素イオンは固体高分子電解質膜を透過して，正極側の白金触媒に到達し，白金触媒上で正極である酸素分子および正極側のセパレータに移動してきた電子と反応して水になる。これが水素燃料電池のしくみである。

燃料電池でセパレータと呼ばれる部品は，これまでの電池のセパレータとその働きが異なることに気づかれたであろう。これまでのセパレー

*22 なお，燃料電池は電池工業会の規格に記載がなく，電池としては公認されていないようである。

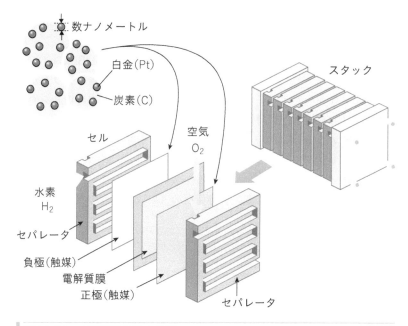

数ナノメートル

白金(Pt)

炭素(C)

スタック

セル

空気
O₂

水素
H₂

セパレータ

負極(触媒)

電解質膜

正極(触媒)

セパレータ

図10.12　水素燃料電池の構造

タは正極と負極を分ける働きをしていたが，燃料電池のセパレータは1
組の電池と次の電池を分ける働きをしている。同時に，負極に水素ガス
を正極に酸素ガス(空気)を導入する部品にもなっている。燃料電池は通
常，何組かの電池を積層して使用し，これをスタックと呼んでいる
(図10.12参照)。

　正極の触媒層と負極の触媒層とを分け，かつ水素イオンを透過させる
固体電解質膜はカチオン交換膜(第8章8.7.3A項および図8.15参照)で
ある。これまでの電池では，電解質は液体(水溶液や有機溶媒の溶液)で
あった。その機能を固体の高分子膜にもたせたのが，この固体電解質膜
である。具体的には，パーフルオロスルホン酸系ポリマー(米国デュポ
ン社の"ナフィオン")で，比較的低温の70〜90℃で動作する特徴がある。
また，電解質膜に要求されるイオン透過性，耐酸化性，耐熱性を兼ね備
えた，優れた材料である。この固体電解質膜は，正極物質(酸素ガス)と
負極物質(水素ガス)を分け，かつ水素イオンを通過させる役割を担って
いるので，これまでの電池のセパレータと同じ働きをしていることがわ
かる。しかし燃料電池にはセパレータと呼ばれる部品が別にあることは，
先に述べた通りである。燃料電池用の電解質としてはリン酸水溶液，水
酸化カリウム水溶液などもあるが，動作温度が高いことなどもあり，今
後は固体電解質膜系が主流になっていくものと思われる。

10.3.3　二次電池の構造と用途

　二次電池(secondary cell)とは，一度使い切ってもまた充電して使え
る電池のことである。つまり，利用している化学反応が可逆的に起こる
(外部から与えられる電気エネルギーによって逆反応が起こる)ように工

夫されている。

・リチウムイオン（二次）電池（lithium ion secondary battery）

現在，最も注目されている電池である。電気自動車用バッテリーとして，現時点では，最も適した電池と考えられている。利用が進めば，これから大きく伸びる産業分野になるであろう。軽量でありながら，高電圧／大電力で自己放電率の少ないことが特徴である。電気自動車以外にも，携帯電話，デジタルカメラ，ノートパソコン，タブレット端末などの電池としても活躍している。

リチウムイオン電池の最大の特徴は，黒鉛（グラファイト）が金属リチウム原子をインターカレーション（intercalation）する現象を利用している点である。黒鉛は，ベンゼン環が無限につながった層が何重にも重なった構造をしており，その層間は sp^2 混成軌道の π 電子で埋められている。その層間に，リチウム原子が電荷移動相互作用によって取り込まれる（図 10.13 の左から 2 番目参照）。黒鉛に取り込まれたリチウム原子が，リチウムイオンを含む電解質溶液と接すると，黒鉛中に電子を残してリチウムイオンとして出ていく。そのため，この黒鉛が電池の負極として働く。

正極には，正イオンの価数（酸化状態）が可変の金属酸化物が使われる。図 10.13 には，コバルト酸リチウムの例をあげた。コバルトは Co^{3+} と Co^{4+} の両方の価数をとることができるので，1 個の Li^+ を取り込んだ（つまり放電した）ときには，1 個の Co^{4+} が Co^{3+} に変化して電荷数を合わせることになる。図 10.13 の右から 2 番目には，放電後のコバルト酸リチウムの構造が描かれているが，結晶中のすべての位置にリチウムイオンが入っている。一方，充電後の結晶（図 10.13 の左端）には，リチウムイオンの抜けた部位が多く見られる。コバルト以外にも，ニッケル酸リチウム（$LiNiO_2$），マンガン酸リチウム（$LiMn_2O_4$）などが，正極として

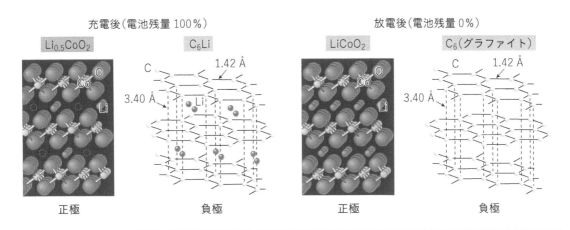

図10.13 リチウムイオン電池の正極と負極の構造
充電時にはグラファイト電極（負極）の層間に金属リチウムが挿入され，放電時に電子を残してリチウムイオンとして電解質に出ていく。出ていった電子は正極でコバルト酸リチウム結晶に取り込まれる。

使用可能である。

　正極と負極は，リチウムイオンを含む電解質溶液と接することによって，Li^+ のやりとりをする。電解質溶液としては，$LiPF_6$，$LiBF_4$，$LiClO_4$ などの化合物を，エチレンカーボネート，プロピレンカーボネート，ジメチルカーボネートなどの有機溶媒に溶かした溶液が使われる。正極側の物質群と負極側の物質群が直接触れあうことのないように，セパレータが使われる。このセパレータには，細かい（nm オーダーの）孔が空いていて，電解質溶液中の Li^+ が透過できるようになっている。具体的には，多孔質の高分子量ポリエチレンやポリプロピレンが使用されている。

　リチウムイオン電池の半電池反応，電池図式，公称電圧は次の通りである。

　　　正極：$2\,Li_{0.5}Co(IV/III)O_2 + Li^+ + e^- = 2\,LiCo(III)O_2$
　　　負極：$C_6 + Li^+ + e^- = C_6Li$　（C_6：グラファイト）
　　　全電池反応（正極反応−負極反応）：
　　　　$C_6Li + 2\,Li_{0.5}Co(IV/III)O_2 = C_6 + 2\,LiCo(III)O_2$
　　　電池図式（例）：$Cu|C_6Li|$ 電解質, セパレータ, 電解質 $|LiCoO_2|Al$
　　　公称電圧：3.7 V

　$Li^+ + e^- = Li$ の標準電極電位は -3.045 V であり（表 **10.1** 参照），リチウムイオン電池はそれよりも大きな起電力（3.7 V）を有している。つまり，この電池反応の自由エネルギー変化は，リチウムのイオン化の自由エネルギー変化より大きいことを示している。電池図式中の両端にある Cu と Al は，負極側および正極側の集電体を表している。これらの集電体はリード線と結ばれており，外部に電気を取り出せるようになっている。

　図 **10.14** にリチウムイオン電池の構造を模式的に示す。正（負）極板とは，上記の集電体（金属の薄膜）と正（負）極材料を接着したものである。正極板と負極板の間にはセパレータ膜が配置されている。電極板とセパレータの空隙（細孔を含む）は，電解質溶液で満たされている。また，正

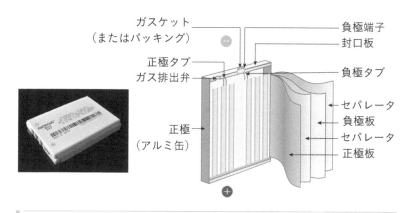

図10.14　リチウムイオン（二次）電池の外観（左）と構造（右）
［一般社団法人　電池工業会ホームページより改変］

column

コラム 10.3　もし一次電池を充電したら？

　本文で述べたように，一次電池は使い切りで，充電できない電池である。この事実は，一次電池の場合には，電池反応の全過程のどこかに不可逆な過程があることを意味している。例えばダニエル電池の場合，正極・負極の2種類の電解質溶液が混ざってしまうことが最もわかりやすい不可逆過程である。素焼き板によって両電解質が混ざることを防いでいるが，素焼きの孔の中を通過するイオンが硫酸イオンだけであるはずはなく，液絡部分で亜鉛と銅のイオンが徐々に混ざることになる。いったん混ざった電解質溶液が，逆方向に電気を流したからといって再び分離するわけではないので，決して充電できないことは明らかであろう。

　もう一つの例として，リチウム一次電池（10.3.2項および図 10.11）を考えてみよう。この電池の場合，電解質溶液は1種類なのでダニエル電池における液絡の問題はない。しかし，この電池を充電すると，負極に金属リチウムの結晶が析出する。析出したリチウムがデンドライト（樹枝状）構造になり，セパレータを抜けて正極と接触（短絡）すると言われている。つまり，充電によって元の負極構造に戻らないのである。間違えて充電すると，液もれ，発熱，破裂，発火などにつながり，たいへん危険である。二次電池であるリチウムイオン電池では，負極にリチウムがインターカレーションされた黒鉛が使われており，金属の結晶析出の問題は解消されている。このように，二次電池では，電池反応が可逆に起こるように工夫されている。

　一次電池には，電池本体や包装パッケージに「充電式ではありません」「充電しないでください」などの注意書きがある。こうした理由から，決して充電しないように注意する必要がある。

極からのリード線（正極タブと表示されている）は，このタイプの電池の場合には，アルミ缶の外装につながっており，負極からのリード線（負極タブ）は負極端子と結ばれている。

　先述のように，この電池には電解質溶液が使われている。液体の電解質には，溶媒の蒸発／分解，液漏れといった問題が常につきまとう。また，有機溶媒は可燃性であるため，安全性の確保にも注意が必要である。このような問題を解決するために，電解質を固体にする全固体電池の開発が盛んに行われている。固体であるにもかかわらず，リチウムイオンの伝導性が大きい物質の開発が鍵となる。現在は，硫化物系および酸化物系の無機化合物が候補として研究されている。硫化物系としては $Li_{10}GeP_2S_{12}$，Li_3PS_4，Li_3AlS_3 などが，酸化物系としては $Li_{1.3}Al_{0.3}Ti_{1.7}(PO_4)_3$，$Li_{0.51}La_{0.34}TiO_3$，$Li_7La_3Zr_2O_{12}$ などがある。これらの化合物が結晶として，あるいはガラス状態（第 5 章 5.4.1 項参照）として利用される。粉末をプレス加工などによって膜状にし，正極と負極の間に挟んで使用され，セパレータの役割も果たしている。固体電解質には，粉体材料の粒子間接触をどうすれば電池抵抗を低くすることができるかなどの課題があり，まだ実用化には至っていない。しかし全固体電池には，安全性が高い，急速充電が可能，高エネルギー密度が得られる，作動温度範囲が広い，設計の自由度が高い，劣化しにくいなど，多くの利点があるので，今後ますます研究が盛んになるものと思われる[23]。

＊23　2019年のノーベル化学賞に，旭化成の吉野彰氏，アメリカ・テキサス大学教授のジョン・グッドイナフ氏，ニューヨーク州立大学のスタンリー・ウィッティンガム氏の「リチウムイオン電池の開発」が選ばれたのも，この技術のこれからの重要性が認められたからであろう。しかし，現時点ではまだ性能が不足しており，例えば電気自動車に搭載する電池も重過ぎる。通常の電気自動車用のバッテリーは200～300 kgの重量があり，実に自動車そのものの重量の20％程度にまで達する。電池はいまだ，自分自身の重量に苦しむという矛盾を抱えているのである。電池の改良は化学者の仕事である。化学に関わる皆さんは，これからの大きな技術革新を遂行できる立場にある。もしこの分野に興味をもつ人がおられたら，大いに励んでいただきたいと思う。

・鉛蓄電池(lead-acid battery, lead storage battery)

　鉛蓄電池はもっとも歴史が古い二次電池で，自動車や二輪車用バッテリーとして使われるほか，病院，工場，ビルの非常用電源，コンピュータのバックアップ用などに使われている。公称電圧は 2.1 V と比較的高い電圧を取り出すことができ，電極材料の鉛も安価であることから，二次電池の中では世界で最も生産量が多い。

　鉛蓄電池の半電池反応，電池図式，公称電圧は次の通りである。

　　正極：$Pb(IV)O_2 + 4\ H^+ + SO_4^{2-} + 2\ e^- = Pb(II)SO_4 + 2\ H_2O$
　　　　　　　　　　　　　　　　　　　　　　　　　　　$E° = 1.698\ V$

　　負極：$Pb(II)SO_4 + 2\ e^- = Pb + SO_4^{2-}$　　　　　$E° = -0.3505\ V$
　　全電池反応(正極反応 − 負極反応)：
　　　$Pb + PbO_2 + 4\ H^+ + 2\ SO_4^{2-} = 2\ PbSO_4 + 2\ H_2O$
　　電池図式(例)：$Pb|H_2SO_4(aq)$，セパレータ，$H_2SO_4(aq)|PbO_2|Pb$
　　公称電圧：2.1 V

　正極に二酸化鉛，負極に金属鉛，電解質に硫酸水溶液(希硫酸)が使用される。負極では金属鉛が電子を残して希硫酸に溶け，硫酸鉛(鉛は 2 価のイオン)となる。硫酸鉛は水に難溶であるため，負極近傍(あるいは表面)に沈殿して溜まることになる。外部の回路を通って正極に到達した電子は，二酸化鉛(鉛は 4 価)を還元して(2 価の)硫酸鉛に変換する。したがって全電池反応としては，金属鉛と二酸化鉛がともに硫酸鉛になり，その反応の自由エネルギー変化を電気エネルギーとして取り出していることになる。

　上記の説明は，電池を使用している場合(放電時)の過程である。充電時には，放電時とまったく逆の反応が起こることになる。正極では硫酸鉛が二酸化鉛に変化して電子を出し，それが負極に移動して硫酸鉛を金属鉛に変換する。つまり，両極ではともに硫酸鉛が消費されて硫酸が生成する。この反応からわかるように，鉛蓄電池を使用していると電解液中の硫酸が減少し，充電すると硫酸が増加する。この硫酸濃度の変化は，電解質溶液の比重の差として現れる。完全に充電状態のときの硫酸の濃度は約 40 ％で比重は約 1.30，放電時には硫酸の濃度は約 6.6 ％で，比重は約 1.05 まで下がるとされている。

　図 10.15 に鉛蓄電池の構造を模式的に示す。正極は PbO_2 であるが，その粉末は粘着力が弱くてすぐ崩れるので，多孔質のガラスやプラスチックの筒に充填して使用している。この筒の中に鉛合金の芯を通して電気を取り出す。別の方法としては，格子状の鉛合金に二酸化鉛の粉末を硫酸で練ったペーストを塗り込んで電極にする。負極も同様に，鉛の粉末を硫酸で練ったペーストを使用している。セパレータとしては，多孔質の高分子膜が一般的である。

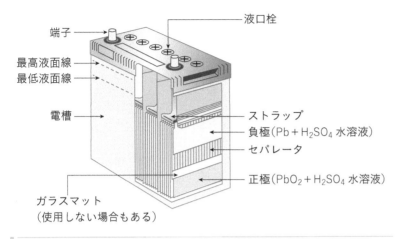

端子
液口栓
最高液面線
最低液面線
電槽
ストラップ
負極($Pb + H_2SO_4$ 水溶液)
セパレータ
正極($PbO_2 + H_2SO_4$ 水溶液)
ガラスマット
（使用しない場合もある）

図10.15　鉛蓄電池の構造
［一般社団法人　電池工業会ホームページより改変］

・ニカド電池とニッケル水素電池（nickel-cadmium battery & nickel-hydrogen battery）

　ニカド（ニッカド）電池とニッケル水素電池は互換性があり，充電器も共通で使える。ニッケル水素電池は，いわばニカド電池の改良型で，容量がより大きくなっており大電流が取り出せる電池である。また，使用時間も2倍程度に長くなっている。ニッケル水素電池は，AV機器，電動工具，デジタルカメラ，ノートパソコンなどに使われるが，特にハイブリッド自動車用のバッテリーとして成長した。ニカド電池がニッケル水素電池に置き換わってきた背景には，カドミウムの毒性による環境問題も大きく関係している。

　2つの電池の半電池反応，電池図式，公称電圧は次の通りである。

［ニカド電池］
　　正極：$Ni(III)O(OH) + H_2O + e^- = Ni(II)(OH)_2 + OH^-$
　　負極：$Cd(OH)_2 + 2e^- = Cd + 2OH^-$
　　全電池反応（2×正極反応−負極反応）：
　　　$Cd + 2NiO(OH) + 2H_2O = Cd(OH)_2 + 2Ni(OH)_2$
　　電池図式（例）：$Cd|KOH(aq)$, セパレータ, $KOH(aq)|NiO(OH)|Ni$
　　公称電圧：1.2 V
［ニッケル水素電池］
　　正極：$Ni(III)O(OH) + H_2O + e^- = Ni(II)(OH)_2 + OH^-$
　　負極：$M + H_2O + e^- = MH + OH^-$　（MH：金属水素化物）
　　全電池反応（正極反応−負極反応）：$MH + NiO(OH) = M + Ni(OH)_2$
　　電池図式（例）：
　　　$Ni|MH|KOH(aq)$, セパレータ, $KOH(aq)|NiO(OH)|Ni$
　　公称電圧：1.2 V

　ニカド電池の場合は，金属カドミウムが電子を負極に残してカドミウムイオン（水酸化カドミウム）になる。外部回路を通って正極に移動した

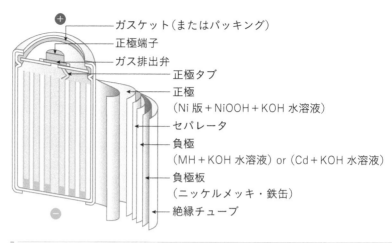

図10.16　ニカド電池およびニッケル水素電池の構造
［一般社団法人　電池工業会ホームページより改変］

電子が，3 価のニッケル（オキシ水酸化ニッケル）を 2 価に還元して全電池反応が完結する。ニッケル水素電池の場合は，負極の反応が金属水素化物[*24]と水酸化物イオンの反応に変わるだけで，正極の反応はニカド電池の場合と同じである。

図 10.16 に，ニカド電池およびニッケル水素電池の構造を模式的に示す。正極は，多孔性のニッケル基板に水酸化ニッケルを充填した構成になっている。負極は，ニカド電池の場合はカドミウムの粉末に，ニッケル水素電池の場合は水素吸蔵合金の微粉末に導電剤などの添加物を添加してシート状にしたものを使用している。正極と負極の間は，紙やポリプロピレンの不織布でできたセパレータが隔離している。放電中や充電中には，OH^-イオンがセパレータを通って行き来している。

*24　水素吸蔵合金が水素原子を取り込んだものを金属水素化物という。水素吸蔵合金にはいろいろなものが知られているが，電池に使われる代表的なものは $LaNi_5$ である。性質のよく似た希土類元素の分離は困難なので，精製されていない希土類元素の混合物を使うことも多い。水素吸蔵合金は，自己の体積の 1,000 倍程度の水素を貯蔵することができる。水素が液体になった場合の体積と同程度にまで，小さくすることが可能である。なお，水素分子は，金属中に吸蔵されるときには原子状水素になっている。

column

コラム 10.4　乾電池の単 1 形，単 2 形…という呼び方

　読者の皆さんは，乾電池の単 1 形，単 2 形という呼び名はどういう意味だろうと思ったことはないだろうか？　電池工業会のホームページによると，次のような説明が出ている：「1935 年代の中頃までは，電池を何個か 1 つにまとめて力の強い電池を作っていましたが，その後，いまのように一個ずつの電池を使うようになりました。単 1，単 2 の「単」は「単位電池」。何個かをまとめた電池ではなく，「1 つの電池」だという意味です。」

　つまり，「単」という語に，特別の深い意味があるわけではないのである。そして，「単」の後に電池の大きさの順に 1, 2, 3, 4, 5, …と付けて呼び名としている。また，この呼び名が採用されたのは 1942 年からのようである。ただし，この呼び名を使っているのは日本だけなので注意しなければならない。参考までに，乾電池の呼び名とサイズの一覧表をあげておく。

表　代表的な乾電池の形式と名称

JIS/IEC 規格 （国際規格）	日本での一般的な 呼称	米国での一般的な 呼称	直　径	高　さ
R20	単 1 形	D サイズ	34.2 mm	61.5 mm
R14	単 2 形	C サイズ	26.2 mm	50.0 mm
R6	単 3 形	AA サイズ	14.5 mm	50.5 mm
R03	単 4 形	AAA サイズ	10.5 mm	44.5 mm
R1	単 5 形	N サイズ	12.0 mm	30.2 mm
R61	単 6 形	AAAA サイズ	8.0 mm	42.0 mm
6R61	006P 形/9V 形	006P	17.0 mm ×26.0 mm	48.0 mm
6F22				

「R」は円筒形を，「F」は角型を表す。

演習問題

10.1 25℃, 1 atm の下で，ダニエル電池における負極の硫酸亜鉛濃度と正極の硫酸銅濃度が，それぞれ 0.01 mol dm^{-3} と 0.5 mol dm^{-3} に変化した場合の起電力を計算しなさい。また，上記の濃度変化を同時に行った場合の起電力も求めなさい。

10.2 水（液体）の標準生成自由エネルギーは -237.178 kJ mol^{-1} である（表 9.1 参照）。標準状態における水素燃料電池の起電力を計算しなさい。

10.3 酸化銀電池について調査し，その半電池反応，全電池反応，電池図式，特徴，用途について述べなさい。

10.4 二次電池である鉛蓄電池が充電できる（電池反応が可逆に起こる）要因について考察しなさい。

10.5 太陽光発電機を電池とみなした場合，その起電力は何で決まると考えられるか？　太陽光発電の原理（10.3.1 項および図 10.7 参照）から考察しなさい。

解答

10.1 以下のネルンストの式（式(10.10)）を正極と負極に適用する。

$$E = E° + \frac{RT}{zF}\ln\left(\frac{[\text{Ox}]}{[\text{Rd}]}\right)$$

正極：$E_\text{Cu} = E°_\text{Cu} + (RT/2F)\ln[\text{Cu}^{2+}] = 0.340\ \text{V} + 1.2846 \times 10^{-2} \times \ln 0.5 = 0.331\ \text{V}$

負極：$E_\text{Zn} = E°_\text{Zn} + (RT/2F)\ln[\text{Zn}^{2+}] = -0.7626\ \text{V} + 1.2846 \times 10^{-2} \times \ln 0.01 = -0.8218\ \text{V}$

・負極の硫酸亜鉛濃度のみが 0.01 mol dm^{-3} になった場合は，正極の電位は 0.340 V のままであるから，$0.340 - (-0.8218) = 1.162$ V。

・正極の硫酸銅濃度のみが，0.5 mol dm^{-3} に変化した場合は，負極の電位は -0.7627 V のままであるから，$0.331 - (-0.7626) = 1.094$ V。

・正極と負極の両方の濃度が変化した場合は，$0.331 - (-0.8218) = 1.153$ V。

上記の計算には，次の値を使用した：$R = 8.3144$ J K^{-1} mol^{-1}，$T = 298.15$ K，$F = 9.6484 \times 10^4$ C mol^{-1}。また，$E°_\text{Cu}$ と $E°_\text{Zn}$ の値は**表 10.1** から引用した。

10.2 反応の自由エネルギー変化と起電力の関係式（$\Delta G° = -zFE°$，式(10.3)）を使って，次のように計算できる。

$$-237.178\ \text{kJ mol}^{-1} = -2 \times 9.6484 \times 10^4\ \text{C mol}^{-1} \times E°$$
$$E° = -237178\ \text{J mol}^{-1}/(-2 \times 9.6484 \times 10^4\ \text{C mol}^{-1}) = 1.23\ \text{V}$$

水素と酸素から水が生成する反応では，酸素原子は 0 価から 2 価に変化するので $z = 2$ であることに注意。

10.3 酸化銀電池は銀電池，銀亜鉛電池とも呼ばれる一次電池の一種である。この電池の半電池反応，電池図式，公称電圧は次の通りである。

正極：$\text{Ag}_2\text{O} + \text{H}_2\text{O} + 2\,\text{e}^- = 2\text{Ag} + 2\,\text{OH}^-$

負極：$\text{ZnO} + \text{H}_2\text{O} + 2\,\text{e}^- = \text{Zn} + 2\,\text{OH}^-$

全電池反応（正極反応－負極反応）：$\text{Zn} + \text{Ag}_2\text{O} = \text{ZnO} + 2\,\text{Ag}$

電池図式（例）：Zn｜KOH(aq), セパレータ, KOH(aq)｜Ag$_2$O

　　　電池電圧：1.55 V

放電の末期まで電圧降下がきわめて少ない，重量比でのエネルギー密度が高い，動作温度が −40〜50℃ と広い，などの特徴がある。主に時計,補聴器,カメラ(露出計,電子シャッター),電子体温計などに使われている。

10.4 この電池を使用して，かなり反応が進んだ後の状態を推測してみると，正極の二酸化鉛の周囲には微粒子状の硫酸鉛が付着し，負極の金属鉛にも同様の硫酸鉛が付着していると考えられる。このように，両極における反応物と生成物が密着して存在することによって，逆に電流を流した場合に，逆反応もスムースに起こるものと考えられる。電解質溶液は，正／負極ともに硫酸水溶液(希硫酸)で共通なので，ダニエル電池の場合のような液絡の不可逆過程は存在しない。それも重要な二次電池の要件である。

　　　以上，電池反応が可逆に起こって充電が可能である理由を述べてきたが，この電池も使用方法によっては次のような不可逆過程が起こり，電池の寿命に影響することがわかっている。放電した鉛蓄電池を放置すると，負極板表面に硬い硫酸鉛の結晶が析出する。この現象をサルフェーション(白色硫酸鉛化)と呼んでいる。硬い硫酸鉛は電気を通さず溶解度が低いため，一度析出すると充放電サイクルに戻ることができない。また，電解質溶液中の水は時間とともに徐々に気化していく場合があるため，そのときには精製水を補充する必要がある。

10.5 図 **10.7a** の伝導帯にいる電子が，価電子帯に戻るときのエネルギー差が起電力として働く。したがって，エネルギーギャップ(図中の E_g)の大きさが，化学反応の自由エネルギー変化に相当するものと考えられる。シリコン半導体のエネルギーギャップの大きさは，115 kJ mol^{-1} 程度である。よって，$E_g = -zFE°$(式(10.3))を使って，次のように計算できる。

$$-115 \text{ kJ mol}^{-1} = -9.6484 \times 10^4 \text{ C mol}^{-1} \times E°$$
$$E° = -115000 \text{ J mol}^{-1} / (-9.6484 \times 10^4 \text{ C mol}^{-1}) \approx 1.2 \text{ V}$$

(以下は参考)

　　　電子 1 個が上記の電位差間を移動すると，電子の電荷量(1.60×10^{-19} C)に電位差を乗じたエネルギー(〜2×10^{-19} J)だけ変化する。このエネルギーを 1.2 eV(electron volt：電子ボルト)と表す。つまり，エネルギーが eV で表現されている場合には，そのときの電位差はその数値と一致することになる。電子工学や量子力学の世界では，エネルギーの単位を eV で表すことが普通である。

索 引

著者紹介

辻井　薫　　理学博士（大阪大学論文博士）

1970年　大阪大学大学院理学研究科物理化学専攻修士課程修了。同年花王株式会社に入社，1988年より同社東京第一研究所長，1990年より同社基礎科学研究所長。1998年より海洋科学技術センター（現在の海洋研究開発機構）を経て，2003年より北海道大学電子科学研究所教授。2008年に定年退職。著書にいずれも単著で『超撥水と超親水—その仕組みと応用』（米田出版，2009年），『生活と産業のなかのコロイド・界面科学』（米田出版，2011年），『Surface Activity : Principles, Phenomena and Applications』（Academic Press, 1998年）などがある。

読者へのメッセージ

　自然科学の専門家でも，熱力学が面白いと言う人は少ない。その熱力学を面白くして差し上げようというのが本書である。まず手に取って，読んでみていただきたい！「確かに熱力学は面白い」と感じていただけるはずである。

　熱力学は，日常生活の身近な事柄から宇宙の現象にまで，森羅万象に適用できる学問である。したがって，読者の皆さんが将来どのような職業に就こうとも，熱力学が役立つことを保証します。

NDC 431.6　238 p　26 cm

やるぞ！　化学熱力学
せっかくなので単位を取るだけでなく研究で使うための勉強をしよう！

2023年5月30日　第1刷発行

著　者　辻井　薫
発行者　髙橋明男
発行所　株式会社　講談社
　　　　〒112-8001　東京都文京区音羽2-12-21
　　　　　販　売　(03) 5395-4415
　　　　　業　務　(03) 5395-3615

KODANSHA

編　集　株式会社　講談社サイエンティフィク
　　　　代表　堀越俊一
　　　　〒162-0825　東京都新宿区神楽坂2-14　ノービィビル
　　　　　編　集　(03) 3235-3701

本文データ制作　株式会社　双文社印刷
印刷・製本　株式会社　KPSプロダクツ

ISBN 978-4-06-531804-1